H.-G. Franck und G. Collin

Steinkohlenteer

Chemie, Technologie und Verwendung

Mit 42 Abbildungen

Springer-Verlag Berlin Heidelberg New York 1968

Dr. H.-G. Franck
Dr. G. Collin
4100 Duisburg-Meiderich
Varziner Straße 49

ISBN 978-3-642-88259-3 ISBN 978-3-642-88258-6 (eBook)
DOI 10.1007/978-3-642-88258-6

Titel-Nr. 1482

Vorwort

Fortschritte der Verfahrenstechnik sowie die Entwicklung der Petrochemie und verwandter Industrien haben einen Strukturwandel auf dem Gebiete des Steinkohlenteers und seiner Aufarbeitung eingeleitet. Verfahrenstechnisch ist dieser Strukturwandel gekennzeichnet durch die Konzentrierung auf wenige zentrale kontinuierlich arbeitende Großanlagen.

Hinsichtlich der Verwendung der Teerprodukte wurden neue Einsatzgebiete erschlossen. So liefert das Steinkohlenteerpech heute in Form der Elektrodenpeche und des Pechkokses wichtige Rohstoffe für die elektrochemische und die elektrothermische Industrie und ist nicht mehr vornehmlich ein Bindemittel für Steinkohlenbriketts oder für den Straßenbau wichtig. Steinkohlenteeröle haben neben ihren bewährten Verwendungszwecken insbesondere als Imprägnieröl, Waschöl und Heizöl eine neue Verwendung als Ausgangsstoff für die Produktion hochwertiger Ruße gefunden. Daneben hat der Steinkohlenteer weiterhin große Bedeutung als Grundstoff für synthetische Farbstoffe, Heilmittel und Kunststoffe.

Die Erforschung der chemischen Zusammensetzung des Steinkohlenteers erhielt einen enormen Aufschwung durch die Gaschromatographie und Spektroskopie. Die Zahl der identifizierten Teerinhaltsstoffe stieg von rd. 190 im Jahre 1945 auf etwa 475 im Jahre 1966. Parallel mit der Entwicklung der Forschung verlief der Fortschritt in der technischen Gewinnung reiner Teerinhaltsstoffe und ihrer Folgeprodukte als wichtiger Rohstoffe für die Farbstoff-, Kunststoff- und pharmazeutische Industrie.

Die Welterzeugung des insbesondere bei der Herstellung von Hochofenkoks für die Eisenerzverhüttung zwangsläufig anfallenden Steinkohlenteers betrug 1966 ca. 16 Mill. t. Der Steinkohlenteer ist somit ein Bindeglied zwischen dem Kohlenbergbau und der Stahlindustrie einerseits und der organisch-chemischen, elektrochemischen und elektrothermischen Industrie andererseits. Die Methoden der Untersuchung und Verarbeitung des Steinkohlenteers sind nicht nur für die Erzeuger, die Verarbeiter und die Verwender von Teerprodukten interessant, sondern ganz allgemein für die Verarbeitung aromatischer Produkte.

Duisburg, März 1968 — Die Verfasser

Inhaltsverzeichnis

Herkunft des Steinkohlenteers 1

I. Ursprung und Einteilung der Steinkohlenteere 1

II. Wirtschaftliche Daten 4

Zusammensetzung des Steinkohlenteers 7

I. Methoden zur Untersuchung 7

1. Klassische Methoden 7

2. Moderne Methoden 9

II. Eigenschaften und Zusammensetzung der verschiedenen Steinkohlenteere 16

Verarbeitung des Steinkohlenteers 25

I. Destillation des Teers 25

1. Vorbehandlung des Rohteers 25

2. Allgemeines zur Destillation des Teers 28

3. Spezielle Verfahren der kontinuierlichen Teerdestillation . . . 29
Koppers-Verfahren 29
Teerverwertung-Verfahren (I) 31
Teerverwertung-Verfahren (II) 33
Teerverwertung-Koppers-Verfahren 34
Rütgers-Verfahren 36
Foster-Wheeler-Verfahren 38
Proabd-Verfahren (I) 39
Wilton-Verfahren 40
Proabd-Verfahren (II) 41

II. Verarbeitung des Pechs 44

1. Pechauskühlung 44
Stäbchenpech-Verfahren 46
Strangpech-Verfahren 46
Kugelpech-Verfahren 47
Kühlband-Verfahren 48
Pastillenpech-Verfahren 48

2. Herstellung von Elektrodenpech 48
Diskontinuierliche thermische Kondensation 50
Kontinuierliche thermische Kondensation 50

3. Herstellung von Spezialpechen 52
Hartpech 52
Plastifizierte Peche 53
Gießereipech 54
Sonstige Peche 54
4. Pechverkokung 54

III. Aufarbeitung der Teerölfraktionen 56
1. Anthracenöl 56
2. Waschöl 60
3. Naphthalinöl 64
Warmpreß-Verfahren 64
Schneckenpreß-Verfahren (GBAG) 66
Teerverwertung-Verfahren 67
Rütgers-Verfahren 68
Proabd-Verfahren (I) 69
Proabd-Verfahren (II) 69
Methanol-Verfahren 70
Destillationsverfahren 71
Reinnaphthalin-Herstellung 72
4. Carbolöl 74
Natronlauge-Extraktion 75
Phenoraffin-Verfahren 77
Phenoldestillation 79
Gewinnung der reinen Phenolhomologen 81
5. Leichtöl 84
Pyridinbasen-Gewinnung 84
Rohbenzol-Aufarbeitung 88
Herstellung der Cumaron-Inden-Harze 92

Erzeugnisse aus Steinkohlenteer 96

I. Peche 96
1. Brikettpech 96
2. Elektrodenpech 97
3. Hartpech 101
4. Pechkoks 101
5. Plastifizierte Peche 104
6. Gießereipech 108
7. Fibrepipe-Pech 109
8. Tontauben-Pech 110
9. Pech-Emulsionen 110

II. Öle 110
1. Rußöl 110
2. Heizöl 111
3. Imprägnieröl 112
4. Waschöl 113
5. Treiböl 115
6. Fluxöl 116
7. Sonstige Öle 116

III. Pech-Öl-Mischungen 116
1. Straßenteer 116
2. Stahlwerksteer 127

3. Dachpappenteer 128
4. Teerpech-Lacke 128
5. Pech-Kunstharz-Kombinations-Lacke 131
IV. Anthracen 136
V. Naphthalin 137
VI. Phenole 143
VII. Pyridin- und Chinolinbasen 151
VIII. Cumaron-Inden-Harze 162
IX. Benzolerzeugnisse 169
X. Sonstige Reinerzeugnisse 172
1. Phenanthren 173
2. Fluoranthen 173
3. Pyren 173
4. Acenaphthen 173
5. 1- und 2-Methylnaphthalin 177
6. Dimethylnaphthaline 179
7. Diphenyl 179
8. Fluoren 179
9. Diphenylenoxid 180
10. Indol 180
11. Carbazol 180
12. Sonstige Steinkohlenteer-Inhaltsstoffe 182

Literatur 184

Abkürzungsverzeichnis 217

Autorenregister 218

Sachregister 224

Herkunft des Steinkohlenteers

I. Ursprung und Einteilung der Steinkohlenteere

Unter „Teer“ versteht man flüssige bis halbfeste Erzeugnisse, die durch zersetzende thermische Behandlung organischer Naturstoffe gewonnen werden.

Die Steinkohlenteere, welche bei der Gewinnung von Steinkohlenkoks und Gas als flüssiges Nebenprodukt anfallen, werden eingeteilt in

Tieftemperaturteer (Schwelteer, Urteer), der bei der Schwelung der Steinkohlen bei Temperaturen unterhalb 700 °C entsteht, und

Hochtemperaturteer (Kokerei- und Gaswerksteer), der bei der Verkokung von Steinkohlen zwischen 900 und 1300 °C entsteht.

Für die *Schwelung* von Steinkohlen sind verschiedene Verfahren entwickelt worden. Größere Bedeutung als die Heizflächenschwelung hat das Spülgas-Schwelverfahren der Lurgi erlangt, das sowohl für Braunkohle als auch für Steinkohle geeignet ist. Die Kohle wird feinkörnig oder brikettiert dem Schwelofen kontinuierlich von oben zugeführt, der Schwelkoks unten ausgetragen und die oben abgezogenen Entgasungsprodukte (nach der Abscheidung flüssiger Produkte) teilweise als Spülgas umgewälzt. Das Spülgas wird durch Zumischen von Verbrennungsgasen direkt oder auch indirekt aufgeheizt. Das rohe Schwelgas gelangt in einen Heißteerabscheider und dann in eine Gaskühl- oder elektrische Entteerungsanlage, wo restliche Teerdämpfe niedergeschlagen werden. Mit Hilfe einer Ölwäsche wird das Schwelgas anschließend vom Benzin befreit. Die Ausbeute an Schwelteer liegt bei 10%, ist jedoch stark abhängig vom Flüchtigengehalt der eingesetzten Kohle und den Betriebsbedingungen der Schwelanlage.

1944 betrug die Produktion an Schwelteer aus Steinkohle in Deutschland etwa 200000 t im Jahr. Heute gewinnt die Steinkohlenschwelung erneut an Bedeutung im Zusammenhang mit der Entwicklung kontinuierlicher Verfahren zur Herstellung von *raucharmen* Steinkohlenbriketts und Formkoks. Die erste Stufe dieser Verfahren besteht in einer Vorentgasung der verwendeten Steinkohle in einem herkömmlichen Spülgasschwelofen oder in einem Wirbelbett-, Flugstrom- oder Wärmeträgerreaktor. Schwelteer im weiteren Sinne fällt ferner an bei der Druckschwelvergasung von Steinkohlen mit Sauerstoff und Wasserdampf nach dem Lurgi-Ruhrgas-Verfahren, wie es in Südafrika angewendet wird.

Die *Hochtemperaturverkokung* hat als Rohstoffquelle für den Steinkohlenteer wesentlich größere Bedeutung als die Schwelung. Der Anteil des Kokereiteers an der Welterzeugung des Steinkohlenteers beträgt über 80%. Der Kokereiprozeß ist bis heute das praktisch ausschließlich angewendete Verfahren zur Herstellung des bei der Eisenerzreduktion im Hochofen benötigten *Hüttenkokses*. Das Kokereiverfahren beruht auf der chargenweisen Hochtemperaturentgasung backender Fettkohle in gemauerten horizontalen Ofenkammern mit indirekter Gasbeheizung. Die Bauarten der Koksöfen unterscheiden sich durch die Art des Heizsystems. Die Ofenkammer ist im allgemeinen etwa 10 bis 15 m lang, 3 bis 6,5 m hoch und normalerweise 45 cm breit. Sie faßt etwa 15 bis 30 t Kokskohle pro Charge. Oft sind mehr als 100 Kammern parallel geschaltet und, getrennt durch die Heizzüge, zu einer „Batterie" zusammengefaßt. Die Kammern werden nacheinander gefüllt und der nach etwa 17 bis 24 Std ausgegarte Koks diskontinuierlich ausgestoßen.

Infolge der Vielzahl der Ofenkammern fallen die Entgasungsprodukte quasikontinuierlich an. Sie werden aus dem Gassammelraum jeder Ofenkammer durch ein Steigrohr oben abgezogen und durch einen Krümmer in die für die gesamte Batterie gemeinsame Gassammelleitung geführt. Im Krümmer und der Sammelleitung wird das heiße Rohgas durch eingedüstes Ammoniakwasser gekühlt, wodurch ein Teil des Steinkohlenteers kondensiert. Das wäßrig-teerige Kondensat fließt gemeinsam mit der Berieselungsflüssigkeit zur Rohgasleitung und aus ihr in den Dickteer-Scheider, wo sich der Kohle- und Koksstaub enthaltende Dickteer-Schlamm absetzt, der von Zeit zu Zeit der Einsatzkohle wieder zugemischt wird. Oben werden aus dem Scheider kontinuierlich das Kondensatwasser und stark wasserhaltiger Teer abgezogen und der Kondensat-Teer-Scheidung zugeführt. Das die Gassammelleitung verlassende Rohgas wird in zweiter Stufe in den Gasvorkühlern indirekt bis auf etwa 20 °C gekühlt, wodurch sich der größte Teil der restlichen Teerbestandteile niederschlägt. Nachgeschaltet ist noch eine mechanische oder elektrische Teerabscheidung. Das Kokereigas wird im Anschluß daran noch einer Ammoniak-, Schwefelwasserstoff- und Benzolauswaschung unterzogen, bevor es als Produktionsgas abgegeben wird.

Der in den verschiedenen Kühlstufen abgeschiedene noch stark ammoniakwasserhaltige Teer wird der Kondensat-Teer-Scheidung zugeleitet. Sie geschieht im allgemeinen kontinuierlich in beheizten Scheidebehältern unter Normal- oder Überdruck. Andere Möglichkeiten zur Wasserabtrennung sind die Dünnschichtverdampfung und die Abscheidung mit Hilfe von Zentrifugen, Verfahren, die bei starker Emulsionsneigung brauchbar sind.

Die Teerausbeute liegt bei der Steinkohlen-Hochtemperaturverkokung um etwa $^2/_3$ niedriger als bei der Schwelung der gleichen Ausgangskohle. Auf den Kokereien der Bundesrepublik Deutschland fallen im Durchschnitt etwa folgende Produktmengen an:

Steinkohlenkoks	79 Gew.-%
Steinkohlenrohteer	3 Gew.-%
Rohbenzol	1 Gew.-%
Stickstoff (als NH_3)	0,2 Gew.-%
Schwefel (elementar oder als H_2SO_4)	0,1 Gew.-%
Bildungswasser	4 Gew.-%
Kokereigas und Verlust	13 Gew.-%
Einsatz Steinkohle (trocken)	100 Gew.-%

In den Gaswerken, bei denen nicht Koks, sondern Stadtgas das Haupterzeugnis ist, werden außer dem beschriebenen Kokereiprozeß auch andere Verkokungsverfahren angewendet. Vor allem in Großbritannien sind kontinuierlich betriebene *Vertikalretorten* zur Gaserzeugung gebräuchlich. Eine solche Retorte ist etwa 8 m hoch, 1,5 m lang, oben 25 cm, unten 45 cm breit und wird wie die Koksöfen durch Heizzüge in den Wänden beheizt. Die Kohle wird kontinuierlich von oben eingetragen und der gebildete Koks unten durch eine Förderschnecke ausgebracht. Zur Steigerung der Gasausbeute wird von unten Wasserdampf eingeblasen, der sich mit dem heißen Koks zu Wasserstoff und Kohlenmonoxid umsetzt.

Weniger gebräuchlich als die kontinuierlichen sind diskontinuierlich betriebene Vertikalretorten und Horizontalretorten zur Gaserzeugung.

Bei der *Schwelung* bilden sich aus den in der Kohle vorhandenen, mit Lösungsmitteln extrahierbaren, Sauerstoff, Schwefel und Stickstoff enthaltenden Kohlenwasserstoffverbindungen, dem „Kohlebitumen", und dem durch Depolymerisation unlöslicher Kohlebestandteile während des Schwelens zusätzlich entstehenden Bitumen durch Spaltung von aliphatischen C–C-, C–O-, C–N- und C–S-Bindungen sowie Abspaltung von Seitenketten als flüssige Produkte neben geringen Mengen aromatischer Kohlenwasserstoffe hauptsächlich Phenole, Hydroaromaten, Paraffine und Olefine.

Diese bei höherer Temperatur zum großen Teil instabilen Primärprodukte der Kohlenentgasung wandeln sich bei der *Hochtemperaturverkokung* in die für den Kokereiteer charakteristischen, thermostabileren Aromaten um. Dabei werden die Hydroaromaten dehydriert, die Olefine cyclisiert und aromatisiert, die Paraffine zunächst gespalten und dehydriert und dann über die entstehenden Olefine ebenfalls in Aromaten übergeführt; die Alkylphenole werden dealkyliert und reduziert.

Eine Mittelstellung zwischen den Schwelteeren und Hochtemperaturteeren nehmen nach Herkunft und Zusammensetzung die bei der Mitteltemperaturentgasung von Steinkohlen in kontinuierlichen Vertikalretorten anfallenden Teere ein. Horizontalretorten-Gaswerksteere zählen dagegen wie die Kokereiteere zu den Hochtemperaturteeren.

II. Wirtschaftliche Daten

Etwa 16 Mill. t Steinkohlenteer werden jährlich erzeugt. Davon entfallen etwa 80% auf Hochtemperaturteer. Mehr als ein Drittel des gesamten Steinkohlenteers wird in den westeuropäischen Ländern gewonnen und hier zum größten Teil auch zu veredelten Produkten aufgearbeitet. Einen Überblick über die wichtigsten Erzeugerländer gibt die Zahlentafel 1.

Zahlentafel 1.
Steinkohlenrohteer-Anfall in den wichtigsten Erzeugerländern 1965

Land	Erzeugung (in 1000 t)
Bundesrepublik Deutschland	1932
(davon Kokereiteer:	1724)
(davon Gaswerksteer:	208)
Frankreich	625
Belgien	282
Italien	245
Niederlande	137
EWG	3221
Großbritannien	2439
Österreich	79[a]
Schweden	40[a]
Schweiz	27[a]
EFTA	2585
Spanien	120
Westeuropa	5926
Polen[b]	600
Tschechoslowakei[b]	400
Jugoslawien[b]	40
UdSSR[b]	2500
Osteuropa[b] (einschließlich UdSSR)	3540
USA	3350
Kanada[b]	200
Japan	1380
China[b]	500
Indien[b]	300
Sonstige Länder[b]	700
Welt[b]	~16000

[a] Erzeugung 1964.
[b] Geschätzt.

Nach Erschließung der neuen großen Erdgaslagerstätten in Europa wird die Zahl der Gaswerke auf Steinkohlenbasis in den nächsten Jahren weiter abnehmen. Entsprechend wird der Anfall des Gaswerksteers zurückgehen. 1965 lag der Anteil des Gaswerksteers am gesamten Steinkohlenteer in der Bundesrepublik Deutschland mit 208000 t noch bei 11 % und in Westeuropa bei etwa 10%.

Für die künftige Erzeugung an Steinkohlenteer wird der Koksbedarf der Eisen- und Stahlindustrie entscheidend sein. Die eisenschaffende Industrie hatte in der Bundesrepublik Deutschland 1965 mit einem Verbrauch von 20,0 Mill. t Koks einen Anteil von etwa 65 % am Gesamtkoksverbrauch von 30,9 Mill. t. Eine ähnliche dominierende Rolle bezüglich des Koksverbrauchs spielt die Eisenindustrie in den anderen kokserzeugenden Ländern.

Die Verringerung des relativen Koksverbrauchs für die Eisenerzeugung während der letzten $1^1/_2$ Jahrzehnte in der Bundesrepublik Deutschland (z. B. von 1,03 t Koks pro t Roheisen im Jahre 1952 auf 0,62 t Koks pro t Roheisen im Jahre 1966) mit weiter fallender Tendenz wurde in der Vergangenheit kompensiert durch die Steigerung der Eisenproduktion. Der Steinkohlenteeranfall hat sich im Rahmen der Hüttenkokserzeugung also praktisch nicht verändert. Diese Entwicklung wird sich, wenn man von örtlichen und konjunkturellen Schwankungen absieht, voraussichtlich in der Zukunft fortsetzen.

Da der Steinkohlenteer als Nebenprodukt des Hüttenkokses *zwangsläufig* anfällt, ist für die Teerindustrie eine weitgehend gesicherte Rohstoffgrundlage vorauszusagen. Die Aufarbeitung des Steinkohlenteers wird mit der Eisenerzeugung so lange verknüpft bleiben, wie die Hochofenverhüttung als Reduktionsverfahren für Eisenerze wirtschaftlich ist.

Die mengenmäßig wichtigsten Produkte der Steinkohlenteerverarbeitung finden zunehmend Absatz in Wirtschaftszweigen mit bedeutenden Wachstumsraten. Beispiele hierfür sind

das Pech als Elektrodenpech und Pechkoks, insbesondere für die Anoden der Aluminiumverhüttung,

das Öl als Rußöl zur Erzeugung von Ruß, vornehmlich für Autoreifen,

das Naphthalin zur Herstellung von Kunststoffen und Schädlingsbekämpfungsmitteln.

Bei der Aufarbeitung in Großanlagen ist auch die wirtschaftliche Gewinnung der in geringer Menge im Teer enthaltenen Inhaltsstoffe möglich. Es handelt sich hier besonders um Phenole, Pyridin- und Chinolinbasen, polymerisierbare Verbindungen sowie Anthracen und andere mehrkernige aromatische Verbindungen, die als Rohstoffe für Kunststoffe, Heilmittel und synthetische Farbstoffe Verwendung finden.

Die Zahlentafeln 2 bis 4 enthalten Produktionsdaten für die wichtigsten Steinkohlenteererzeugnisse.

Zahlentafel 2. *Erzeugung an Steinkohlenteerpech 1965*

Land	Erzeugung (in 1000 t)
Bundesrepublik Deutschland	972
Großbritannien	470
Frankreich	250
Belgien	100
Italien	85
Niederlande	~80
USA	1816
Japan	602
UdSSR	~1200
Welt	~7000

Zahlentafel 3. *Erzeugung an Naphthalin 1965*

Land	Erzeugung (in 1000 t)
Bundesrepublik Deutschland	165
Großbritannien	83
Frankreich	58
Belgien	20
Italien	12
Niederlande	~10
Spanien	~6
Polen	~30
USA	369[a]
Japan	81
Welt	~1000

[a] Davon ca. 130 petrochemisch.

Zahlentafel 4.
Erzeugung verschiedener Produkte aus Steinkohlenteer in der Bundesrepublik 1965

Erzeugung	Mengen in t
Teerpech	972135
Teeröle	684098
Naphthalin	164694
Anthracenrückstände (Rußanthracen)	53973
Rohanthracen bis 85% Reingehalt	18766
Anthracen ab 85% Reingehalt	7849
Benzolkohlenwasserstoffe (Benzolvorerzeugnis)	16205
Phenol	13948
Kresole und Xylenole	25960
Cumaron-Inden-Harze	8849
Rohpyridin	1330
Pyridin neuer Test (1964)	562
Pyridin rein	204

Zusammensetzung des Steinkohlenteers

I. Methoden zur Untersuchung

1. Klassische Methoden

Die klassischen Methoden der Steinkohlenteeranalyse haben sich aus der betrieblichen Aufarbeitung des Teers entwickelt. Sie sind auch heute noch unentbehrlich, da sie wichtige Näherungswerte für die Betriebsausbeuten an Einzelprodukten ergeben sowie die Aufarbeitungsverluste und mögliche Schwierigkeiten bei der Verarbeitung des Teers aufzeigen.

Die Dichtebestimmung liefert einen ersten Anhaltspunkt über die Herkunft des zu untersuchenden Teers. Vollaromatische Hochtemperaturteere aus Kokereien und Horizontalretorten-Gaswerken haben im allgemeinen eine Dichte über 1,14 (bei 20 °C) und liegen damit über den Dichten der weniger aromatischen Vertikalretorten- und Schwelteere. Die Dichtebestimmung geschieht nach Entfernung des dem Teer mechanisch beigemengten, nicht emulgierten Wassers. Zur Umrechnung von der Meßtemperatur auf 20 °C wird ein mittlerer kubischer Ausdehnungskoeffizient von 0,0007/°C angesetzt.

Der Wassergehalt ist ein wichtiger Faktor für die Bewertung eines Rohteers, da er als unerwünschter Ballast die Aufarbeitungskosten ungünstig beeinflußt. In der Regel sind bis zu 5 % Wasser als handelsüblich zugelassen. Bestimmt wird der Wassergehalt durch azeotrope Destillation mit Xylol als Schleppmittel.

Die Probedestillation ergibt Anhaltswerte für die Betriebsausbeute bei der Primärdestillation des Teers. Entsprechend den im allgemeinen grob geschnittenen Fraktionen der Betriebsdestillation wird bei der Probedestillation die Ausbeute an bis 180 °C siedendem Leichtöl, des von 180 bis 230 °C siedenden Mittelöls, von 230 bis 270 °C siedendem Schweröl, bis 300 °C und über 300 °C siedendem Anthracenöl und bei 67 °C erweichendem „Normalpech" ermittelt.

Die Extraktion der bei der Probedestillation erhaltenen Ölfraktionen mit Natronlauge bzw. Schwefelsäure ergibt — wiederum in Anlehnung an die betriebliche Weiterverarbeitung der Fraktionen der Steinkohlenteerprimärdestillation — den Gesamtgehalt an sauren bzw. basischen Teerinhaltsstoffen, den Phenolen und Stickstoffbasen.

Der Gehalt eines Steinkohlenteers an betrieblich gewinnbaren Gesamtphenolen kann überschlägig ermittelt werden durch Extraktion der bei der Probedestillation bis 270 °C übergegangenen Ölanteile mit 10%iger Natronlauge bei etwa 50 °C und Ermittlung der Volumzunahme der Natronlauge. Zur Bestimmung der einzelnen Phenole werden die Gesamtphenole aus der Natriumphenolatlösung mit Schwefelsäure ausgefällt und bei der klassischen Analyse durch Feindestillation und Kristallisation isoliert und identifiziert.

Die Bestimmung der Pyridin- bzw. Chinolinbasen kann prinzipiell ähnlich durch Extraktion des entphenolierten Leicht- bzw. Mittelöls mit Schwefelsäure und Ausfällung aus der Basensäure mit Natronlauge geschehen. Es stört hierbei der im Vergleich zu den Phenolen niedrigere Gehalt und die teilweise hohe Wasserlöslichkeit der Pyridinbasen. Genauere Ergebnisse werden durch Titration der Öle mit Perchlorsäure in Eisessig als Lösungsmittel erhalten.

Der Gesamtphenolgehalt von Phenolatlaugen kann durch Bromtitration bestimmt werden.

Die Kristallisation als weitere Grundoperation bei der betrieblichen Verarbeitung der Teerprimäröle wird bei der klassischen Teeranalyse ebenfalls benutzt. Beim Kühlen des entphenolierten Mittelöls auf 15 °C kristallisiert rohes Naphthalin aus und kann durch Abnutschen und Aufstreichen auf Tonschalen quantitativ bestimmt werden. Diese Methode liefert gegenüber der betrieblichen Naphthalin-Ausbeute der modernen Teeraufarbeitung zu niedrige Werte. Genauere Ergebnisse erhält man durch Feinfraktionierung des entphenolierten und entbasten Mittelöls über wirksame Kolonnen, am besten kombiniert mit der Messung der Erstarrungspunktsdepression von Reinnaphthalin durch die erhaltene Naphthalinfraktion.

Die Methode der Messung der Erstarrungspunktsdepression eines reinen Stoffes wird auch bei der klassischen Phenoluntersuchung angewendet. Zur Analyse eines Rohphenolgemisches werden die Erstarrungspunkte im Gemisch mit den reinen Verbindungen oder die Erstarrungspunkte von Additionsverbindungen mit organischen Basen ermittelt.

Die Polymerisation als Grundoperation zur Gewinnung der Cumaron-Inden-Harze aus dem Steinkohlenteerleichtöl kann nur unter erheblichem Mengenaufwand zur analytischen Abschätzung der betrieblichen Harzausbeute herangezogen werden. Anstelle dessen tritt im allgemeinen die Bestimmung der Bromzahl des bei der Probedestillation des Teers erhaltenen, entphenolierten und entbasten Leichtöls.

Die Lösungsmittelfraktionierung ist eine geeignete Methode, um einen ersten Einblick in die Natur des bei der Teerdestillation als Rückstand anfallenden Pechs zu gewinnen. Durch selektive Zerlegung des Teers oder des Pechs mit verschiedenen Lösungsmitteln läßt sich eine Aufteilung in Fraktionen unterschiedlichen Molekulargewichts erzielen.

Das Chinolin-Unlösliche erfaßt nur die höchstmolekularen Teer- bzw. Pech-Inhaltsstoffe, das Toluol-Unlösliche außer diesen auch die hochmolekularen Anteile, die sich aus der Differenz zum Chinolin-Unlöslichen errechnen lassen; das n-Hexan-Unlösliche enthält schließlich noch die mittelmolekularen Verbindungen. Außer den genannten drei Lösungsmitteln sind zur Selektivzerlegung von Teer und Pech die verschiedensten Lösungsmittelkombinationen vorgeschlagen worden.

Das Toluol-Unlösliche eines Steinkohlenteeres kann als Maß für die thermische Beanspruchung während der Teerbildung angesehen werden. Hochtemperaturkokereiteere enthalten im allgemeinen einen höheren Gehalt an Toluol-Unlöslichem als unter mittleren Temperaturbedingungen gewonnene Vertikalretorten- und Schwelteere.

Die Verkokung als Prüfverfahren für Steinkohlenteere erlaubt ebenfalls einen Rückschluß auf die Herkunft des Teeres. Kokerei- und Gaswerksteere ergeben normalerweise einen höheren Verkokungsrückstand als Schwelteere.

Die Elementaranalyse gibt für Hochtemperatursteinkohlenteere ein hohes Kohlenstoff/Wasserstoff-Verhältnis; der Kohlenstoffgehalt liegt meist über 90%. Die niedrig-aromatischen Vertikalretorten- und Schwelteere haben dagegen in den meisten Fällen einen Kohlenstoffgehalt von weniger als 90% und einen entsprechend höheren Wasserstoffgehalt. Die Gehalte an den übrigen organisch gebundenen Elementen Schwefel, Stickstoff und Sauerstoff hängen von der Art der für die Verkokung oder Verschwelung eingesetzten Kohle ab. Von den anorganischen Bestandteilen des Teers interessiert den Verarbeiter vor allem der Gehalt an Chlor, das in Form des in der Wärme dissoziierenden Ammoniumchlorids Korrosionschäden in den Destillationsanlagen verursachen kann.

2. Moderne Methoden

Chromatographie. Zur quantitativen Analyse so kompliziert zusammengesetzter Substanzgemische, wie sie der Steinkohlenteer und die Zwischenprodukte seiner Aufarbeitung darstellen, hat sich die *Gaschromatographie* als allgemein anwendbares, wertvolles Verfahren erwiesen.

Die verdampfbaren Kohlenwasserstoffe und einige Heterocyclen des Steinkohlenteers können schnell und einfach durch ein temperaturprogrammiertes Gaschromatogramm des Rohteers selbst erfaßt werden (Abb. 1). Die Analyse dauert nur etwa 1 Std. Mit Hilfe der Markierungsmethode werden die meisten technisch wichtigen Teerinhaltsstoffe, soweit es sich nicht um Phenole und Basen handelt, unmittelbar im Rohteer recht genau durch eine derartige Analyse quantitativ ermittelt. Im

Gebiet der 3- bis 7-kernigen, insbesondere der oberhalb 400 °C siedenden Aromaten treten allerdings zahlreiche Peaküberlagerungen auf. Die Auftrennung des Anthracen/Phenanthren/Carbazol-Peaks gelingt an einer LiCl- oder $CaCl_2$-Säule.

Die derzeitigen Möglichkeiten zur gaschromatographischen Erfassung der Teerinhaltsstoffe enden im Siedebereich oberhalb 550 °C. Etwa 40 bis 45 % des Steinkohlenteers bleiben unverdampft und entziehen sich damit der gaschromatographischen Bestimmung.

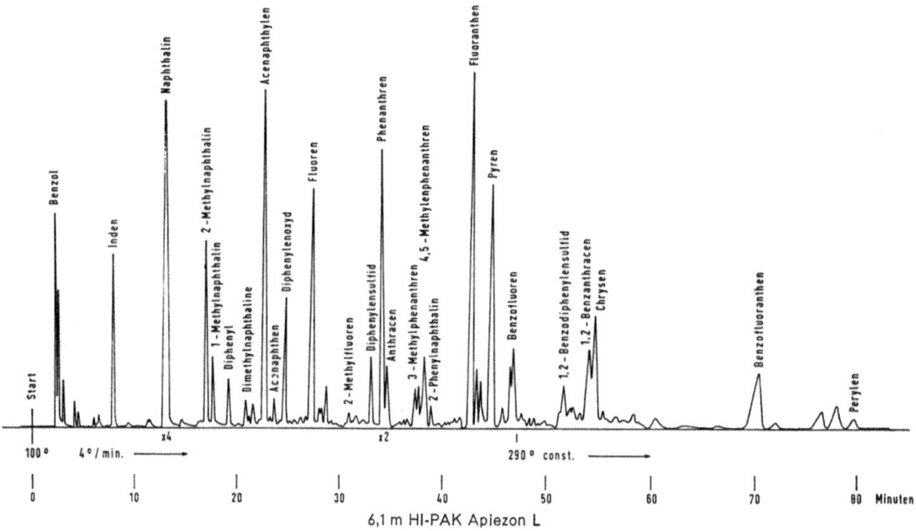

Abb. 1. Gaschromatogramm eines Steinkohlenteers. (Nach H. D. Sauerland, Rütgerswerke und Teerverwertung AG)

Die Öle der primären Steinkohlenteerdestillation sind dank der Abwesenheit unverdampfbarer Anteile vollständig gaschromatographisch erfaßbar. Die Chromatogramm-Beispiele der Abb. 2 bis 4 zeigen das gegenüber dem Rohteer-Chromatogramm weiter aufgegliederte Peakspektrum von Teerölen des unteren, mittleren und oberen Siedebereichs.

Die gaschromatographische Analyse der sauren und basischen Teerinhaltsstoffe geschieht nach extraktiver Isolierung und Reinigung von mitgeschleppten neutralen Verbindungen; Abb. 5 zeigt das Gaschromatogramm eines aus dem Steinkohlenteer-Carbolöl gewonnenen Rohphenolgemisches, Abb. 6 das Chromatogramm der aus dem Steinkohlenteer-Leichtöl isolierten Rohpyridinbasen und Abb. 7 die chromatographische Trennung der Chinolinbasen des Schweröl-Siedebereichs.

Die Beispiele belegen, daß auch bei den Phenolen und Basen in den meisten Fällen eine einwandfreie Trennung der einzelnen Verbindungen möglich ist.

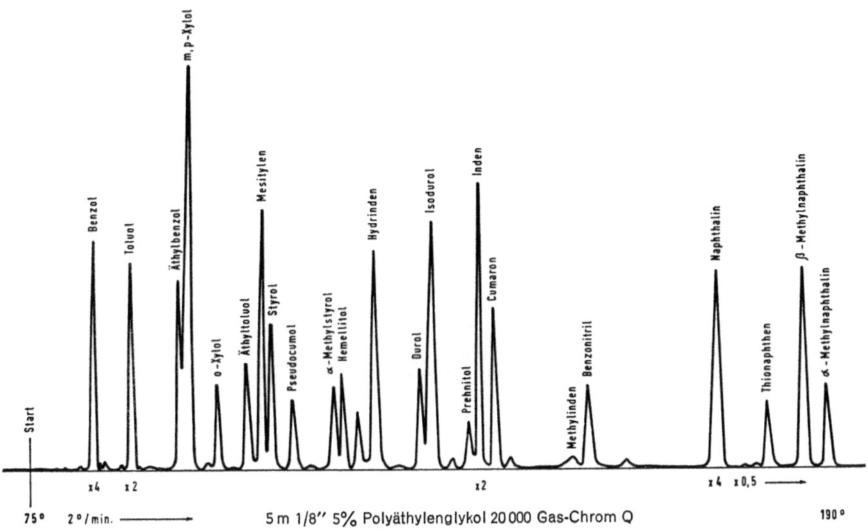

Abb. 2. Gaschromatogramm eines rohen Steinkohlenteeröls des unteren Siedebereichs (Leichtöl)

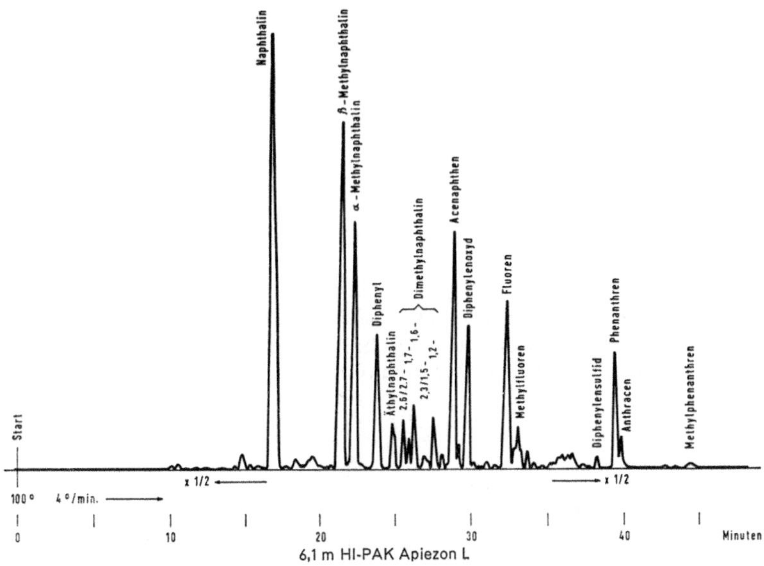

Abb. 3. Gaschromatogramm eines rohen Steinkohlenteeröls des mittleren Siedebereichs (Waschöl)

Aromatengemische lassen sich auch durch *Papierchromatographie* zerlegen. Es wird am besten durch Acetylierung hydrophobiertes Papier verwendet. Als Laufmittel haben sich Methanol/Äther/Wasser-, Äthanol/Toluol/Wasser- sowie Essigester/Dioxan/Wasser-Mischungen bewährt.

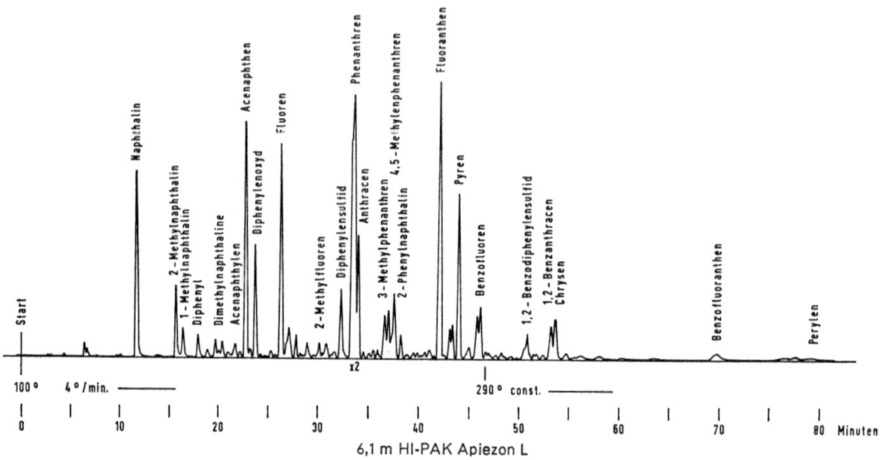

Abb. 4. Gaschromatogramm eines rohen Steinkohlenteeröls des oberen Siedebereichs (Anthracenöl)

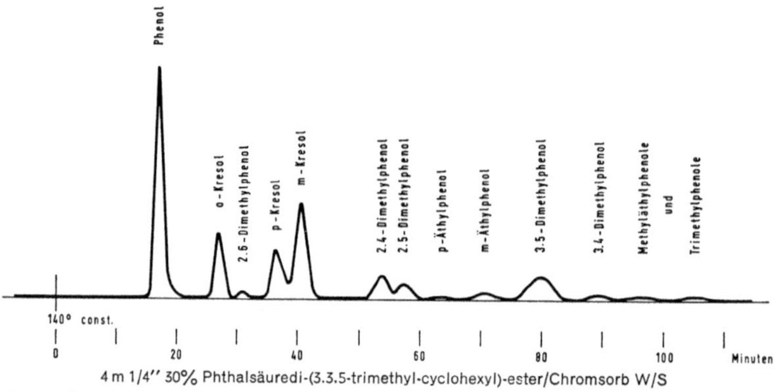

Abb. 5. Gaschromatogramm eines Rohphenolgemisches aus Steinkohlenteer. (Nach H. GAUTZSCH, Rütgerswerke und Teerverwertung AG)

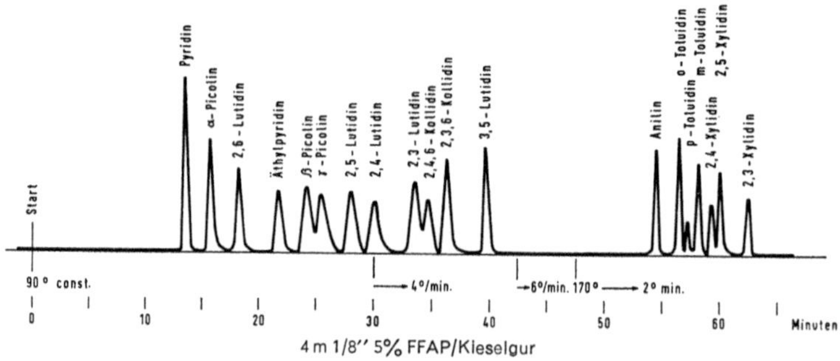

Abb. 6. Gaschromatogramm eines Rohpyridinbasengemisches aus Steinkohlenteer

Zur Sichtbarmachung der Substanzflecke können die gefärbten Molekülverbindungen mit Tetracyanoäthylen oder 2.4.7-Trinitrofluorenon sowie die Fluoreszenz oder die Phosphoreszenz bei der Bestrahlung mit UV-Licht herangezogen werden. Da im Gegensatz zu den Retentionszeiten in der Gaschromatographie die R_f-Werte der Papierchromatographie häufig schlecht reproduzierbar sind, bezieht man entweder auf den R_f-Wert einer den Gemischen zugesetzten Verbindung oder identifiziert die Substanzen aufgrund ihrer UV-, Fluoreszenz- oder Phosphoreszenzspektren.

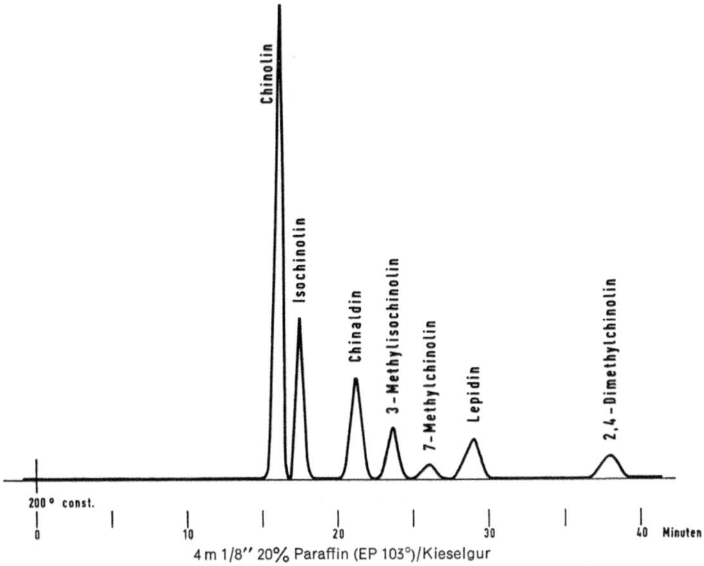

Abb. 7. Gaschromatogramm von Chinolinbasen aus Steinkohlenteer. (Gaschromatogramme Abb. 2—4, 6, 7 nach H. D. Sauerland, Rütgerswerke und Teerverwertung AG)

Für die *Dünnschichtchromatographie* haben sich Cellulosepulver-Platten mit Dimethylformamid/Wasser als Laufmittel, ferner Platten aus Acetylcellulose mit Methanol/Äther/Wasser und Aluminiumoxid-Platten mit Pentan/Äther bewährt. Die Methoden zur Sichtbarmachung und Identifizierung sind die gleichen wie die in der Papierchromatographie.

Spektroskopie. Die *Ultraviolett-Spektroskopie* kann vielfach zur Identifizierung und quantitativen Bestimmung aromatischer Kohlenwasserstoffe und Heterocyclen (auch in Gemischen) dienen, da diese Verbindungen infolge der leichten Anregbarkeit der π-Elektronen eine meßbare Absorption im UV-Bereich aufweisen. Je höher der Annellierungsgrad des Moleküls, um so mehr verschieben sich die Absorptionsbanden zu längeren Wellenlängen hin, ohne ihren Strukturcharakter wesentlich zu verändern. Die Abb. 8 zeigt diese bathochrome Bandenverschiebung am Beispiel der linear annellierten aromatischen Kohlenwasserstoffreihe der Acene.

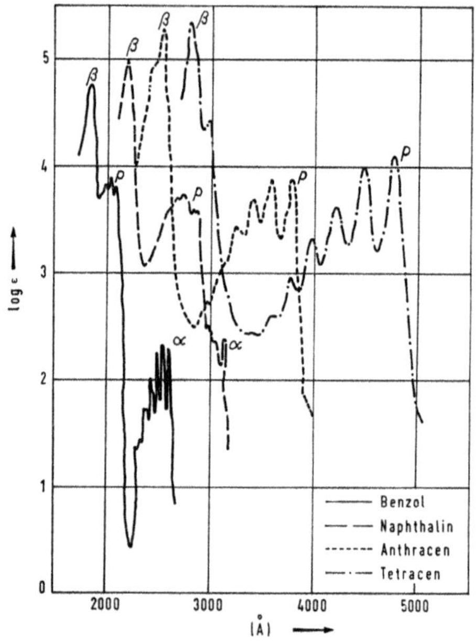

Abb. 8. UV-Absorptionsspektren der Acene. (Nach E. Clar: Polycyclic Hydrocarbons, Bd. 1, 1964)

Die *Fluoreszenz-Spektroskopie* benutzt die bei Desaktivierung der durch UV-Absorption angeregten Moleküle ausgestrahlten Emissionsbanden zur Analyse. Die Fluoreszenzbanden einer Verbindung sind gegenüber den UV-Absorptionen zu längeren Wellenlängen hin verschoben, und zwar schließen sie sich angenähert spiegelsymmetrisch an die Absorptionsbanden an. Die meisten aromatischen Kohlenwasserstoffe zeichnen sich durch ein starkes Fluoreszenzvermögen aus, das jedoch durch Einführung von Substituenten oder heterocyclischen Ringatomen häufig stark herabgesetzt wird. Ein derartiges Löschen der Fluoreszenz kann auch durch Erhöhung der Konzentration oder durch die Gegenwart eines Fremdstoffes erfolgen (Eigen- und Fremdlöschung).

Die *Phosphorimetrie* ist eine wertvolle Ergänzung der UV- und Fluoreszenz-Spektroskopie. Zahlreiche aromatische Verbindungen, jedoch nicht die Mehrzahl, lassen sich auch im Gemisch durch Bestrahlung mit einer Wellenlänge, die einer möglichst starken UV-Absorptionsbande der betreffenden Verbindung entspricht, selektiv zu einer Phosphoreszenz von bis zu mehreren Sekunden Dauer anregen. Die Phosphoreszenzspektren unterscheiden sich im allgemeinen charakteristischer voneinander als die Fluoreszenzspektren. Da sie außerdem erheblich längerwellig als die UV-Spektren sind, ist die Gefahr einer Reabsorption auch in konzentrierten Lösungen nicht gegeben. Die Abklingdauer der Phosphoreszenz kann mit zur Identifizierung der Verbindungen herangezogen werden.

In Zahlentafel 5 sind für eine Reihe von Teerinhaltsstoffen spektroskopische Daten sowohl für die Phosphoreszenz- als auch für die Fluoreszenzanalyse zusammengestellt.

Sonstige Methoden. Insbesondere zur Aufklärung der Zusammensetzung der höchstsiedenden und unverdampfbaren Anteile des Stein-

Zahlentafel 5.

Phosphoreszenz- und Fluoreszenzspektroskopie kondensierter Aromaten

[Nach H. D. SAUERLAND u. M. ZANDER: Erdöl u. Kohle, Erdgas, Petrochem. **19**, 505 (1966)]

Verbindung	Anregungswellenlänge (mμ)	Phosphoreszenz (—196 °C)		Fluoreszenz (23 °C)	
		Schlüsselbande (mμ)	Nachweisgrenze (g/ml)	Schlüsselbande (mμ)	Nachweisgrenze (g/ml)
Anthracen	250	—	—	378	$5 \cdot 10^{-9}$
Phenanthren	293	460	$3 \cdot 10^{-8}$	364	$2 \cdot 10^{-7}$
Chrysen	320	500	$1 \cdot 10^{-7}$	384	$5 \cdot 10^{-8}$
Triphenylen	285	463	$2 \cdot 10^{-9}$	355	$5 \cdot 10^{-8}$
Coronen	315	563	$2 \cdot 10^{-8}$	445	$2 \cdot 10^{-8}$
3.4-Benzpyren	296	—	—	408	$1 \cdot 10^{-9}$
1.2-Benzpyren	315	540	$1 \cdot 10^{-7}$	388	$1 \cdot 10^{-7}$
1.2; 6.7-Dibenzpyren	330	493	$1 \cdot 10^{-7}$	—	—
1.2; 5.6-Dibenzanthracen	318	546	$1 \cdot 10^{-7}$	394	$5 \cdot 10^{-8}$
Carbazol	294	408	$1 \cdot 10^{-8}$	345	$2 \cdot 10^{-8}$

Phosphoreszenzmessungen: Aminco-Keirs-Spektrophosphorimeter mit folgenden Spaltbreiten: Austritt Anregungsmonochromator, Eintritt Küvettengehäuse und Eintritt Emissionsmonochromator je 3 mm, Austritt Küvettengehäuse und Austritt Emissionsmonochromator je 2 mm.

Fluoreszenzmessungen: Aminco-Bowman-Fluorimeter mit folgenden Spaltbreiten: Austritt Anregungsmonochromator 3 mm, Eintritt Küvettengehäuse 1/3 mm, Austritt Küvettengehäuse 3/0,5 mm, Eintritt Emissionsmonochromator 2 mm, Austritt Emissionsmonochromator 0,5 mm.

Erregerlichtquelle: Quecksilber-Xenon-Lampe Hanovia B/1 Nr. 901.

Empfänger: Multiplier RCA 1 P 28.

Lösungsmittel: Äthanol/i-Pentan/Diäthyläther 2:5:5 v/v.

kohlenteers wird eine Vielzahl vornehmlich physikalischer Meßmethoden eingesetzt.

Bereits die *Molekulargewichtsbestimmung* stößt bei den zum Teil unlöslichen Verbindungen auf große Schwierigkeiten. Die kryoskopischen, ebullioskopischen und osmotischen Methoden setzen eine vollständige Löslichkeit der zu untersuchenden Substanzen voraus. Zur Abtrennung der unlöslichen höchstmolekularen Anteile des Steinkohlenteerpechs muß daher der Molekulargewichtsbestimmung eine Destillation oder eine Lösungsmittelextraktion und -fraktionierung vorausgehen. Bei der Destillation besteht die Gefahr eines Aufbrechens von Molekülstrukturen; umgekehrt können in den Lösungsmitteln Molekülassoziierungen stattfinden.

Statistische Strukturanalysen, wie sie von VAN KREVELEN u. Mitarb. zur Untersuchung der Kohlenstruktur angewendet worden sind, lassen sich auch zur Aufklärung der Natur des Steinkohlenteerpechs heranziehen. Diese Methode beruht auf der Abschätzung mittlerer Molekulargewichte, der mittleren Anzahl aromatischer Ringe pro Molekül und deren Bindungsanordnung aus physikalischen Eigenschaften, wie z. B. der Dichte und der Elementaranalyse.

Zur Ermittlung mittlerer Molekulargewichte und Strukturparameter liefern die Massenspektroskopie, die kernmagnetische Resonanzspektroskopie, die Röntgenstrahlenbeugung und die Infrarotspektroskopie weitere Daten. Eine Kombination möglichst vieler derartiger physikalischer Verfahren mit denen der klassischen Analytik ergibt auch für die chemisch nicht trennbaren hochsiedenden und nicht destillierbaren Anteile des Steinkohlenteers ein gut gesichertes Bild der mittleren chemischen Zusammensetzung.

II. Eigenschaften und Zusammensetzung der verschiedenen Steinkohlenteere

Steinkohlenteere sind viskose, dunkelbraune bis schwarze Flüssigkeiten mit einem durch den Gehalt an Naphthalin, Phenolen, Pyridinbasen und Ammoniakwasser bedingten eigentümlichen Geruch. Die Eigenschaften und Zusammensetzung der Teere werden durch die Natur der Ausgangskohle und die Bedingungen, unter denen die zersetzende thermische Behandlung stattfindet, bestimmt.

Schwelteere (Tieftemperaturteere), die durch Schwelung oder Schwelvergasung von Steinkohlen bei Temperaturen unterhalb 700 °C entstehen, enthalten neben geringen Mengen aromatischer Kohlenwasserstoffe vor allem Phenole, Hydroaromaten, Paraffine und Olefine. Entsprechend dieser Zusammensetzung besitzen die Schwelteere, wie aus den Werten der Zahlentafel 6 ersichtlich, eine vergleichsweise niedrige

Dichte, ein niedriges Kohlenstoff/Wasserstoff-Verhältnis und nur einen geringen Gehalt an Naphthalin.

Hochtemperaturteere, die bei der Verkokung von Steinkohlen zwischen 900 und 1300 °C entstehen und zu denen die Kokereiteere und von den Gaswerksteeren vornehmlich die aus Horizontalretorten stammenden zählen, enthalten die in den Schwelteeren vorkommenden, bei höherer Temperatur zum großen Teil thermodynamisch instabilen Primärprodukte der Kohleentgasung nur noch in untergeordneter Menge. Die erwähnten Verbindungen wandeln sich bei der Hochtemperaturverkokung durch Krackung, Dehydrierung, Cyclisierung und Aromatisierung größtenteils in die für Hochtemperaturteere charakteristischen, thermostabileren aromatischen Kohlenwasserstoffe um. Phenole und heterocyclische Verbindungen sind in Hochtemperaturteeren in geringerer Menge vorhanden.

Die Zahlentafel 6 zeigt als besondere Charakteristika für die hocharomatischen Kokereiteere und Horizontalretorten-Gaswerksteere eine vergleichsweise hohe Dichte, ein hohes Kohlenstoff/Wasserstoff-Verhältnis und einen hohen Naphthalingehalt.

Vertikalretortenteere, insbesondere die aus kontinuierlich betriebenen Retorten stammenden Teere, nehmen nach Entstehungstemperatur und Eigenschaften zwischen den Hoch- und Tieftemperaturteeren eine Mittelstellung ein.

Zahlentafel 6 weist für die Gaswerksteere aus kontinuierlichen Vertikalretorten dementsprechend zwischen den Kokerei- bzw. Horizontalretorten- und den Schwelteeren liegende Werte für Dichte, Kohlenstoff- und Wasserstoff-Gehalt, Gehalte an Naphthalin, Phenolen und Paraffinen aus.

Kokereiteere zählen zu den vollaromatischen Hochtemperaturteeren. Die quantitative Zusammensetzung der Kokereiteere schwankt jedoch in weiten Grenzen und ist abhängig von der Ausgangskohle, dem Typ des Koksofens, der Verkokungstemperatur und der Verkokungszeit.

Von den Eigenschaften der Kokskohle ist z. B. der Gehalt an flüchtigen Bestandteilen von Bedeutung. Die Abb. 9 zeigt die starke Zunahme des Rohteeranfalls, die gleichzeitige Zunahme des Pechanteils und Abnahme des Anthracenöl-Gehalts sowie die Änderung der Rohteerdichte mit zunehmendem Flüchtigengehalt der eingesetzten Kokskohle unter Einhaltung gleicher Verkokungsbedingungen. Trotz der bei allen Verkokungen in gleicher Weise vorgegebenen Betriebsbedingungen ändert sich mit wechselndem Flüchtigengehalt der Kohle die Gassammelraumtemperatur, die wiederum die Zusammensetzung des Rohteers beeinflußt.

Mit steigender Verkokungstemperatur nehmen Dichte, Toluol-Unlösliches, Pech- und Naphthalingehalt des Rohteers zu, während der Gehalt an Leicht- und Anthracenöl, Naphthalin-Homologen und Pheno-

Zahlentafel 6. *Eigenschaften und Zusammensetzung verschiedener Steinkohlenteere*

	Kokereiteere	Gaswerksteere			Schwelteere
		Horizontal-retortenteere	Vertikal-retortenteere (diskontinuierlich)	Vertikal-retortenteere (kontinuierlich)	
Dichte 20 °C (g/cm³)	1,14— 1,25	1,15— 1,33	1,10— 1,16	1,07— 1,10	0,96— 1,14
Kohlenstoff (%)	90 —93	87 —93	86 —92	85 —87	84 —86
Wasserstoff (%)	5 — 6	5 — 6	5 — 8	7 — 8	8 — 8,5
Naphthalin (%)	5 —15	3 — 8	2 — 7	0 — 4	0 — 2
Phenole (%)	0,5 — 5	0,5 — 4	5 —11	10 —20	10 —45
Basen (%)	0,2 — 2	0,2 — 2	1,5 — 2,5	1,5 — 2,5	2 — 3
Feste Paraffine (%)	0 —Spuren	0 —Spuren	0 — 2	0 — 5	3 —15
Verkokungsrückstand (%)	10 —40	15 —40	15 —30	15 —30	5 —15
Toluol-Unlösliches (%)	2 —20	15 —40	1 — 8	0,5 — 6	0,5 —10
Asche (%)	<0,5	<0,5	<0,5	<0,5	<1,5
Wasser (%)	<5	<5	<5	<5	<5
Siedeanalyse (DIN 1995)					
Leichtöl bis 180 °C (%)	0,2 — 2	1 — 4	1 — 6	1 — 6	0 —12
Mittelöl 180—230 °C (%)	3 —10	6 — 9	8 —15	10 —25	2 —23
Schweröl 230—270 °C (%)	7 —15	9 —12	8 —12	10 —14	8 —22
270—300 °C (%)	3 — 7	3 — 5	6 —10	6 —10	5 —10
300 °C bis Pech (%)	12 —30	9 —13	7 —15	10 —20	10 —30
Pech E.P. (K-S) 67 °C	45 —65	55 —70	50 —60	40 —50	30 —50

Vgl. G. Collin, in: Ullmanns Encyklopädie der technischen Chemie, 3. Aufl., Bd. 16, S. 670. München u. Berlin 1965; Coal Tar Research Association: The Coal Tar Data Book, 2. Aufl. Gomersal 1965.

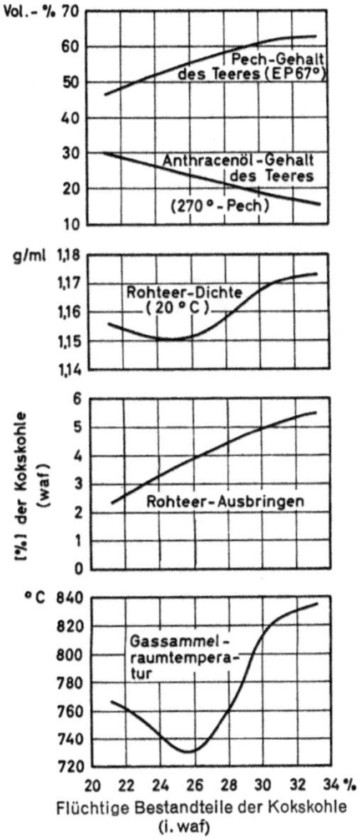

Abb. 9

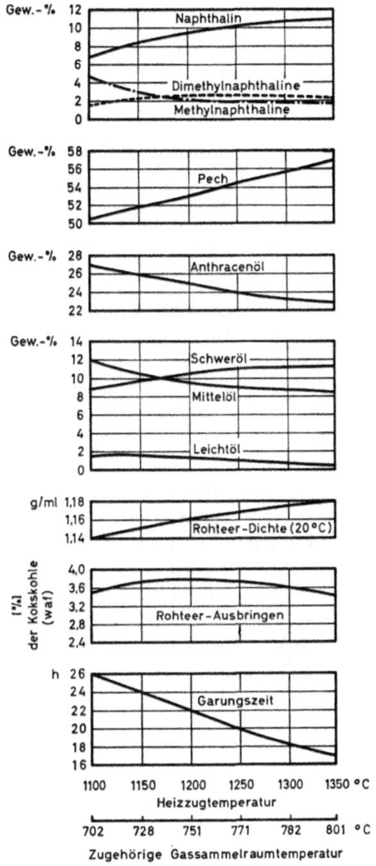

Abb. 10

Abb. 9. Mengenanfall und Eigenschaften von Kokereiteer in Abhängigkeit vom Flüchtigengehalt der Kokskohle. [Resultate der Versuchskokerei des Steinkohlenbergbauvereins Essen, nach W. Weskamp: Glückauf **103**, 215—224 (1967). Einsatzkohle: Kokskohlen des Ruhrgebiets mit ähnlicher inkohlungsmäßiger Zusammensetzung, gleichem Körnungsaufbau und gleicher Schüttdichte; Heizzugtemperatur des Koksofens 1250—1260 °C (K-Wert 20); weitere Daten und Angaben über den Versuchskoksofen s. Original]

Abb. 10. Eigenschaften und Zusammensetzung von Kokereiteer in Abhängigkeit von der Verkokungstemperatur. [Resultate der Versuchskokerei des Steinkohlenbergbauvereins Essen, nach W. Weskamp, W. Dressler u. E. Schierholz: Glückauf **98**, 567—577 (1962). Einsatzkohle: Kokskohle des Ruhrgebiets mit 25% Flüchtigen Bestandteilen; weitere Daten und Angaben über den Versuchskoksofen s. Original]

len sinkt. Abb. 10 zeigt diese Veränderungen in der Zusammensetzung eines Rohteers, der durch Verkokung gleicher Ausgangskohle bei verschiedenen Heizzugtemperaturen, sonst aber konstant gehaltenen Betriebsbedingungen der Kokerei gebildet wird. Die Verkokungszeit (Garungszeit) nimmt naturgemäß mit steigender Heizzugtemperatur ab.

Zahlentafel 7 enthält die wichtigsten Analysenwerte eines typischen Kokereiteers aus Kokskohle des Ruhrgebiets und die bei diesen Teeren etwa auftretenden Schwankungen. Das Ergebnis einer vollständigen gas-

Zahlentafel 7. *Wichtige Eigenschaften von Kokereiteeren des Ruhrgebiets*

	Durchschnittsteer	Analysenwerte
Dichte bei 20 °C (g/cm³)	1,175	1,14— 1,20
Wasser (%)	2,5	0,2 — 5,0
Toluol-Unlösliches (%)	5,50	2 —12
Chinolin-Unlösliches (%)	2,00	0,5 — 5
Verkokungsrückstand (nach Muck) (%)	14,6	10 —20
Kohlenstoff (waf) (%)	91,39	90 —93
Wasserstoff (waf) (%)	5,25	5 — 6
Stickstoff (waf) (%)	0,86	0,6 — 1,2
Sauerstoff (waf) (%)	1,75	1,5 — 2
Schwefel (%)	0,75	0,6 — 1
Chlor (%)	0,030	Spuren— 0,1
Asche (%)	0,15	0,05— 0,25
Zink (%)	0,038	Spuren— 0,2
Naphthalin (%)	10,0	5 —13
Siedeanalyse (DIN 1995):		
bis 180 °C Wasser (%)	2,5	0,2 — 5
bis 180 °C Leichtöl (%)	0,9	0,2 — 2
180—230 °C (%)	7,5	3 —10
230—270 °C (%)	9,8	7 —15
270—300 °C (%)	4,3	3 — 7
300 °C bis Pech (%)	20,1	12 —30
Pech E.P. (K-S) 67 °C (%)	54,4	45 —65
Destillationsverlust (%)	0,5	—
Rohphenole (%)	1,5	0,4 — 5
Phenol (%)	0,5	0,08— 0,7
Kresole und Xylenole (%)	1,0	0,3 — 4,5
Niedrigsiedende Pyridinbasen (im Leichtöl) (%)	0,081	0,01— 0,2
Hochsiedende Pyridin- und Chinolinbasen (im Mittel- und Schweröl) (%)	0,650	0,2 — 0,9
Ungesättigte Verbindungen (im Leichtöl) (%)	0,590	0,02— 1,0

Vgl. G. Collin, in: Ullmanns Encyklopädie der technischen Chemie, 3. Aufl., Bd. 16, S. 671. München u. Berlin 1965.

chromatographischen Analyse der verdampfbaren Anteile eines Kokereiteers zeigt die Abb. 1 auf S. 10. Die quantitative Auswertung eines solchen Gaschromatogramms, bei dem die Teerinhaltsstoffe — ohne die Phenole und Basen — im wesentlichen nach ihren Siedepunkten geordnet erscheinen, ergibt die in Zahlentafel 8 enthaltenen Durchschnittswerte, die wiederum starken Schwankungen unterliegen können.

Von den auf etwa 10000 geschätzten Inhaltsstoffen des Steinkohlenteers sind bisher etwa 475 mit Sicherheit nachgewiesen und identifiziert worden. Die bekannten Verbindungen machen insgesamt etwa 55% des Teers aus. Die mengenmäßig bedeutendste Komponente des Kokereiteers ist das *Naphthalin mit einem Gehalt von durchschnittlich 10%*. Zusammen mit weiteren 11 Verbindungen, deren Gehalte bei 1% und darüber liegen, ist bereits etwa ein Drittel des Teers erfaßt. Zahlentafel 9 gibt einen Überblick über diese Hauptkomponenten des Steinkohlen-Hochtemperaturteers. In Zahlentafel 10 sind weitere wichtige Teerinhaltsstoffe, geordnet nach ihrem mengenmäßigen Vorkommen, aufgeführt.

Bei den Hauptteerkomponenten handelt es sich, mit Ausnahme des 2-Methylnaphthalins, um unsubstituierte aromatische Verbindungen. Die drei mengenmäßig am stärksten vertretenen Individuen sind ein 2kerniger, ein 3kerniger und ein 4kerniger Kohlenwasserstoff, nämlich Naphthalin, Phenanthren und Fluoranthen. Die ungesättigten Verbindungen Acenaphthylen und Inden werden während der destillativen Aufarbeitung des Teers teilweise zu Acenaphthen bzw. Hydrinden hydriert. Von den heterocyclischen Verbindungen sind unter den Hauptkomponenten Carbazol und Diphenylenoxid vertreten.

Unter den Verbindungen, die in einer Menge zwischen 0,1 und 1% im Steinkohlen-Hochtemperaturteer enthalten sind, spielen neben den Kohlenwasserstoffen 1-Methylnaphthalin, Benzol und Homologen, Diphenyl, Acenaphthen und 2-Phenylnaphthalin das Phenol und seine Homologen und die kondensierten heterocyclischen Chinolin- und Acridinbasen eine bedeutende Rolle. Weitere Heterocyclen in diesem Mengenbereich sind Thionaphthen, Diphenylensulfid, 2.3-Benzodiphenylenoxid und Indol. In einer um eine Zehnerpotenz niedrigeren Konzentration als die zweikernigen Chinolinbasen liegen die einkernigen Pyridinbasen im Steinkohlenteer vor. Nicht in Zahlentafel 10 aufgeführt sind als Isomerengemische die im Teer enthaltenen neun Dimethylnaphthaline, die zusammen zu etwa 1% vorliegen, fünf isomere Methylfluorene mit zusammen 0,8%, vier isomere Methylphenanthrene und 4.5-Methylenphenanthren mit zusammen 1,8% sowie drei isomere Benzofluorene und 5.12-Dihydrotetracen mit zusammen etwa 1,6% des Teers.

Die bisher aufgeführten Verbindungen umfassen mengenmäßig etwa 45% des Steinkohlenteers, die weiteren mit Sicherheit nachgewiesenen Inhaltsstoffe nochmals etwa 10%. Bei den restlichen noch nicht identi-

Zahlentafel 8. *Ergebnis der gaschromatographischen Untersuchung der verdampfbaren Anteile eines typischen Kokereiteers aus dem Ruhrgebiet*

Teerinhaltsstoffe	%-Gehalt, bezogen auf Rohteer (wf)
Unterhalb 215 °C siedende Verbindungen ohne Phenole und Basen (Benzol, Benzolhomologe, Inden, Hydrinden, Methylindene)	3,5
Naphthalin (und Thionaphthen)	10,3
2-Methylnaphthalin	1,5
1-Methylnaphthalin	0,5
Diphenyl	0,4
Dimethylnaphthaline	1,0
Acenaphthylen	2,0
Acenaphthen	0,3
Diphenylenoxid	1,4
Fluoren	2,0
Methylfluorene	0,8
Diphenylensulfid	0,3
Phenanthren, Anthracen, Carbazol	9,0
Methylphenanthrene, Methylanthracene	1,8
2-Phenylnaphthalin	0,3
Fluoranthen	3,3
Pyren	2,1
Benzofluorene und Siedebegleiter	2,3
Chrysen	2,0
Benzanthracen, Triphenylen, Benzofluoranthene	1,7
Perylen, Benzpyrene, Picen, Coronen und Siedebegleiter	3,5
Summe	50,0

Zahlentafel 9. *Die in einer Menge von 1% und darüber im Steinkohlen-Hochtemperaturteer enthaltenen Verbindungen*

Verbindung	Kp_{760} (°C)	Fp (°C)	Durchschnittl. Gehalt im Rohteer (Gew.-%)
Naphthalin	217,955	80,290	10,0
Phenanthren	338,4	100	5,0
Fluoranthen	383,5	111	3,3
Pyren	393,5	150,0	2,1
Acenaphthylen	270	93	2,0
Fluoren	297,9	115,0	2,0
Chrysen	441	256	2,0
Anthracen	340	218	1,8
Carbazol	354,76	244,4	1,5
2-Methylnaphthalin	241,052	34,58	1,5
Diphenylenoxid	285,1	85	1,0
Inden	182,44	—1,5	1,0
Summe der Hauptinhaltsstoffe			33,2

Zahlentafel 10. *Weitere wichtige Verbindungen im Steinkohlen-Hochtemperaturteer* [vgl. Fortschr. chem. Forsch. **8**, 93 (1967)]

Verbindung	Kp_{760} (°C)	Fp (°C)	Durchschnittl. Gehalt (Gew.-%)
Acridin	343,9	111	0,6
1-Methylnaphthalin	244,685	—30,480	0,5
Phenol	181,839	40,90	0,4
m-Kresol	202,231	12,22	0,4
Benzol	80,100	5,533	0,4
Diphenyl	255,0	69,2	0,4
Acenaphthen	227,5	95	0,3
2-Phenylnaphthalin	359,8	101	0,3
Toluol	110,625	—94,991	0,3
Chinolin	237,10	—14,2	0,3
Diphenylensulfid	331,4	97	0,3
Thionaphthen	219,9	31,321	0,3
m-Xylol	139,103	—47,872	0,2
o-Kresol	191,003	30,99	0,2
p-Kresol	201,940	34,69	0,2
Isochinolin	243,25	26,48	0,2
Chinaldin	247,6	—1	0,2
Phenanthridin	349,5	107	0,2
7.8-Benzochinolin	340,2	52	0,2
2.3-Benzodiphenylenoxid (Brasan)	394,5	208	0,2
Indol	254,7	52,5	0,2
3.5-Dimethylphenol	221,692	63,27	0,1
2.4-Dimethylphenol	210,931	24,54	0,1
Pyridin	115,256	—41,8	0,02
2-Methylpyridin (α-Picolin)	129,408	—66,7	0,02
3-Methylpyridin (β-Picolin)	144,143	—18,25	0,01
4-Methylpyridin (γ-Picolin)	145,356	3,65	0,01
2.6-Dimethylpyridin (2.6-Lutidin)	144,045	—6,10	0,01
2.4-Dimethylpyridin (2.4-Lutidin)	158,403	—63,96	0,01
Summe der sonstigen mengenmäßig wichtigen Inhaltsstoffe des Steinkohlenteers			6,6

fizierten Verbindungen, die etwa 45% des Teers darstellen, handelt es sich um die hochsiedenden und unverdampfbaren Inhaltsstoffe des Steinkohlenteerpechs.

Das Hochtemperatur-Steinkohlenteerpech ist ein Festsolvat artähnlicher Komponenten, nämlich hochmolekularer aromatischer Kohlenwasserstoffe und Heterocyclen, die ein Vielstoff-Eutektikum bilden. Die Hauptkomponenten des Pechs bestehen aus aromatischen Kohlenwasserstoffen mit bis zu 7 kondensierten Ringen, die wahrscheinlich zu einem Teil über Methylengruppen miteinander verbunden sind. Beim Erhitzen des Pechs zwecks destillativer Auftrennung oder zur Lösungsmittelfraktionierung scheinen die Methylenbrücken in mehr oder weniger starkem Umfang aufzubrechen, so daß in der Literatur die unterschiedlichsten Molekulargewichtsangaben für Fraktionen des Steinkohlenteerpechs zu finden sind. Die Angaben über die durchschnittlichen Molekulargewichte der höchstmolekularen und gleichzeitig am schwierigsten in Lösung zu bringenden Pechfraktionen schwanken zwischen etwa 300 und 6000 (nach osmotischen Messungen sogar bis zu 80000). Darüber hinaus enthält das Pech noch etwa 4% vollkommen unlösliche, rußartige Verbindungen, deren Molekulargewichte noch höher liegen dürften.

Verarbeitung des Steinkohlenteers

Die Hauptverfahrensschritte in der Verarbeitung des Steinkohlenteers bedienen sich im wesentlichen der Hilfe von vier Grundoperationen der chemischen Technik, nämlich der

Destillation,
Kristallisation,
Extraktion und
Polymerisation.

Die erste und für den Steinkohlenteer wichtigste Grundoperation wird bei der destillativen primären Zerlegung des Teers in sechs oder mehr Fraktionen angewendet. Die Kristallisation dient der Gewinnung der bei Normaltemperatur festen Inhaltsstoffe des Teers, z. B. des Naphthalins und Rohanthracens aus den entsprechenden Fraktionen der Primärdestillation, die Extraktion der Gewinnung der sauren und basischen Verbindungen, der Phenole, Pyridin- und Chinolinbasen, die Polymerisation der Herstellung der Cumaron-Inden-Harze aus den ungesättigten Aromaten.

Einen Überblick über die Aufarbeitung des Steinkohlen-Hochtemperaturteers gibt die Abb. 11.

Da es sich bei dem weitaus überwiegenden Teil des in der Welt anfallenden und verarbeiteten Steinkohlenteers um Hochtemperaturteer (Kokereiteer) handelt, beziehen sich die im folgenden beschriebenen Verfahren der Teeraufarbeitung im wesentlichen auf diesen.

I. Destillation des Teers

1. Vorbehandlung des Rohteers

Steinkohlen-Rohteer enthält bis zu 5 % emulgiertes Wasser, in dem Ammoniak, Schwefelwasserstoff und Ammoniumchlorid gelöst sind, und geringe Mengen suspendierte Feststoffe als Verunreinigungen.

Wasser hat eine etwa fünfmal höhere Verdampfungswärme als die aromatischen Verbindungen des Teers. Das in ihm enthaltene Ammoniumchlorid dissoziiert bei Temperaturen oberhalb 250 °C in Ammoniak und

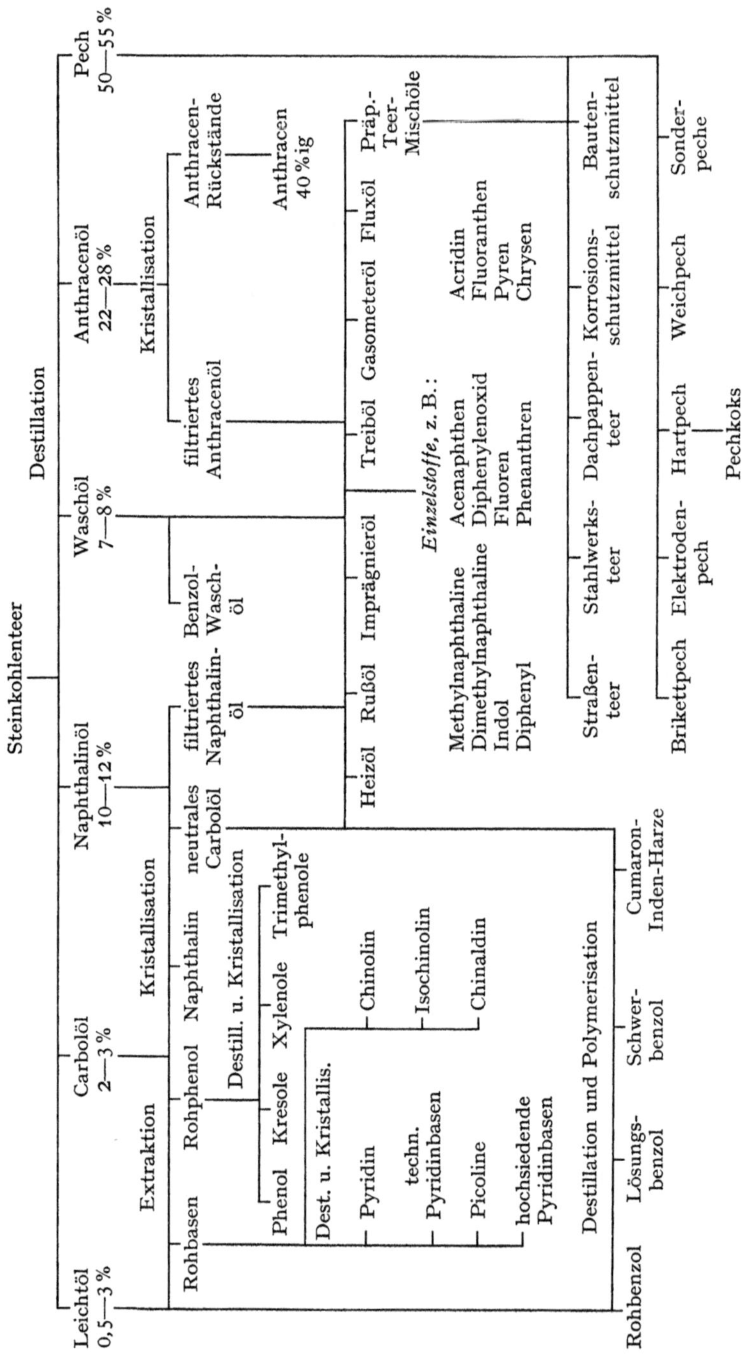

Abb. 11. Aufarbeitung des Steinkohlen-Hochtemperaturteers

Chlorwasserstoff und führt in den Destillationsapparaturen zu unangenehmen Korrosionserscheinungen. Es ist daher wünschenswert, den Wassergehalt vor der destillativen Aufarbeitung des Rohteers durch mechanische Abtrennung so weit wie möglich zu senken. Das einfachste Verfahren hierfür ist eine längere Zwischenlagerung des Rohteers bei erhöhter Temperatur. Eine mehrtägige Lagerung bei einer Temperatur von 60 °C bewirkt eine Erniedrigung des Wassergehalts um etwa 1 bis 2%. Das Wasser setzt sich infolge seiner niedrigeren Dichte im Lagerbehälter oben ab und kann dort periodisch abgezogen werden.

Zur Erniedrigung der Viskosität des Teers und damit zur Erhöhung der Absetzgeschwindigkeit des Wassers kann der Rohteer auch in Druckbehältern bei Temperaturen oberhalb 100 °C bis zu 200 °C gelagert werden. Bei diesem Verfahren der Druckentwässerung kann der Wassergehalt bei geeigneter Beschaffenheit des Rohteers bis auf etwa 1 bis 1,5% herabgesetzt werden.

Noch wirksamer ist eine Erhöhung der Absetzgeschwindigkeit durch Vergrößerung der Beschleunigungskräfte. Dies läßt sich in hochtourigen Zentrifugen mit einer Zentrifugalbeschleunigung der 6000- bis 7000fachen Größe der Erdbeschleunigung erreichen. Tellerseparatoren mit Düsenaustrag senken den Wassergehalt des Rohteers bis auf etwa 0,5 bis 1%. Der Kostenaufwand für eine derartige mechanische Entwässerung mit Separatoren liegt jedoch relativ hoch.

Der Gehalt des Rohteers an Ammoniumchlorid kann weitgehend vermindert werden, wenn man der mechanischen Teer-Wasser-Trennung eine Wasserwäsche des Rohteers vorschaltet.

Eine weitere Möglichkeit zur Verminderung der Ammoniumchlorid-Korrosion ist das Zumischen einer dem Ammoniumchloridgehalt des Rohteers äquivalenten Menge Natriumcarbonat oder Natriumhydroxid in Form einer wäßrigen Lösung. Bei der destillativen Weiterverarbeitung des Teers wird nichtflüchtiges Natriumchlorid gebildet, das im Pech zurückbleibt. Ein Nachteil dieses Verfahrens ist die Erhöhung des Aschegehalts im Pech.

Die teilweise Entfernung der im Rohteer als weitere Verunreinigung in geringer Menge enthaltenen Feststoffanteile, die in der Hauptsache aus feinsten Kokspartikeln bestehen, geschieht parallel mit der mechanischen Wasserabscheidung durch Sedimentation während der Lagerung des Teers. Bei der Teerseparierung kann neben dem Wasser als dritte Phase ein sedimentreiches Konzentrat abgezogen werden. Den Pumpen der Destillationsanlagen sind Filter vorgeschaltet, die grobere Feststoffe zurückhalten. Ein über Spuren hinausgehender Feststoffanteil des Teers ist sehr unerwünscht, da die Entfernung der Feststoffsedimente aus den Lagerbehältern hohe Kosten verursacht und in Pumpen und Leitungen Erosionen hervorruft.

2. Allgemeines zur Destillation des Teers

Bis etwa 1940 wurde der größte Teil des Steinkohlenteers durch diskontinuierliche Retortendestillation aufgearbeitet, obwohl bereits um die Jahrhundertwende einige kontinuierliche Verfahren, zum Teil unter Verwendung von Röhrenöfen, entwickelt worden waren. Auf die diskontinuierlichen Destillationsverfahren soll hier nicht näher eingegangen werden. Sie haben in den letzten Jahrzehnten den kontinuierlichen Rektifizierverfahren weichen müssen.

Allen modernen Verfahren sind Röhrenöfen und Rektifizierkolonnen als wichtigste Bauelemente gemeinsam.

Bei der Flashdestillation wird der Teer kontinuierlich meist in zwei Stufen unter Druck im Röhrenofen erhitzt und anschließend in ein System von Rektifizierkolonnen hinein entspannt, wo die Verdampfung und Fraktionierung der Ölanteile stattfindet. Die erste Erhitzungsstufe dient der Entwässerung und Verdampfung des Leichtöls, die zweite Erhitzungsstufe der Verdampfung der übrigen Ölanteile.

Bei den Sumpfumwälzverfahren wird im Röhrenofen den Sumpfprodukten der Rektifizierkolonnen kontinuierlich die zur Destillation notwendige Wärme zugeführt.

Beide Destillationsverfahren, die auch kombiniert werden können, unterscheiden sich in der thermischen Beanspruchung der Teerfraktionen. Beim Flashen werden die Ölfraktionen weit höheren Temperaturen ausgesetzt, als ihrem Siedepunkt entspricht, während der Destillationsrückstand thermisch geschont wird. Beim Sumpfumwälzen dagegen bleibt der Destillationsrückstand lange Zeit hohen Temperaturen ausgesetzt, während die verdampfbaren Ölanteile thermisch wenig beansprucht werden. Das Sumpfumwälzverfahren gleicht demnach im Gegensatz zum Flashverfahren in bezug auf die thermische Beanspruchung der Fraktionen der diskontinuierlichen Retortendestillation. Wegen der thermischen Instabilität einiger Inhaltsstoffe des Steinkohlenteers sind die Unterschiede beider Verfahren für die Ausbeute bestimmter Erzeugnisse von Bedeutung.

Die Röhrenöfen haben eine rechteckige oder zylindrische Form und sind innen mit feuerfesten Steinen ausgemauert. Zur weitgehenden Wärmeausnutzung der Feuerungsgase sind die Öfen in Strahlungs- und Konvektionszonen unterteilt. Die in der Strahlungszone befindlichen Brenner können mit Gas oder Heizöl der verschiedensten Qualitäten befeuert werden. Die Rohre sind meist horizontal und parallel zueinander an den Wänden der Strahlungszone und in der Konvektionszone angeordnet und außerhalb der Ofenwand durch kurze Umkehrstücke verbunden. Die Rohre bestehen aus Stahl, wobei sich niedriglegierte Chrom-Mangan-Silicium-Stähle als besonders korrosionsbeständig erwiesen haben.

Als Rektifizierkolonnen werden sowohl Glockenböden- als auch Füllkörperkolonnen sowie Kombinationen verwendet. Als Füllkörper sind Raschigringe aus Steinzeug gebräuchlich. Entwässerungs- und Flashkolonnen enthalten daneben im unteren Teil häufig einfache Überlaufböden. Die Kolonnen bestehen in den besonders korrosionsgefährdeten Teilen, die hohen Temperaturen ausgesetzt sind, aus Gußeisen oder Edelstahl, die übrigen Teile sind aus normalem Stahl.

Zur Trennung der hochsiedenden Teerfraktionen werden die Kolonnen im allgemeinen unter Vakuum betrieben, oder es wird Treibdampf zur Erniedrigung der Verdampfungstemperatur eingespeist. Eine möglichst niedrige Erhitzungstemperatur ist zur Schonung der Rohre des Röhrenofens erwünscht. Außerdem wird die Gefahr einer Verkokung des Teers im Röhrenofen stark herabgesetzt, was insbesondere für die thermisch instabileren Mitteltemperaturteere wichtig ist.

Für die Wirtschaftlichkeit eines Teerdestillationsverfahrens hat der Wärmebedarf eine große Bedeutung. Scharf getrennte Fraktionen erfordern neben wirksamen Rektifizierkolonnen hohe Rückflußverhältnisse und damit einen hohen Wärmeaufwand für die mehrmalige Verdampfung der Öle. Ein großer Teil dieser Wärme kann durch Übertragung von den kondensierenden Dämpfen und den ablaufenden Sumpfprodukten auf den Rohteer und seine Zwischenprodukte in Wärmeaustauschern wieder zurückgewonnen werden.

3. Spezielle Verfahren der kontinuierlichen Teerdestillation

Koppers-Verfahren (Abb. 12)

Nach diesem Verfahren errichtete die Firma Koppers 1934 für die Rütgerswerke in Mährisch-Ostrau die erste kontinuierliche Großanlage zur Destillation von Steinkohlenteer nach dem Flashprinzip unter Abnahme von sieben Fraktionen. Die Anlage arbeitet unter Normaldruck bei Einspeisung von Treibdampf.

Der Rohteer durchläuft zur Vorwärmung den Schlußkondensator des Ölkolonnensystems und den Pechwärmeaustauscher, bevor er durch die Konvektionszone des Röhrenofens gepumpt und dort unter Druck auf etwa 150 °C erhitzt wird. Mit dieser Temperatur wird der Rohteer in die Entwässerungskolonne hinein entspannt, in der Ammoniakwasser und das Leichtöl verdampfen. Der aus dem Sumpf der Entwässerungskolonne abgezogene entwässerte Teer wird in der zweiten Stufe in der Strahlungszone des Röhrenofens nunmehr bis auf etwa 380 °C erhitzt und in die unter Normaldruck betriebene Pechkolonne entspannt. In der Pechkolonne verdampfen bei gleichzeitigem Einleiten von überhitztem Wasserdampf in den Sumpf der Kolonne sämtliche Teeröle; als flüssiger Rückstand fällt Pech mit einem Erweichungspunkt von 70 °C (KRAEMER-

Sarnow) an. Der Erweichungspunkt des Pechs läßt sich durch die Röhrenofenaustrittstemperatur des entwässerten Teers sowie die Menge und Überhitzungstemperatur des Wasserdampfes steuern. In dem der Pechkolonne nachgeschalteten System aus vier Kolonnen werden durch Rücklaufaufgabe aus einem Teilstrom des Sumpfablaufs der jeweils nachfolgenden Kolonne die Öldämpfe fraktioniert kondensiert. Als Sumpffraktionen werden Anthracenöl, Waschöl, Naphthalinöl und Carbolöl abgezogen. Als Seitenstrom der Anthracenölkolonne kann außerdem noch ein hochsiedendes Anthracenöl II abgenommen werden. Der Kopf der Carbolölkolonne wird mit einem Teil des Gemisches aus dem dort konden-

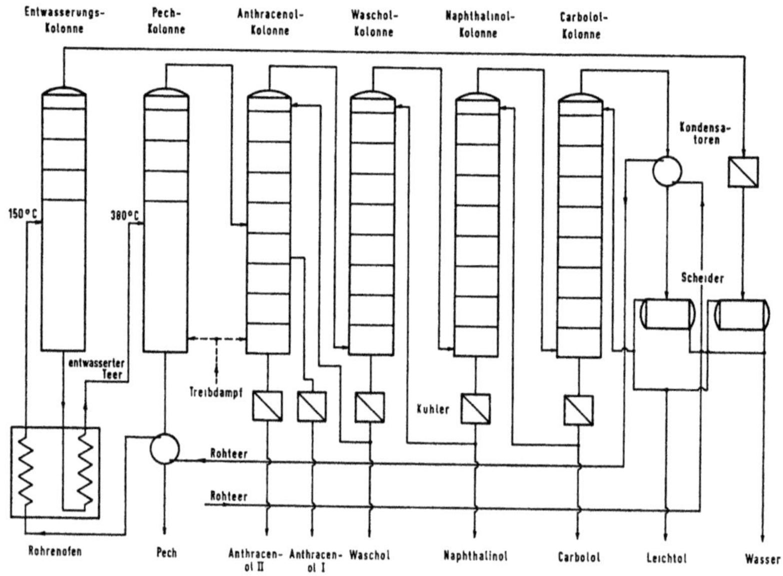

Abb. 12. Kontinuierliche Teerdestillation nach dem Koppers-Verfahren

sierten Leichtöl und dem Leichtöl aus der Entwässerungskolonne dephlegmiert, nachdem diese Fraktionen in Flüssigkeitsscheidern vom Wasser befreit worden sind. In die Anthracenöl- und Waschölkolonne wird nach Bedarf ebenfalls überhitzter Wasserdampf eingeleitet, um den Siedebeginn der aus diesen Kolonnen ablaufenden Öle zu beeinflussen.

Gegenüber der diskontinuierlichen Retortendestillation wurde das Ölausbringen bei dem in dieser Anlage verarbeiteten Teer dank der kurzen Verweilzeit im Röhrenofen von 46 auf 50% gesteigert und die Pechausbeute entsprechend vermindert. Eine Redestillation des bei der Retortendestillation abgenommenen Mittelöl-Schweröl-Gemisches entfällt. Vielmehr wird eine Naphthalinölfraktion abgenommen, die direkt durch Kristallisation weiter aufgearbeitet werden kann.

Das Carbolöl und das Waschöl werden naphthalin-arm und daher satzfrei, d. h. mit einem Erstarrungspunkt unter 0 °C, gewonnen. Das leichter siedende Anthracenöl I kann wie das Naphthalinöl durch Kristallisation weiterverarbeitet werden.

Der Wärmebedarf der Anlage betrug einschließlich des Treibdampfes etwa 270000 kcal, der Treibdampfverbrauch etwa 45 kg pro t Rohteer.

Teerverwertung-Verfahren (I)

Die von der Gesellschaft für Teerverwertung 1941 in Duisburg-Meiderich gebaute kontinuierliche Teerdestillation benutzt wie das

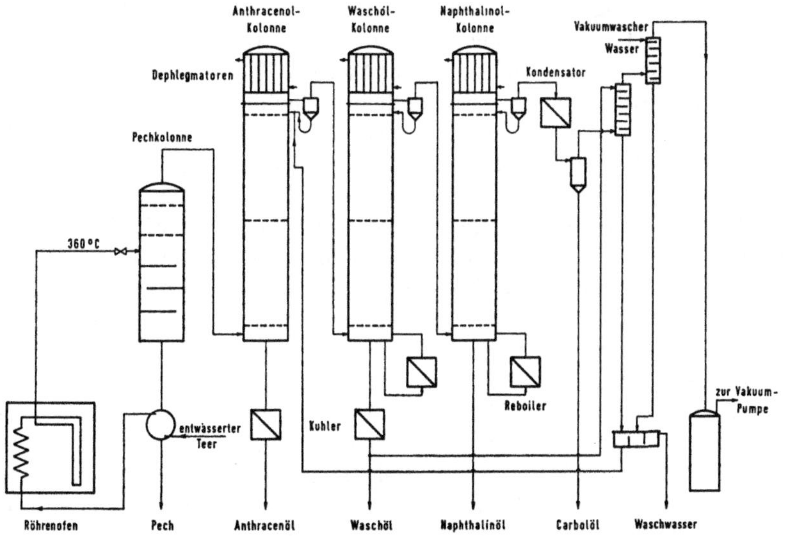

Abb. 13. Kontinuierliche Teerdestillation nach dem Teerverwertung-Verfahren (I)

Koppers-Verfahren das Flashprinzip, jedoch steht das gesamte Kolonnensystem für den entwässerten Teer unter Vakuum. Durch die Anwendung von Vakuum wird eine noch schonendere thermische Behandlung des Teers erreicht und eine erhebliche Senkung des Wärmebedarfs erzielt. Der Röhrenofen wird unter so hohem Druck gehalten, daß in den Rohren keine Verdampfung eintritt. Durch die Verringerung der Erhitzungstemperatur infolge des nachgeschalteten Vakuums und durch die Verhinderung der vorzeitigen Verdampfung kann die Bildung von Koksansätzen in den Rohren des Röhrenofens weitgehend vermieden werden. Das Verfahren wurde zunächst einstufig für in einer getrennten Anlage bereits entwässerten Teer entwickelt (s. Abb. 13).

Der entwässerte Teer durchläuft zunächst den Pechwärmeaustauscher, wird dann im Röhrenofen unter Druck auf etwa 360 °C erhitzt und mit dieser Temperatur in die unter einem Vakuum von 80 bis 100 Torr (absolut) stehende Pechkolonne hinein entspannt. Vor der Entspannungsdüse wird ein Druck von etwa 3 atü aufrechterhalten, um eine Verdampfung im Röhrenofen zu vermeiden. In der Pechkolonne verdampfen nach der Entspannung alle Ölanteile des Teers. Aus dem Kolonnensumpf wird durch ein barometrisches Fallrohr das flüssige Pech abgezogen, das einen Teil seiner Wärme im Pechwärmeaustauscher zur Vorwärmung des entwässerten Teers abgibt. Durch die Röhrenofenaustrittstemperatur des entwässerten Teers wird eine Erweichungstemperatur des Pechs von 68 °C (K.-S.) angesteuert. Die Fraktionierung der in der Pechkolonne verdampften Teeröle geschieht in dem nachgeschalteten, aus drei Füllkörperkolonnen bestehenden, unter Vakuum betriebenen System. In den auf den Kolonnenköpfen befindlichen Dephlegmatoren wird ein Teil der Dämpfe kondensiert und die verflüssigten Anteile über einen Abscheider als Rücklauf wieder auf die Kolonnen gegeben. Aus den Kolonnensümpfen werden als Teerölfraktionen Anthracenöl, Waschöl und Naphthalinöl abgezogen. Als Kopfprodukt der Naphthalinölkolonne wird im Schlußkondensator das Carbolöl niedergeschlagen. Die hier nicht kondensierbaren Gase und Restdämpfe treten aus einem Abscheider zunächst in den Ölwäscher und dann in den Wasserwäscher ein. Im Ölwäscher werden mit gekühltem Waschöl Leichtöl und Naphthalinanteile entfernt, im Wasserwäscher mit Wasser Schwefelwasserstoff aus den Restgasen ausgewaschen. Waschöl und Wasser werden aus den Wäschern über barometrische Fallrohre abgezogen und über Flüssigkeitsscheider geleitet. Das Waschöl gelangt als Kolonnenrücklauf für die Anthracenölkolonne wieder in den Destillationsprozeß zurück. Auf diese Weise wird das Waschöl aus dem Scheider laufend gereinigt, die Trennwirkung der Anthracenölkolonne verbessert und der Anthracenöldephlegmator entlastet. Das so aus dem Wäscherkreislauf herausgenommene Öl wird durch als Sumpfprodukt der Waschölkolonne anfallendes frisches Waschöl ersetzt. An den Sümpfen der Waschöl- und Naphthalinöl-Kolonne sind Umlauferhitzer angebracht, die eine steuerbare Erhöhung des Rücklaufverhältnisses zur Verbesserung der Fraktionierwirkung in diesen beiden Kolonnen gestatten. Bei den in der Vakuumanlage vorliegenden niedrigen Temperaturen können die Umlauferhitzer mit Dampf beheizt werden.

Die beschriebene Anlage liefert Ölfraktionen, die ohne Redestillation der Weiterverarbeitung durch Kristallisation bzw. Extraktion zugeführt werden können. Gegenüber der diskontinuierlichen Retortendestillation wird durch die schonendere thermische Behandlung des Teers die Ölausbeute um etwa 3 bis 5% gesteigert und die Pechausbeute entsprechend vermindert. Der Wärmebedarf beträgt 112000 kcal pro t entwässerten Teer bei Ausnutzung der Pechwärme.

Teerverwertung-Verfahren (II)

Das eben beschriebene Verfahren der Gesellschaft für Teerverwertung wurde zur zweistufigen Flashdestillation von nicht entwässertem Rohteer weiterentwickelt und durch eine Nebenkolonne mit Sumpfumwälzung ergänzt (s. Abb. 14).

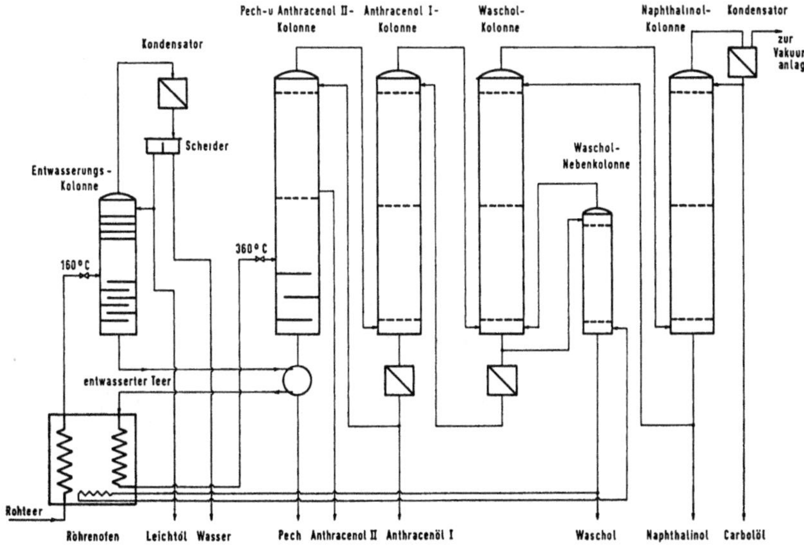

Abb. 14. Kontinuierliche Teerdestillation nach dem Teerverwertung-Verfahren (II)

Die Entwässerungskolonne enthält im unteren Teil Überlaufböden, im oberen Teil Glockenböden und wird unter Atmosphärendruck betrieben. Den zur Vermeidung von Verdampfung unter Druck in der ersten Stufe im Röhrenofen auf etwa 160 °C erhitzten Rohteer leitet man durch ein regelbares Entspannungsventil in die Mitte der Entwässerungskolonne ein. Der Druck vor dem Entspannungsventil beträgt etwa 8 atü. Leichtöl und Wasser verdampfen nun und werden nach der Kondensation in einem Flüssigkeitsscheider getrennt. Ein Teil des Leichtöls wird als Rücklauf auf den Kopf der Entwässerungskolonne zurückgegeben. Der aus dem Kolonnensumpf ablaufende entwässerte Teer passiert zur Vorwärmung den Pechwärmeaustauscher, wird in der zweiten Stufe im Röhrenofen wie beim vorher beschriebenen Verfahren unter Druck auf 360 °C erhitzt und in die unter Vakuum stehende Pechkolonne entspannt. Zur Abnahme des hochsiedenden Anthracenöls II befindet sich oberhalb des Flashraums ein mit Raschigringen gefüllter Kolonnenteil, der am Kopf mit dem leichter siedenden Anthracenöl I dephlegmiert wird. Anstatt mit Hilfe der Dephlegmatoren erhalten die Kolonnenköpfe des Vakuumsystems ihren Rücklauf aus einem Teilstrom der am Sumpf der jeweils nachfolgenden Kolonne abgezogenen Ölfraktion. Das Sumpfprodukt der Waschölkolonne wird zur Verdampfung restlicher Naphthalinanteile über eine Nebenkolonne geleitet, deren Sumpf durch Umwälzung durch den Röhrenofen beheizt wird. Die in der Nebenkolonne aus dem Waschöl noch ausgetriebenen Dämpfe werden in den Sumpf der Hauptkolonne zurückgeführt. Das Sumpfprodukt der Hauptkolonne dient als Rücklauf der Anthracenöl-Kolonne, nachdem durch eine zwischengeschaltete Wasserwäsche das hier angereicherte Ammoniumchlorid ausgewaschen worden ist. Laufende Entfernung des Ammoniumchlorids verhindert Verstopfungen und Korrosionen der Kolonne durch das im Temperaturbereich von 180 bis 200 °C sich ablagernde Salz. Die Kondensation des Carbolöls als Kopfprodukt der Naphthalinöl-Kolonne und die Schaltung der Vakuumwäscher entsprechen dem vorher beschriebenen Verfahren.

Durch die Waschöl-Nebenkolonne wird die Ausbeute und Qualität der Naphthalinölfraktion beträchtlich verbessert. Über 80% des im Rohteer enthaltenen Naphthalins werden in dieser Fraktion vereinigt. Der Erstarrungspunkt des Naphthalinöls liegt bei etwa 70 °C, so daß bereits bei einmaliger Auskühlung und Kristallisation die Hauptmenge des Naphthalins gewonnen werden kann.

Die Aufteilung des Anthracenöls in zwei Fraktionen erlaubt eine störungsfreie Kristallisation des leichter siedenden Anthracenöls zur Gewinnung von Rohanthracen und kristallfreiem Öl sowie eine Konzentration der hochsiedenden Teerinhaltsstoffe im Anthracenöl II. Der Wärmeverbrauch liegt bei etwa 220000 kcal pro t wasserhaltigen Rohteers.

Teerverwertung-Koppers-Verfahren

Dieses von der Gesellschaft für Teerverwertung und der Firma Koppers gemeinsam entwickelte kontinuierliche Teerdestillationsverfahren wurde bei einigen neueren Anlagen angewendet. Hierbei werden sämtliche bis etwa 250 °C siedenden Teeröle in unter Atmosphärendruck betriebenen Kolonnen fraktioniert; nur die Trennung der höher siedenden Fraktionen erfolgt im Vakuum. Das Prinzip einer Kombination von Flashdestillation und Sumpfbeheizung wird beibehalten, der Wärmeaustausch weiter vervollkommnet (vgl. Abb. 15).

Der Rohteer durchläuft fünf Wärmeaustauscher und nimmt nacheinander einen Teil der Wärme der ablaufenden Kolonnensumpfprodukte Waschöl I, Anthracenöl I, Anthracenöl II, getoppter Teer und Pech auf.

Die aufgenommene Wärmemenge reicht ohne weitere Erhitzung im Röhrenofen aus, um nach Eintritt des Rohteers in die Entwässerungskolonne den größten Teil des Wassers und Leichtöls zu verdampfen. Ein Teil des kondensierten und vom Wasser geschiedenen Leichtöls wird als Rücklauf auf den Kopf der Kolonne zurückgegeben. Der aus dem Kolonnensumpf abgezogene vorentwässerte Teer wird im Röhrenofen weiter aufgeheizt und kommt in die unter Atmosphärendruck stehende Hauptkolonne, in der als Kopfprodukt das restliche Wasser und Leichtöl kondensiert und als Seitenströme Carbolöl und ein Naphthalinöl-Wasch-

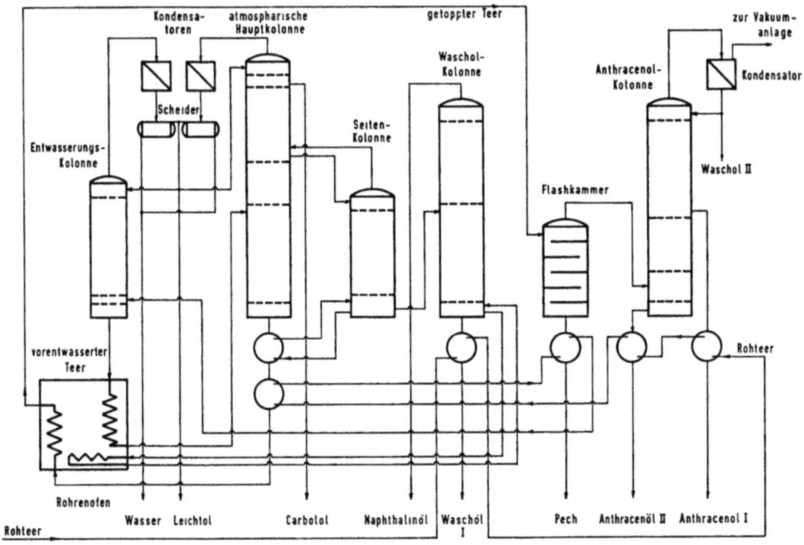

Abb. 15. Kontinuierliche Teerdestillation nach dem Teerverwertungs-Koppers-Verfahren

öl-Gemisch abgezogen werden. Das Gemisch gelangt nun auf den Kopf einer Seitenkolonne, deren Sumpf im Umlauf und Wärmeaustausch mit dem als Sumpf der Hauptkolonne abgezogenen getoppten Teer beheizt wird. Das Sumpfprodukt der Seitenkolonne wird in die Mitte der ebenfalls ohne Vakuum betriebenen Waschölkolonne eingespeist, in der als Kopfprodukt Naphthalinöl und als Sumpfprodukt ein leichtes Waschöl I anfallen. Ein Teil des Waschöls I durchläuft zur Beheizung des Kolonnensumpfes den Röhrenofen. Der aus dem Sumpf der atmosphärischen Hauptkolonne abgezogene, von den leichten Ölen befreite getoppte Teer wird im Röhrenofen erneut erhitzt und in den Vakuumteil der Anlage überführt. In einer Flashkammer wird das Pech von den restlichen Teerölen getrennt. Die Öldämpfe treten in die Anthracenölkolonne ein, in der als Kopfprodukt schweres Waschöl II sowie ein oder zwei Anthracenölfraktionen abgenommen werden.

Die Trennwirkung der Anlage entspricht etwa dem vorher beschriebenen Verfahren. Eine Besonderheit ist die durch die Verlegung des Schnittes zwischen atmosphärischem und Vakuumteil bedingte Aufteilung des Waschöls in zwei Fraktionen. Durch die gute Wärmerückgewinnung in den Wärmeaustauschern gelingt es, den Wärmebedarf bei 210000 kcal pro t Rohteer zu halten.

Rütgers-Verfahren

Im Unterschied zu den bisher beschriebenen Teerdestillationsverfahren benutzt die 1955 in Betrieb genommene Anlage der Rütgerswerke

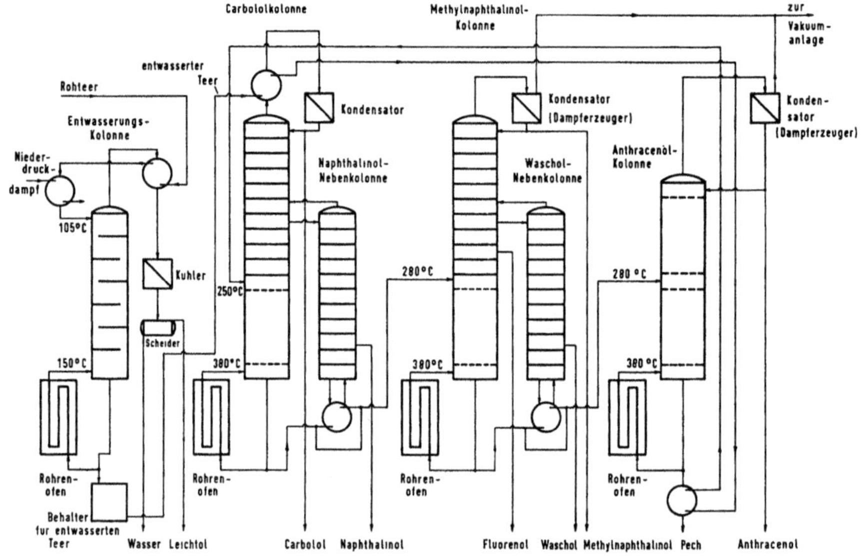

Abb. 16. Kontinuierliche Teerdestillation nach dem Rütgers-Verfahren

in Castrop-Rauxel die Sumpfumwälzung als Hauptprinzip der Wärmezufuhr. Das Verfahren ist ferner gekennzeichnet durch eine stärkere Aufteilung des Rohteers in Einzelfraktionen. Jede der Hauptrektifizierkolonnen besitzt einen eigenen Röhrenofen für die Sumpfumwälzung, um die Kolonnenrückläufe unabhängig voneinander regeln zu können (Abb. 16).

Der Rohteer wird durch die kondensierenden Wasser- und Leichtöldämpfe der Entwässerungskolonne und durch Abhitzedampf auf 105 °C vorgewärmt und der mit Überlaufböden versehenen Entwässerungskolonne zugeleitet. Der Sumpf der Kolonne wird durch einen Röhrenofen umgewälzt und auf 150 °C aufgeheizt. Der abgezogene entwässerte Teer wird in einem Behälter zwischengelagert, durchläuft anschließend Wärmeaustauscher, in der die Kondensationswärme des Carbolöls sowie die Pechwärme genutzt werden, und kommt nun mit etwa 250 °C in den Mittelteil der atmosphärisch betriebenen Carbolölkolonne. Diese Kolonne enthält im Unterteil eine 10 m hohe Füllkörperschicht, im Oberteil etwa 40 Glockenböden. Der Kolonnensumpf wird durch einen Röhrenofen umgewälzt. Als Kopfprodukt kondensiert Carbolöl, welches mit einem Rücklaufverhältnis bis zu 16:1 wieder der Kolonne aufgegeben wird. Einen Seitenstrom leitet man zu dem Kopf einer 20bödigen Nebenkolonne, aus derem unteren Teil die Naphthalinöl-Fraktion abgezogen wird. Die Sumpfbeheizung der Nebenkolonne geschieht im Wärmeaustausch mit einem Teil des Sumpfprodukts der Carbolöl-Hauptkolonne. Dieser Sumpf — vom Leicht-, Carbol- und Naphthalinöl befreiter getoppter Teer — wird der mit einem Kopfdruck von 200 Torr betriebenen Methylnaphthalinöl-Kolonne zugeleitet. Diese Kolonne enthält ebenfalls unten eine 10 m hohe Füllkörperschicht und im oberen Teil 40 Glockenböden. Das Rücklaufverhältnis beträgt bis zu 17:1. Als Kopfprodukt bekommt man eine Methylnaphthalin-Fraktion. Die Kondensation der Kopfdämpfe geschieht in einem Dampferzeuger. Über eine Nebenkolonne wird eine Waschölfraktion, als weiterer Seitenstrom der Hauptkolonne eine Fluorenfraktion abgenommen. Die Sumpfbeheizung der Hauptkolonne geschieht im Umlauf durch einen Röhrenofen, die der Nebenkolonne im Wärmeaustausch mit einem Teil des Sumpfprodukts der Hauptkolonne. Das Sumpfprodukt der Hauptkolonne enthält noch Anthracenöl und Pech. Es wird der mit einem Kopfdruck von 70 Torr betriebenen Anthracenöl-Kolonne zugeleitet, die im Auf- und Abtriebsteil je 10 m Füllkörper enthält. Das zur Trennung der Komponenten Anthracenöl als Kopfprodukt und Pech vom Erweichungspunkt 70 °C (K.-S.) als Sumpfprodukt erforderliche Rücklaufverhältnis beträgt unter den Bedingungen dieser Kolonne nur etwa 1,5:1. Die Wärme des kondensierenden Anthracenöls wird ebenfalls durch Dampferzeugung zurückgewonnen. Das Sumpfprodukt wird durch einen Röhrenofen umgewälzt. Dabei wird am Austritt des Röhrenofens eine Temperatur von 380 °C erreicht. Neben dem beschriebenen Produktfluß sind je nach Bedarf mit den Anlageelementen auch andere Schaltungen möglich.

Die Vorteile des Rütgers-Verfahrens liegen vor allem in der scharfen Fraktionierung der Teeröle in viele Einzelfraktionen, aus denen eine Gewinnung definierter Teerinhaltsstoffe in hoher Ausbeute möglich ist. Zum Beispiel enthält die Naphthalinöl-Fraktion bis zu 95% des im Rohteer vorhandenen Naphthalins in etwa 85%iger Konzentration. Der Erstarrungspunkt des Naphthalinöls liegt bei 72 bis 74 °C. Trotz der für die hohen Rücklaufverhältnisse primär aufzuwendenden hohen Energiemengen stellt sich der Wärmebedarf der Anlage durch die Wärmerückgewinnung nur auf etwa 210000 kcal pro t Rohteer.

Foster-Wheeler-Verfahren

Dieses von der Foster-Wheeler Corporation in den USA entwickelte Verfahren benutzt das zweistufige Flashprinzip und arbeitet in beiden Kolonnenstufen unter Atmosphärendruck (vgl. Abb. 17).

Der Rohteer wird im Wärmeaustausch durch die Produkte Schweröl und Pech vorgewärmt und in der Konvektionszone des Röhrenofens auf 200 °C erhitzt. Mit dieser Temperatur wird der Rohteer in die mit drei Glockenböden ausgerüstete Entwässerungskolonne geleitet, in der das gesamte Wasser und ein Teil des Leichtöls verdampfen. Durch teilweisen

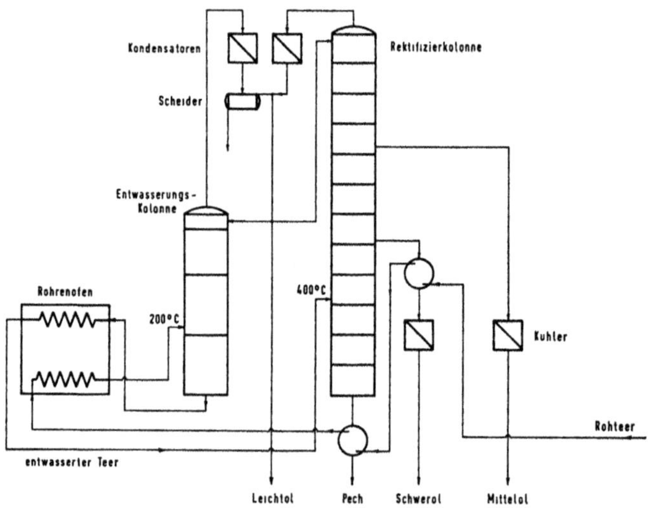

Abb. 17. Kontinuierliche Teerdestillation nach dem Foster-Wheeler-Verfahren

Rücklauf des vom Wasser getrennten Leichtöls wird die Dichte des Leichtöls unter 1,0 gehalten, um eine Öl-Wasser-Trennung zu ermöglichen. Der als Sumpfprodukt abgezogene entwässerte Teer wird in der Konvektions- und Strahlungszone des Röhrenofens von 180 auf 400 °C erwärmt und in den unteren Teil der unter Normaldruck betriebenen Rektifizierkolonne geflasht. Die Kolonne enthält oberhalb der Teerzuspeisung 12 Glockenböden. Als Kopfprodukt wird Leichtöl kondensiert und zum Teil als Rücklauf auf die Kolonne zurückgegeben. Mittelöl und ein schweres Öl werden als Seitenströme abgenommen. Das Pech fällt als Sumpfprodukt an. Sein Erweichungspunkt wird durch die Röhrenofenaustrittstemperatur und die Ölabnahme eingestellt.

Das Verfahren beschränkt sich auf eine grobe Zerlegung des Rohteers in weitgeschnittene Fraktionen, die zur Aufarbeitung auf Reinprodukte redestilliert werden müssen. Der Verzicht auf Vakuum und Treibdampf führt zu einer hohen thermischen Beanspruchung des Teers.

Proabd-Verfahren (I)

Das Verfahren der französischen Firma Société pour l'Exploitation des Procédés Ab-der-Halden benutzt ebenfalls das zweistufige Flashprinzip und unter Atmosphärendruck stehende Kolonnen, verwendet jedoch in der zweiten Stufe wie das Koppers-Verfahren Treibdampf zur Senkung der Ölverdampfungstemperatur (vgl. Abb. 18).

Der Rohteer durchläuft zunächst eine ganze Serie von Wärmeaustauschern, in denen er einen Teil der Kondensations- und fühlbaren Wärme sämtlicher verdampfbaren Teeranteile aufnimmt, bevor er in

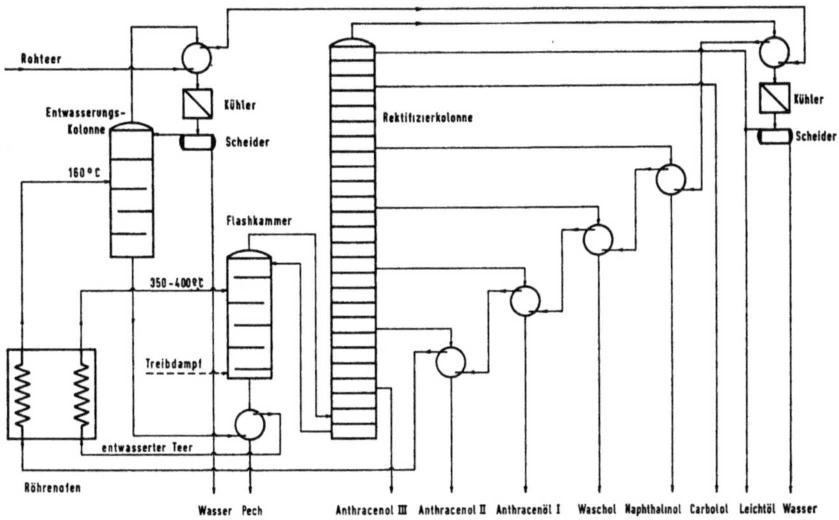

Abb. 18. Kontinuierliche Teerdestillation nach dem Proabd-Verfahren (I)

der Konvektionszone des Röhrenofens auf etwa 160 °C erhitzt und in die Entwässerungskolonne geleitet wird. Kondensation und Trennung des abdampfenden Leichtöls und Wassers geschehen wie üblich, ebenso der Rücklauf von Leichtöl auf die Kolonne. Aus dem Sumpf fließt entwässerter Teer ab, durchläuft den Pechwärmeaustauscher, die Konvektions- und Strahlungszone des Röhrenofens und tritt mit einer Temperatur von 350 bis 400 °C in die Flashkammer ein, in die unten zur Unterstützung der Ausdampfung überhitzter Wasserdampf eingeleitet und aus der das Pech abgezogen wird. Die den Kopf der Flashkammer verlassenden Öldämpfe werden in den Sumpf der Rektifizierkolonne geführt, aus der als Kopfprodukt und gleichzeitiges Rücklauföl nach Scheidung vom Wasser das Leichtöl und als Seitenströme sämtliche anderen Ölfraktionen abgenommen werden.

Dieses Verfahren liefert zahlreichere und enger geschnittene Fraktionen als das nach FOSTER-WHEELER und ähnelt im Prinzip dem Koppers-Verfahren, bei dem die einzige Rektifizierkolonne in ein System hintereinandergeschalteter Kolonnen aufgegliedert ist. Nach dem Proabd- und ähnlichen Verfahren gebaut sind zahlreiche Teerdestillationsanlagen in Frankreich, Großbritannien, Kanada und der Sowjetunion. Statt der Dampfinjektion wird in neueren Anlagen auch Vakuum angewendet. Bei einer Ausrüstung der Rektifizierkolonne mit 44 bis 60 Glockenböden ist die Trennschärfe ausreichend, um zum Beispiel mehr als 85% des im Rohteer enthaltenen Naphthalins in einer etwa 85%igen Naphthalinöl-Fraktion zu vereinigen bei gleichzeitiger Satzfreiheit von Carbol- und Waschöl.

Wilton-Verfahren

Beim Verfahren der britischen Chemical Engineering Wiltons Limited wird die zur Ölverdampfung notwendige Wärme dem Teer im wesentlichen durch eine Umlauferhitzung der etwa sechs- bis zehnfachen Menge Pech-Teer-Gemisch zugeführt. Die Kolonnen werden unter Atmosphärendruck mit Treibdampfinjektion betrieben (Abb. 19).

Der im Wärmeaustausch gegen die kondensierenden Öldämpfe und das abfließende Pech sowie in der Konvektionszone des Röhrenofens erwärmte Rohteer gelangt in die obere Flashkammer der Destillierkolonne. Die über Kopf gehenden Dämpfe treten in den oberen Teil der Rektifizierkolonne, während der getoppte Teer dem unteren Teil der Destillierkolonne zufließt und dort mit dem aus der zweiten Flashkammer abfließenden heißen Pech gemischt wird. Die durch die Pechwärme mit Unterstützung von überhitztem Wasserdampf im unteren Kolonnenteil und der zweiten Flashkammer verdampften Teeröle treten in den unteren Teil und den Sumpf der Rektifizierkolonne ein. Der Sumpf der Destillierkolonne wird im Umlauf durch die Strahlungszone des Röhrenofens geleitet und hier vor Eintritt in die zweite Flashkammer bis auf etwa 360 °C erhitzt, so daß die Wärme mit Unterstützung des Treibdampfes zur Verdampfung der restlichen Teeröle ausreicht. Die umgewälzte Menge Pech-Teer-Gemisch ist ungefähr sechs- bis zehnmal so groß wie die Rohteermenge. Nur etwa 5 bis 7% des Pechumlaufs verlassen die zweite Flashkammer mit etwa 300 °C als dem Kreislauf entzogenes Pech, während der Rest mit dieser Temperatur als Wärmeträger in den unteren Teil der Destillierkolonne eintritt. In der Rektifizierkolonne werden normalerweise Leichtöl und Wasser als Kopfprodukte, Carbol-, Naphthalin- und Waschöl als Seitenströme und Anthracenöl als Sumpfprodukt abgezogen. Dephlegmiert wird die Rektifizierkolonne mit vom Wasser geschiedenen Leichtöl. Zur Steigerung des Rücklaufverhältnisses kann der Sumpf der Kolonne nochmals durch den Röhrenofen umgewälzt werden.

Während die Destillierkolonne Kaskadenböden enthält, ist die Rektifizierkolonne mit Glockenböden ausgestattet. Bei hoher Glockenbodenzahl und hohem Rücklaufverhältnis ist die Abnahme weiterer Seitenströme möglich, wie zum Beispiel die Aufteilung des Leichtöls in einen Rohbenzolschnitt ohne Phenole und ungesättigte Verbindungen und einen höhersiedenden, Inden und Cumaron enthaltenden Schnitt, der zur Verharzung geeignet ist, ferner die Aufteilung des Anthracenöls in eine tiefer und höher siedende Fraktion. In der Konstruktion und Schaltung der Destillierkolonne sind ebenfalls mehrere Varianten gebräuchlich.

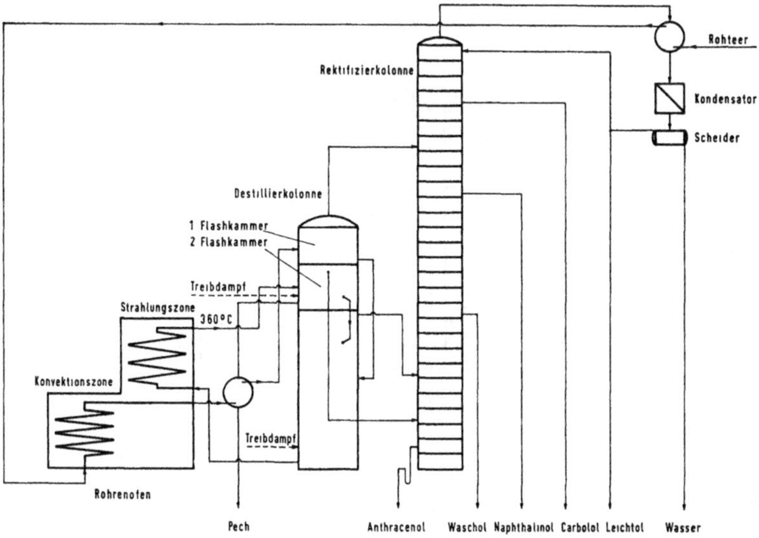

Abb. 19. Kontinuierliche Teerdestillation nach dem Wilton-Verfahren

Das Wilton-Verfahren wird vornehmlich in Teerdestillationsanlagen Großbritanniens, aber auch in den USA, Südafrika und Australien angewendet. Das Prinzip der Pechumwälzung garantiert eine thermisch schonende Behandlung der Teeröle. Die hoch erhitzten Rohre des Röhrenofens kommen nur in Kontakt mit ammoniumchlorid-freiem Sumpfprodukt. Die langen Verweilzeiten des umgewälzten Pechs im Röhrenofen führen zu einer geringeren Öl- und entsprechend höheren Pechausbeute als bei den Flashdestillationsverfahren.

Proabd-Verfahren (II)

Ein weiterentwickeltes Verfahren der Société pour l'Exploitation des Procédés Ab-der-Halden sei als letztes beschrieben. Es kombiniert Flash- und Sumpfumwälzprinzip und arbeitet unter Atmosphärendruck mit Treibdampfeinspeisung (Abb. 20).

Der Rohteer wird im Wärmeaustausch gegen kondensierende Leichtöl- und Wasserdämpfe sowie ablaufendes Wasch- und Anthracenöl auf 120 °C erwärmt und gelangt mit dieser Temperatur in die Entwässerungskolonne. Ein Teilstrom des Kolonnensumpfes wird durch den Pechwärmeaustauscher umgewälzt und auf 200 °C erhitzt. Der Rohteer wird durch diese Sumpfumwälzung in der Entwässerungskolonne auf eine mittlere Temperatur von 140 °C aufgeheizt, so daß Wasser und Leichtöl abdestillieren. Das gesamte vom Wasser geschiedene Leichtöl wird als Schlepper auf die Kolonne zurückgegeben. Der entwässerte Teer wird in

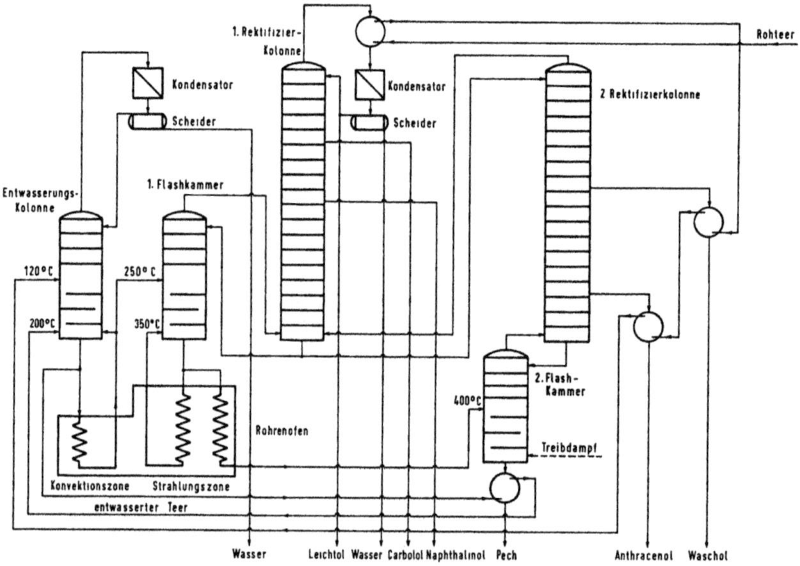

Abb. 20. Kontinuierliche Teerdestillation nach dem Proabd-Verfahren (II)

der Konvektionszone des Röhrenofens auf 250 °C erhitzt und in die erste Flashkammer geleitet. Ein Teilstrom kann bei erhöhtem Wassergehalt des Rohteers zusätzlich in den Sumpf der Entwässerungskolonne eingespeist werden. In der Flashkammer wird durch Umwälzung eines Sumpfteilstroms durch eine mittelheiße Zone des Röhrenofens und Aufheizung auf 350 bis 360 °C eine mittlere Temperatur von etwa 300 °C eingehalten. Die bis etwa 230 °C siedenden Teeröle verdampfen und gelangen in den Sumpf der ersten Rektifizierkolonne. Das aus der Flashkammer abgezogene Sumpfprodukt — von den leichteren Ölfraktionen befreiter Teer — wird in der Strahlungszone des Röhrenofens auf 390 bis 400 °C erhitzt und in die zweite Flashkammer geleitet. Überhitzter Wasserdampf unterstützt die Verdampfung der oberhalb 230 °C siedenden Teeröle, die in den Sumpf der zweiten Rektifizierkolonne geleitet werden. Aus dem Sumpf der zweiten Flashkammer wird Pech abgezogen. Die beiden Rektifizierkolonnen enthalten je 20 bis 50 oder mehr Glockenböden je nach gewünschter Trennschärfe. Sie sind durch eine Dämpfeleitung vom Kopf der zweiten zum Sumpf der ersten Kolonne und eine Rücklaufleitung in umgekehrter Richtung miteinander verbunden. Ein Teilstrom des Sumpfprodukts aus der ersten Rektifizierkolonne wird als Rücklauf auf den Kopf der ersten Flashkammer aufgegeben. Der Rücklauf der ersten Rektifizierkolonne besteht aus Leichtöl, das im

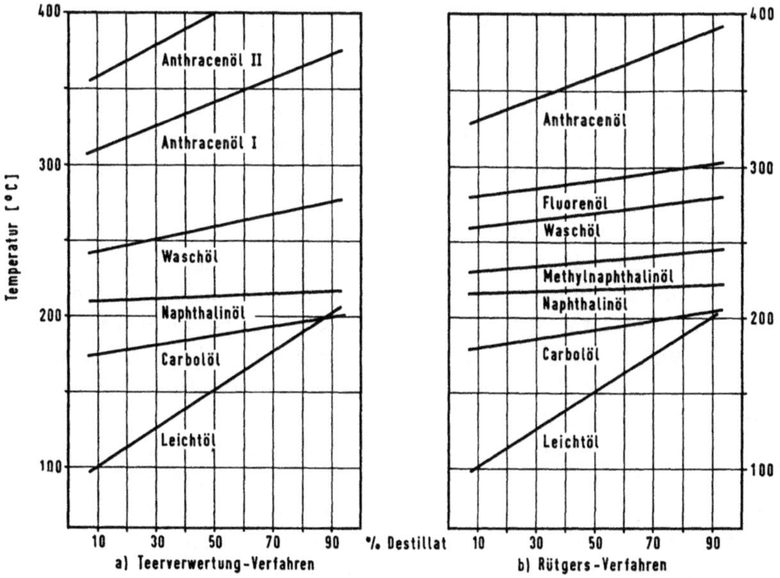

Abb. 21. Siedebereiche von Fraktionen der kontinuierlichen Kokereiteer-Destillation

Schlußkondensator gemeinsam mit Wasser kondensiert und von diesem geschieden wird. Als Seitenströme der Kolonne werden Carbol- und Naphthalinöl, als Seitenstrom und Sumpfprodukt der zweiten Kolonne Wasch- und Anthracenöl abgezogen.

Das Verfahren gestattet durch die Sumpfumwälzung eine schonende thermische Behandlung der leichten Teeröle sowie eine beliebige Steuerung der Rücklaufverhältnisse. Die Trennschärfe des Verfahrens ist gekennzeichnet durch die Vereinigung von 85 bis 90% des im Rohteer enthaltenen Naphthalins in der Naphthalinöl-Fraktion, deren Erstarrungspunkt bei 70 °C liegt.

Die Siedebereiche der bei der kontinuierlichen Kokereiteerdestillation primär gewonnenen Ölfraktionen sind von dem angewendeten Verfahren, der Trennschärfe der Kolonnen und den Rücklaufverhältnissen abhängig. Als Beispiele sind in Abb. 21 die rohen Ölfraktionen der Primärdestillation nach dem Teerverwertung- und dem Rütgers-Verfahren vergleichend gegenübergestellt.

Die nachfolgenden Abschnitte (III) befassen sich mit der weiteren Aufarbeitung dieser Ölfraktionen gemäß dem Schema der Abb. 11 (S. 26). Zuvor werden im Abschnitt II die Verfahren zur Aufarbeitung des bei der Primärdestillation als unverdampfter Rückstand anfallenden Steinkohlenteerpechs beschrieben.

II. Verarbeitung des Pechs

1. Pechauskühlung

Das bei der Steinkohlenteerdestillation in einer Menge von etwa 50 bis 55% anfallende Steinkohlenteerpech wird üblicherweise mit einem Erweichungspunkt von etwa 68 °C (K.-S.) (Normalpech) aus der Destillationsanlage abgezogen. Auch nach Abgabe eines Teils der fühlbaren Pechwärme in Wärmeaustauschern zur Vorwärmung des Rohteers oder des entwässerten Teers ist das Pech noch heißflüssig und muß, soll es nicht in flüssiger Form ausgeliefert oder weiterverarbeitet werden, durch Auskühlen verfestigt werden. Diese Auskühlung ist nicht wie bei den Teerölen und reinen Verbindungen mit einer Kristallisation verbunden, sondern besteht in der Überführung eines thermoplastischen Körpers in den *glasartigen* Zustand.

Die älteren Verfahren der diskontinuierlichen Pechauskühlung in Pfannen oder Kokillen an der Außenluft haben mehr und mehr den kontinuierlichen Direktkühlverfahren unter Verwendung von Wasser als Kühlmedium weichen müssen. Diese Verfahren liefern im Gegensatz zu den älteren ein Pech in granulierter Form, wobei je nach dem angewendeten Verfahren die Granalien verschiedene Gestalt aufweisen.

Das Problem der kontinuierlichen Pechauskühlung besteht darin, trotz der geringen Wärmeleitfähigkeit des Pechs eine möglichst schnelle und tiefe Kühlung zu erzielen. Bei nicht vollständiger Durchkühlung der Granalien besteht die Gefahr des Zusammenbackens während der Lagerung und des Transports. Andererseits ist für verschiedene Verwendungszwecke auch ein Wassergehalt des Pechgranulats unerwünscht, so daß der Auskühlung eine Trocknung nachgeschaltet werden muß. Wassereinschlüsse müssen in diesem Fall während des Granulierprozesses vermieden werden, da nur das anhaftende Wasser der Granalien durch Trocknung entfernt werden kann.

Die Vorteile der modernen *kontinuierlichen* Pechkühlung gegenüber den älteren diskontinuierlichen Luftkühlverfahren liegen in der Vermeidung von Luftverunreinigungen durch während des Pechgießens verdampfende flüchtige Pechinhaltsstoffe und in der starken Einschränkung des manuellen Aufwands.

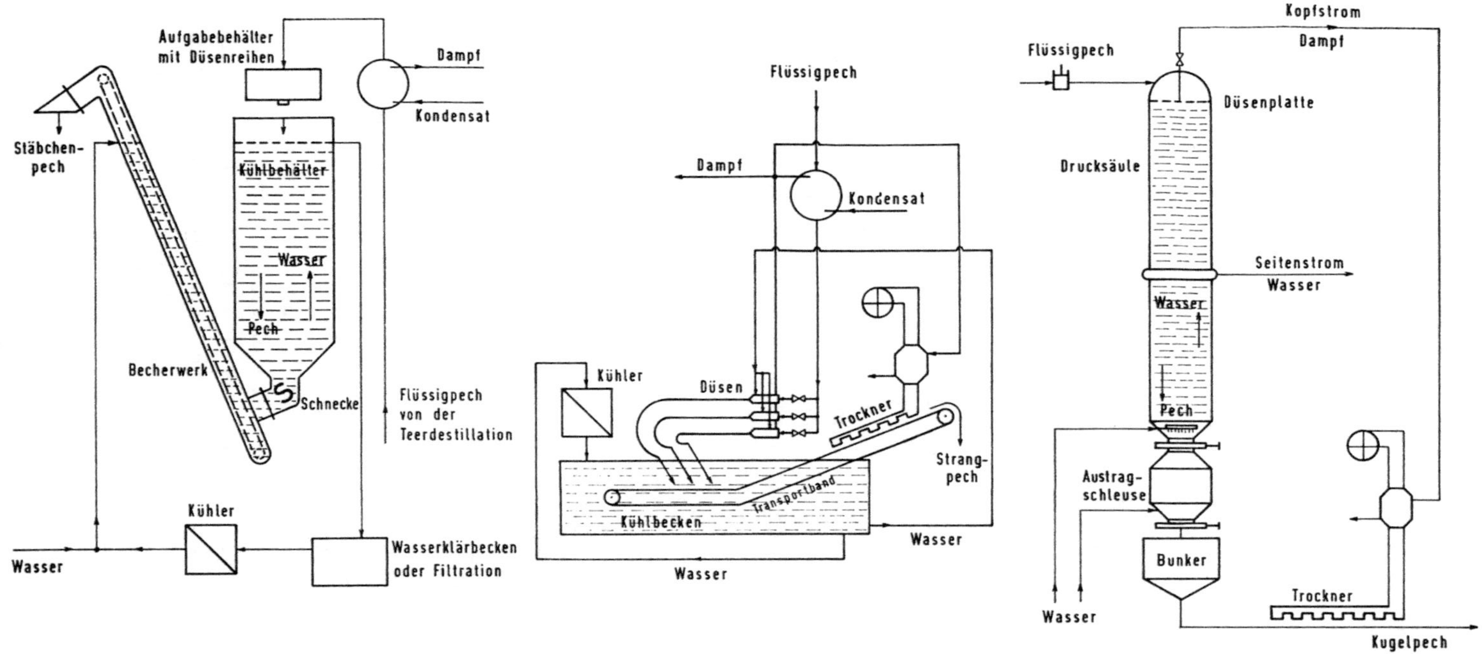

a) Stäbchenpech-Verfahren

b) Strangpech-Verfahren

c) Kugelpech-Verfahren

Abb. 22. Direktauskühlung von Steinkohlenteerpech

Stäbchenpech-Verfahren

Das von der Gelsenkirchener Bergwerks-AG entwickelte Verfahren (Abb. 22a) beruht auf dem Einfließenlassen des flüssigen Pechs aus Düsen in kaltes, möglichst wenig bewegtes Wasser. Das spezifisch schwerere Pech sinkt nach unten, erstarrt zu fingerdicken Stäben mit glatter Oberfläche und geringem Einschluß von Blasen, so daß der Wassergehalt des stäbchenförmigen Granulats ohne spezielle Trocknung auf unter 2% gehalten werden kann.

Das flüssige Pech wird durch Wärmeaustausch z. B. zur Erzeugung von Niederdruckdampf auf etwa 150 °C vorgekühlt und fließt dann aus den an der Unterseite eines Aufgabebehälters angebrachten Düsen durch eine kurze Luftstrecke in den wassergefüllten Kühlbehälter. Das Kühlwasser wird im Gleich- oder Gegenstrom geführt, jedoch zur Vermeidung von Erschütterungen, die zu einem Auseinanderreißen der Pechstrahlen führen, ohne eine merkliche Turbulenz. Die auf dem Wege nach unten erstarrten Pechstrahlen werden von einer auf dem abgeschrägten Boden des Kühlbehälters befindlichen Schnecke gebrochen und mit einem angeschlossenen Becherwerk ausgetragen. Die Becher sind mit Siebböden ausgerüstet, so daß oberhalb des Kühlwasserspiegels das den Pechstäben anhaftende Wasser weitgehend abttopfen kann. Das Granulat kann unmittelbar verladen werden. Durch die Höhe des Kühlbehälters und die Wassertemperatur wird eine völlige Auskühlung des Pechs garantiert. Das Kühlwasser kann geklärt, gefiltert und nach Rückkühlung im Kreislauf dem Granulationsprozeß wieder zugeführt werden.

Das Stäbchenpech-Verfahren hat in vielerlei Ausführungsformen Anwendung zur Herstellung von granuliertem Brikettpech gefunden.

Strangpech-Verfahren

Das von den Rütgerswerken entwickelte Verfahren (Abb. 22b) beruht auf dem Einleiten verhältnismäßig dicker Pechstränge durch parallel geschaltete, beheizte Düsen unmittelbar in fließendes Wasser, das im Gleichstrom geführt und sowohl als Kühl- als auch als Transportmedium dient.

Das flüssige Pech durchläuft zunächst Wärmeaustauscher, in denen ein Teil der fühlbaren Wärme zur Erzeugung von Niederdruckdampf genutzt wird, und wird dann durch die ummantelten und beheizten Düsen gedrückt. Im Gleichstrom mit dem unmittelbar hinter dem Düsenaustritt zugespeisten Kühlwasser durchläuft der erstarrende Pechstrang ein 20 bis 25 m langes Kühlrohr, das zur Verkürzung der Apparatur gekrümmt sein kann. Zu jeder Düse gehört ein gesondertes Kühlrohr, um ein Zusammenfließen der Pechstränge zu vermeiden. Am Ende der Kühlrohrstrecke sind die einzelnen Stränge so weit abgekühlt, daß sie gemeinsam von einem langsam laufenden Transportband aufgenommen werden können, das sich in einem langgestreckten Kühlwasserbecken befindet. Das Transportband hebt die am Ende der Kühlstrecke völlig ausgekühlten Pechstränge aus dem Wasser des Beckens und durchläuft dann — falls wasserfreies Pech gefordert wird — einen Trockner, dessen Saug- oder Blasluft mit in der Anlage selbst erzeugtem Niederdruckdampf erwärmt wird. Das getrocknete Pechgranulat wird noch durch eine Luftkühlstrecke geleitet und dann direkt verladen. Bei der Waggon- oder LKW-Verladung zerbrechen die Pechstränge in kurze Stücke. Das Kühlwasser wird rückgekühlt und im Kreislauf geführt.

Durch Verwendung geeigneter Düsenformen und Einstellung bestimmter Temperaturen und Mengenverhältnisse gelingt es mit Hilfe dieses Verfahrens, ein Pechgranulat ohne jegliche Wassereinschlüsse herzustellen, das beim anschließenden Trockenprozeß völlig wasserfrei erhalten werden kann. Das Verfahren ist daher nicht nur für Brikettpech geeignet, sondern auch für solche Pechtypen, bei denen absolute Wasserfreiheit erwünscht ist. Verschiedene Großanlagen dieses Verfahrens sind zur Erzeugung von Elektrodenpech- und von Brikettpechgranulat in Betrieb.

Kugelpech-Verfahren

Während bei den bisher beschriebenen Pechkühlverfahren das Kühlwasser nur um wenige Grade erwärmt wird, wird bei dem von der Gesellschaft für Teerverwertung entwickelten Kugelpech-Verfahren (Abb. 22c) das Kühlwasser unter Druck wesentlich höher erhitzt. Das Verfahren beruht auf dem Tropfenzerfall eines Flüssigkeitsstrahls unter der Einwirkung von Schwingungen.

Das flüssige Pech wird mit einer Koblendosierpumpe, die gleichzeitig als Schwingungsgenerator wirkt, auf den Kopf einer Druckkolonne aufgegeben und fließt durch eine Düsenverteilerplatte unmittelbar in das Kühlwasser ein. Das Kühlwasser wird im Gegenstrom geführt und zur Aufrechterhaltung eines bestimmten Temperaturgradienten der Drucksäule in Form eines verhältnismäßig wenig erwärmten Seitenstroms und eines etwa 160 °C heißen Kopfstroms wieder abgeleitet. Der Druck innerhalb der Kolonne wird so hoch — z. B. bei 10 atü — gehalten, daß keine Verdampfung des Wassers eintritt. Die den Pechstrahlen aufgezwungenen Schwingungen bewirken einen Zerfall zu Tropfen etwa gleichen Durchmessers, die unter dem Einfluß der Grenzflächenspannung Kugelgestalt annehmen und während des Absinkens innerhalb der Drucksäule in dieser Form erstarren. Die ausgekühlten Kugelgranalien sammeln sich im unteren Konus der Kolonne und werden durch eine Druckschleuse intermittierend ausgetragen. Die Granalien haben einen Durchmesser von etwa 8 bis 10 mm. Nach Ablaufen des anhaftenden

Wassers durch ein Siebförderband können die Kugeln direkt verladen oder, falls völlige Wasserfreiheit erwünscht ist, noch durch einen Trockner geführt werden, der mit dem Kopfstromdampf beheizt wird.

Die bei dem Kugelpech-Verfahren anfallenden Granalien enthalten keine Wassereinschlüsse. Das Verfahren ist daher für alle Pechtypen geeignet. Vorteilhaft neben dem geringen Kühlwasserverbrauch ist die leichte Handhabung der Kugeln in den Weiterverarbeitungsbetrieben.

Kühlband-Verfahren

Das Kühlband-Verfahren kann sowohl als Direkt- als auch in Form einer indirekten Kühlung für Steinkohlenteerpech angewendet werden.

Das flüssige Pech wird in dünner Schicht auf ein langsam laufendes Stahlband aufgegeben. Soll das Pech nicht direkt mit Wasser in Berührung kommen, wird die Bandunterseite mit fließendem Wasser oder durch Besprühen mit Wasser gekühlt. Wird auf wasserfreies Granulat keinen besonderen Wert gelegt, taucht das Band nach kurzem Lauf in einen Kühlwassertrog ein. An der Umlenktrommel des Bandes zerbricht das erstarrte Pech und wird sofort verladen.

Das nach diesem Verfahren erhaltene Plättchenpech (*flaked pitch*), das aus unregelmäßigen, scharfkantigen Platten von etwa $^1/_2$ cm Dicke besteht, zerbricht leicht in kleinste Stücke und ergibt bei der Weiterverarbeitung einen meist unerwünscht hohen Feinstaubanteil.

Pastillenpech-Verfahren

Dieses Verfahren verwendet ebenfalls ein kontinuierlich umlaufendes Kühlband, auf das flüssiges Pech in Reihen dosiert aufgetropft wird. Das Pech erstarrt zu Scheiben von etwa 1 cm Durchmesser und etwa 3 mm Dicke. Die Nachteile des Plättchenpechs werden bei dieser Auskühlform vermieden. Das Pastillenpech (*pilled pitch*) ist wie das Kugelpech freifließend.

2. Herstellung von Elektrodenpech

Das durch kontinuierliche Teerdestillation gewonnene normale Steinkohlenteerpech mit einem Erweichungspunkt (K.-S.) um 68 °C entspricht im allgemeinen den Anforderungen an ein Bindemittel für Steinkohlenbriketts und wird daher als Brikett- oder Normalpech bezeichnet. Das Normalpech ist ferner gut geeignet für die Herstellung von Pech-Öl-Mischungen. Als Bindemittel für die Erzeugung von Kohlenstoffelektroden genügt es dagegen im allgemeinen noch nicht den Anforderungen, sondern bedarf einer weiteren Bearbeitung.

Elektrodenpech soll ein gutes Back- und Bindevermögen für Pech- und Petrolkoks, die feste Komponente der Elektrodenmasse, besitzen und einen festen und hohen Verkokungsrückstand ergeben. Am Back- und Bindevermögen sind bestimmte Pechfraktionen in besonders hohem Maße beteiligt, zu deren Bestimmung im Laboratorium Lösungsmittelfraktionierungen durchgeführt werden. Das Entweichen der flüchtigen Pechanteile während der Verkokung soll gleichmäßig verlaufen, um Rißbildungen beim Brennen der Elektroden zu vermeiden. Es werden ferner bestimmte Anforderungen an das Viskositäts-Temperatur-Verhalten, den Aschegehalt und zahlreiche andere Merkmale gestellt.

Die verschiedenen Elektrodenpechtypen unterscheiden sich vom Normalpech vor allem durch einen höheren Gehalt an in bestimmten Lösungsmitteln unlösliche Anteilen und einen höheren Verkokungsrückstand. Beide Ziele sind grundsätzlich auf folgenden Wegen zu erreichen:

1. Lösungsmittelfraktionierung des Pechs entsprechend der Laboratoriumsanalyse und Mischen der erhaltenen Fraktionen im gewünschten Verhältnis.

2. Katalytische Kondensation löslicher Pechinhaltsstoffe zu unlöslichen Verbindungen.

3. Kondensation von Pechinhaltsstoffen durch Dehydrierung mit Luftsauerstoff, Schwefel oder anderen Oxydationsmitteln.

4. Rein thermische Kondensation und Polymerisation von Pechbestandteilen.

Nach den Verfahren 1 bis 3 lassen sich grundsätzlich *Elektrodenpeche* herstellen, die den meisten Analysenanforderungen genügen. Sie haben sich aber in der Praxis nicht bewährt. Technisch angewendet wird hauptsächlich das Verfahren 4 der rein thermischen Behandlung des Normalpechs oder des Ausgangsteers zur Herstellung der Elektrodenpeche.

Die thermische Behandlung des Normalpechs führt in jedem Fall zu einem Pech mit höherem Erweichungspunkt, selbst wenn ein Abdestillieren flüchtiger Pechanteile vermieden wird. Soll ein Elektrodenpech mit einem niedrigeren Erweichungspunkt erhalten werden, als das Pech nach der thermischen Behandlung aufweist, wird ein „Zurückfluxen" des härteren Pechzwischenproduktes mit Öl erforderlich. An dieses Öl wird die Anforderung gestellt, daß es sich in der Siedeanalyse genau an die Siedeanalyse des Zwischenproduktes nach unten hin anschließt, damit ein gleichmäßiger Siedeverlauf des fertigen Elektrodenpechs gewährleistet bleibt. Läßt man bei der thermischen Behandlung des Normalpechs flüchtige Öle abdestillieren, so können diese als Fluxmittel wieder verwendet werden.

Die thermische Kondensation der Pechinhaltsstoffe kann auch bereits während der Teerdestillation geschehen. Die Destillation muß dabei bereits unter Bedingungen durchgeführt werden, bei denen der Pechrückstand einer stärkeren und längeren thermischen Behandlung ausgesetzt wird, als dies bei der normalen Destillation der Fall ist. Bei gleichzeitiger

Ansteuerung des gewünschten Erweichungspunkts erhält man so ein „straight run"-Elektrodenpech, das nicht mehr gefluxt zu werden braucht.

Wichtig für die Herstellung der Elektrodenpeche ist die Auswahl der Steinkohlenteere, in denen die erwünschten Komponenten bereits vorgebildet sind. Darüber hinaus müssen die Teere den Anforderungen hinsichtlich des Asche- und Zinkgehalts genügen, wozu bisweilen eine Abtrennung unerwünschter Anteile durch Separierung notwendig ist.

Zur thermischen Behandlung des Pechs oder des zur Elektrodenpechherstellung verwendeten Teers sind sowohl diskontinuierliche als auch kontinuierliche Anlagen in Betrieb. Sie entsprechen im allgemeinen den Anlagen zur Teerdestillation, sind aber durch eine längere Verweilzeit und höhere Temperaturen gekennzeichnet. Die thermische Kondensation von Pechinhaltsstoffen findet im Temperaturbereich von etwa 375 bis 500 °C mit einer gut zu beherrschenden Reaktionszeit statt. Der Prozeß kann unter Vakuum, Normaldruck oder Überdruck durchgeführt werden. Im letzteren Fall wird das Abdestillieren von Öldämpfen vermieden.

Diskontinuierliche thermische Kondensation

Nach einem Verfahren der Rütgerswerke und Teerverwertung AG werden ausgewählte Steinkohlenteere mit mindestens 7,5% benzolunlöslichen Anteilen aus diskontinuierlich betriebenen Retorten bei einem Vakuum von 80 bis 120 Torr bis auf ein Hartpech mit einem Erweichungspunkt von 130 °C (K.-S.) und höher abdestilliert und das Hartpech mit einer hochsiedenden Teerölfraktion auf den gewünschten Erweichungspunkt zurückgefluxt. Als Rückstellöl wird die bei der Destillation von Normalpech auf Hartpech nach Erreichen eines Erweichungspunkts von 80 °C (K.-S.) des Retorteninhalts anfallende Pechdestillatfraktion verwendet. Das wesentliche Merkmal dieses Verfahrens ist, daß die Destillation des Teers bzw. Pechs dann abgebrochen wird, wenn die langsame Kondensation der Pechinhaltsstoffe im erwünschten Maße abgeschlossen ist und die Zersetzung des Destillationsrückstands beginnt, gekennzeichnet durch ein Absinken der Dichte des anfallenden Destillats. Die Endtemperatur des Retorteninhalts liegt dann etwa bei 400 bis 420 °C. Es werden Elektrodenpeche z. B. mit einer Laboratoriums-Koksausbeute von über 55% (nach Elektrokemisk) bei einem Erweichungspunkt von 80 bis 85 °C (K.-S.) und günstigem Verhältnis der in speziellen Lösungsmitteln unlöslichen Pechfraktionen erhalten.

Kontinuierliche thermische Kondensation

Ein Verfahren der Rütgerswerke verwendet einen Röhrenofen mit einem nachgeschalteten Reaktionsgefäß zur thermischen Behandlung geeigneter Normal- oder Weichpeche. Das Ausgangsprodukt wird unter einem Druck von etwa 3 at und einer Verweilzeit von etwa 5 min im Röhrenofen bis auf 450 bis 525 °C erhitzt und in dem gut isolierten Reaktor bei der gleichen Temperatur und gleichem Druck ohne weitere Erhitzung zur Kondensation gebracht. Die Reaktorgröße bestimmt die Verweilzeit. Sie beträgt z. B. 2 bis 3 Std bei 475 °C, etwa 15 min bei 500 °C oder etwa 4 bis 5 min bei 525 °C. Um die Verweilzeiten für den gesamten Durchsatz konstant zu halten, kann das Reaktionsgefäß in Kammern unterteilt werden, in denen das heiße Pech periodisch lagert. Das Abziehen geschieht kontinuierlich unter gleichzeitigem Entspannen auf Atmosphärendruck, wobei flüchtige Verbindungen durch Flashdestillation verdampfen. Das Verfahren hat einen Wärmebedarf von etwa 75000 kcal pro t eingesetzten Normalpechs und ergibt Hartpeche mit hohem Verkokungsrückstand, die in üblicher Weise mit hochsiedenden Teerölen auf den gewünschten Erweichungspunkt eingestellt werden können.

Ein ähnliches kontinuierliches Verfahren mit Röhrenofen und Verweilgefäß wurde von der Koppers Comp. entwickelt. Die erhaltenen Elektrodenpeche besitzen eine Laboratoriums-Koksausbeute von über 52% (nach Conradson) bei einem Erweichungspunkt um 70 °C (K.-S.).

Ein Proabd-Verfahren unterteilt den thermischen Prozeß in drei Stufen und das Reaktionsgefäß in drei übereinanderliegende Kammern. Das eingesetzte Normal- oder Weichpech wird in der ersten Stufe des Röhrenofens auf 300 bis 320 °C erhitzt und in die oberste Kammer der Reaktionskolonne eingeleitet. Flüchtige Dämpfe werden hier abgezogen, während das Pech über einen zentral angeordneten Überlauf durch eine Füllkörperschicht in die mittlere Kolonnenkammer abfließt, wobei ein gewisser Flüssigkeitsstand in der oberen Kammer gehalten wird. Das gleiche gilt für die mittlere Kammer. Hier wird ein Teil des Pechs ständig durch die zweite Stufe des Röhrenofens umgewälzt und so hoch erhitzt, daß in der mittleren Kolonnenkammer eine Temperatur von 350 bis 370 °C eingehalten wird. Die entweichenden Öldämpfe treten im Gegenstrom zum herabfließenden Pech durch die Füllkörperschicht in die obere Kolonnenkammer über. Das aus der mittleren in die unterste Reaktionskammer überfließende Pech wird in der dritten Stufe des Röhrenofens umgewälzt, so daß in dieser Kammer eine Temperatur von 380 bis 400 °C eingehalten wird. Die Öldämpfe werden wie bei der mittleren Kammer im Gegenstrom zum Pech nach oben abgeleitet, während das Pech unter Einhaltung eines bestimmten Flüssigkeitspegels als Produkt abgezogen wird. Die Pechverweilzeiten betragen in der obersten Reaktionszone 1 bis 2 Std, in der mittleren 4 bis 5 Std, in der letzten Zone 5 bis 6 Std. Das nach Zurückfluxen mit schwerem Teeröl erhaltene Elektrodenpech hat einen Laboratoriums-Koksrückstand von 50 bis 55 % (Elektrokemisk) bei einem Erweichungspunkt von 80 °C (K.-S.) und bestimmten Anteilen an in speziellen Lösungsmitteln unlöslichen Fraktionen.

Als unkonventionelle Verfahren der kontinuierlichen thermischen Behandlung von Pechen sind ein Reaktionsgefäß mit einem *Tauchflammenbrenner* (WILTON), durch den das Pech auf etwa 450 °C erhitzt wird, und ein kontinuierliches Aufheizen des Pechs auf 330 bis 450 °C durch direkten Kontakt mit geschmolzenem Blei (Coal Tar Research Association) vorgeschlagen worden. Durch diese Verfahren wird die Gefahr von Koksansätzen in der Apparatur weitgehend vermieden. Eine technische Anwendung der Direktheizverfahren ist bisher nicht bekannt geworden.

3. Herstellung von Spezialpechen

Hartpech

Hartpech mit einem Erweichungspunkt von über 150 °C (K.-S.) ist in der Hauptmenge Zwischenprodukt für die Herstellung von Pechkoks. Es kann aus dem bei der kontinuierlichen Teerdestillation anfallenden Normalpech grundsätzlich nach den bei der Herstellung des Elektrodenpechs genannten Verfahren der Pechkondensation gewonnen werden.

Technisch hauptsächlich angewendet wird nicht wie beim Elektrodenpech das Verfahren der rein thermischen Kondensation, sondern die dehydrierende Kondensation mit Hilfe von Luftsauerstoff. Die Vorteile gegenüber dem rein thermischen Verfahren liegen in der Exothermie der Reaktion, die von einer bestimmten Temperatur an ohne weitere äußere Beheizung abläuft, der dadurch verminderten Gefahr von Koksansätzen und in den hohen Ausbeuten an Hartpech mit hohem Verkokungsrückstand.

Da für die Verkokung bestimmtes Hartpech außer einem möglichst hohen Verkokungsrückstand einen möglichst niedrigen Aschegehalt aufweisen soll, werden bereits bei der vorhergehenden Teerdestillation Rohteere mit besonders niedrigem Aschegehalt oder durch Separierung entaschte Rohteere eingesetzt. Eine weitere Methode zur Erniedrigung des Aschegehalts ist der zusätzliche Einsatz des bei der Luftverblasung des Normalpechs anfallenden öligen Pechdestillats für die Hartpechgewinnung. Das Pechdestillat wird durch destillative thermische Behandlung in ein aschefreies Normalpech übergeführt, aus dem durch Luftverblasen aschefreies Hartpech entsteht.

Nach dem Teerverwertung-Verfahren zur Hartpech-Herstellung wird der Steinkohlenrohteer zunächst wie üblich unter Vakuum bis auf ein Normalpech destilliert. Das etwa 350 °C heiße Pech wird sofort im Anschluß an die Destillation in einer Retorte, an deren Boden eine Verteilungsspinne angebracht ist, der Luftverblasung unterworfen. Die Luft wird entweder durch das Pech gesaugt oder als Preßluft eingedrückt. Ohne äußere Beheizung steigt die Temperatur des Retorteninhalts auf etwa 400 bis 420 °C. Es wird hierbei ein Hartpech erhalten, das bei der Weiterverarbeitung auf Pechkoks eine Koksausbeute bis zu 83 % ergibt.

Die Methode der Luftverblasung wird außer in Deutschland auch in der Sowjetunion, der Tschechoslowakei, in Polen und Japan angewendet. Andere Verfahren benutzen die Pechdestillation unter Einblasen von Wasserdampf oder anderen Inertgasen. Durch Hintereinanderschalten von Blasretorten oder Verwendung eines Röhrenofens mit Lufteinspeisung kann das Verblasen von Pech auch kontinuierlich gestaltet werden.

Plastifizierte Peche

Steinkohlenteer-Normalpech hat einen relativ geringen Plastizitätsbereich. Diese Tatsache ist für die Auskühlung und die Verarbeitung als Brikettpech vorteilhaft, für die Anwendung z. B. als Korrosionsschutzmittel dagegen von Nachteil, da das Pech bereits bei mäßig tiefen Temperaturen bricht und bei höherer Temperatur leicht dünnflüssig wird.

Um den Plastizitätsbereich des Pechs (Differenz zwischen Erweichungspunkt K.-S. und Brechpunkt) von normalerweise knapp 30 °C auf 40 bis 100 °C und mehr zu erhöhen, geht man von Hartpechen mit hohem Gehalt an benzolunlöslichen Bestandteilen aus. Die Hartpeche werden *mit hochsiedenden Teerölen* vorteilhaft unter Zusatz von kristallinen Anthracenrückständen oder anderen hochschmelzenden mehrkernigen Aromaten auf den erwünschten Erweichungspunkt gefluxt. Zur weiteren Erhöhung der Plastizitätsspanne können die Peche in beheizten Rührwerken mit Füllstoffen versetzt werden. Als solche sind in der Wärme mit Anthracenöl oder dem Pech selbst aufgeschlossene fein gemahlene Steinkohle, Schiefermehl, Asbestmehl, Kieselgur, Flugasche und Lignin geeignet.

Für besonders hohe Ansprüche werden Steinkohlenteerpeche *mit Kunststoffen* kombiniert. Epoxidharze, Polyvinylchlorid, Kautschuk, Polystyrol und Polyurethane haben sich für derartige Kombinationen als geeignet erwiesen. Im Falle des Epoxidharzes werden normalerweise zwei Komponentenmischungen hergestellt, von denen die eine das noch nicht gehärtete Epoxidharz in präpariertem Steinkohlenteerpech gelöst und die zweite den Härter enthält. Nach Vereinigung beider Komponentenmischungen unmittelbar vor der endgültigen Verarbeitung tritt Aushärtung des Epoxidharzes unter Einbau des Teeranteils ein. In ähnlicher Weise werden die Polyurethane über ein 2-Komponenten-System mit Steinkohlenteerpech kombiniert, während die thermoplastischen und elastomeren Kunststoffe in der Wärme dem Pech unmittelbar zugemischt werden können, wobei Mischbarkeitsgrenzen und Zersetzungstemperatur des betreffenden Kunststoffs berücksichtigt werden müssen.

Gießereipech

Als Bindemittel bei der Herstellung von Gießereiformen aus Formsand und Ton wird ein feinkörniges Pech mit höherem Erweichungspunkt und Verkokungsrückstand benutzt.

Die Herstellung der Pechmasse geschieht nach einem der beim Elektrodenpech und Hartpech beschriebenen Verfahren. Zur Überführung des Pechs in die geforderte feinkörnige Form werden zwei Methoden angewendet. Die erste besteht in einer Feinmahlung des Pechs in luftgekühlten hochtourigen Hammermühlen. Wegen der Gefahr des Zusammenbackens und der Luftoxydation muß die Temperatur während des Mahlvorgangs unter etwa 40 °C gehalten werden. Ein Nachteil der Mahlmethode ist die hohe Staubbelästigung durch das gepulverte Pech. Dieser Nachteil wird vermieden beim Perlpech- (*pelleted pitch-*) Verfahren. Hierbei wird das Pech in flüssiger Form durch Druck oder mit Hilfe eines inerten Treibmittels, z. B. Wasserdampf, verdüst. Es bilden sich kleinste Kügelchen, die während ihres Flugs im Verdüsungsraum erstarren. Das Perlpech ist wegen der gleichmäßigen Kugelform nahezu staubfrei und frei fließend.

Sonstige Peche

Fibrepipe-Pech als Tränkmittel für Cellulose- und Asbestfasern zur Herstellung von Pechfaserrohren (*pitch fibre pipes*) wird durch schonende kontinuierliche Destillation von Rohteeren mit niedrigem Gehalt an Chinolin-Unlöslichem hergestellt. Durch Separierung läßt sich der Gehalt an Chinolin-Unlöslichem im Teer vor der Destillation absenken. Der Erweichungspunkt des Pechs wird auf etwa 55 bis 60 °C (K.-S.) eingestellt. Ein derartiges Pech vermag die Fasern vollständig zu imprägnieren.

Tontauben-Pech als Bindemittel für Kalkstaub bei der Herstellung der „Tontauben" ist ein durch direkte Destillation erhaltenes Pech mit hohem Erweichungspunkt. Dieses Pech ist genügend spröde, die „Tontaube" bei einem Schrotkorntreffer zerfallen zu lassen.

Pech-Emulsionen für Korrosionsschutzanstriche werden aus Pechen mit niedrigerem Erweichungspunkt durch Emulgieren in Wasser hergestellt. Als Emulgier- und Stabilisiermittel sind Tonpulver und organische Emulgatoren geeignet.

4. Pechverkokung

Die Verkokung des Pechs zum Zweck der Elektrodenkoksgewinnung wird nach dem Koppers-Verfahren in normalen Koksöfen mit Gasbeheizung und flüssiger Beschickung mit Hartpech durchgeführt.

Das Hartpech mit einem Erweichungspunkt um 155 °C wird flüssig mit einer Temperatur von 310 bis 340 °C in isolierten Kesselwagen angeliefert und mit überhitztem Wasserdampf in gasbeheizte Pechbehälter gedrückt, aus denen je ein Ofenblock mit fünf Pechkoksöfen gespeist wird. Die Pechbehälter sind mit einer Tauchpumpe sowie einer beheizten Vor- und Rücklaufleitung zu dem Ofenblock versehen. Etwa 70% des Hartpechs werden durch die Ringleitung ständig umgepumpt, während 30% allmählich in die Öfen fließen. Durch das Umpumpen wird ein Erstarren des Hartpechs in der Fülleitung vermieden. Zur Verhinderung des Schäumens wird das Pech portionsweise im Verlauf mehrerer Stunden in die Ofenkammern eingefüllt, wobei die Gesamtmenge etwa $^2/_3$ des Kammervolumens beträgt. Um eine Graphitbildung während des Füllens zu vermeiden, kann während dieser Zeit überhitzter Wasserdampf in die Öfen eingeleitet werden. Die Verkokung einer Ofencharge von etwa 10 bis 15 t dauert etwa 17 Std. Es tritt zunächst eine Destillation der unzersetzt destillierbaren Hartpechanteile ein, sodann beginnt unter Zersetzung des Rückstands die Gasbildung, die bis zur Beendigung der Verkokung bei Temperaturen von 1250 bis 1350 °C anhält. Die aus den Öfen entweichenden Gase und Dämpfe werden in einer Vorlage wie bei der Steinkohlenverkokung mit Wasser von 80 bis 90 °C gekühlt. Dabei wird das Pechkoksöl mit weichpechartiger Beschaffenheit niedergeschlagen. Die Gase werden anschließend elektrostatisch von restlichen Teernebeln befreit, in Direktkühlern auf Außentemperatur gekühlt, einer Wäsche mit Wasser und Waschöl zur Entfernung von Ammoniak und Benzol unterworfen und dienen dann in gereinigtem Zustand zur Beheizung der Koksöfen und der Hartpechbehälter. Das Pechkoksöl wird vom Wasser geschieden und durch Destillation auf Sekundärpech aufgearbeitet, das dem Hartpech zur erneuten Verkokung zugesetzt wird. Die Sekundärpechanlage wird mit dem Überschußgas der Pechverkokung beheizt.

Die Gasausbeute beträgt etwa 250 Nm^3 je t Hartpech. Das Gas hat einen Heizwert von $H_0 \approx 3800$ kcal/Nm^3 und besteht zu fast 80 Vol.-% aus Wasserstoff und zu etwa 12 Vol.-% aus Methan. Die Verkokung des Hartpechs hat einen Wärmebedarf von etwa 420000 kcal/t. Zur Beheizung der Koksöfen und der Pechbehälter werden etwa 55% des gebildeten Gases verbraucht.

Die *Ausbeute* an Pechkoks beträgt etwa 70% des Hartpechs, bei Berücksichtigung der Sekundärpechgewinnung aus dem Pechkoksöl etwa 83%. Der glühende Koks wird nach beendetem Ausgaren in einen abgedeckten Löschwagen gestoßen, in dem durch Düsen kurzzeitig Wasser auf den Koks gesprüht wird. Der Löschwagen bleibt mit geschlossenem Deckel stehen. Durch den entstandenen Wasserdampf wird der Koks erstickt und abgekühlt. Nach diesem Verfahren erzielt man trotz der großen Porosität des Pechkokses einen Wassergehalt unter 2%.

Die erste Pechkokerei nach dem Koppers-Verfahren wurde 1938 nach Vorversuchen im Jahre 1920 von der Gesellschaft für Teerverwertung in Castrop-Rauxel erbaut. Nach dem gleichen Prinzip arbeiten Pechkokereien in Japan, der Sowjetunion, Polen, Tschechoslowakei und den USA. Horizontalkammeröfen nach Art der Steinkohlenkoksöfen verwendet auch das Verfahren Dr. C. Otto, nach dem Pechkokereien in Italien und Österreich errichtet wurden. Das Verfahren der Bergbau-AG Lothringen mit nur von der Sohle beheizten, gewölbeförmigen Verkokungsöfen wird seit 1956 nicht mehr angewendet.

Kontinuierliche Verkokungsverfahren, z. B. die Wirbelbettverkokung und das „*delayed coking*", sind für Steinkohlenteerpech zwar vorgeschlagen, aber bisher großtechnisch nicht angewendet worden. Diese Verfahren machen im Gegensatz zur Hochtemperaturverkokung eine Nachkalzinierung des Pechkokses erforderlich. Eine delayed-coker-Anlage zur Herstellung von Pechkoks soll in Japan errichtet werden.

Spezialpechkoks mit verbesserter Graphitierbarkeit kann unter geeigneten Verkokungsbedingungen aus Hartpech mit niedrigem Gehalt an Chinolin-Unlöslichem hergestellt werden. Ein derartiges Hartpech erhält man in Form des aus dem Pechdestillat der Hartpechherstellung gewonnenen Pechs oder durch besonders schonende Tieftemperaturdestillation oder -verblasung von Normalpech. Die unlöslichen Anteile können auch durch Separierung der Ausgangsstoffe vermindert werden.

III. Aufarbeitung der Teerölfraktionen

1. Anthracenöl

Das Anthracenöl fällt bei der Steinkohlenteerdestillation als eine bei Raumtemperatur halbfeste, grünbraune Kristallmasse vom Siedebereich etwa 300 bis 450 °C in einer Menge von 20 bis 30% des Rohteers an. Bei den meisten Teerdestillationsverfahren wird es in zwei Fraktionen abgezogen: die Hauptmenge als tiefer siedendes Anthracenöl I, ein geringerer Anteil als hochsiedendes Anthracenöl II. Im Anthracenöl I sind die Teerinhaltsstoffe Phenanthren, Anthracen und Carbazol, im Anthracenöl II Fluoranthen und Pyren angereichert.

Zur gleichzeitigen Gewinnung eines weitgehend kristallfreien Anthracenöls und eines Rohanthracen-Ausgangsproduktes wird das rohe Anthracenöl, bei Aufteilung in zwei Fraktionen nur das Anthracenöl I, diskontinuierlich oder kontinuierlich ausgekühlt und zur teilweisen Kristallisation gebracht.

Bei dem am meisten verbreiteten diskontinuierlichen Auskühlverfahren läßt man das von der Teerdestillationsanlage kommende, etwa 80 bis 100 °C heiße Anthracenöl im Verlauf von 24 bis 36 Std in zylindrischen, vertikalen Rührkühlern bis auf etwa 20 bis 30 °C auskühlen. Die Rührkühler sind zur indirekten Wasserkühlung ummantelt, mit einem langsam laufenden (z. B. 15 U/min) Rührwerk sowie einem konischen Boden mit Ablaßschieber versehen und fassen im allgemeinen etwa je 15 bis 30 t.

Die in einer Menge von etwa 10 bis 15% des rohen Anthracenöls auskristallisierende Masse wird in Siebschälzentrifugen abgeschleudert, wobei in Form eines gelbgrün gefärbten Schleuderguts die sogenannten Anthracenrückstände und filtriertes Anthracenöl anfallen.

Das filtrierte Anthracenöl I wie auch das hochsiedende Anthracenöl II sind *wichtige Mischungskomponenten* für technische Steinkohlenteeröle und Pech-Öl-Mischungen. Steinkohlenteeröltypen mit Anthracenölen als Hauptmischungskomponenten sind die Rußöle, Imprägnieröle, Heizöle, Treiböle, Fluxöle, Gasometeröle, Naphthalinwaschöle und zahlreiche weitere technische Öle. Als anthracenöl-haltige Pech-Öl-Mischungen sind die Straßenteere, Stahlwerksteere und Dachpappenteere zu nennen. Das Anthracenöl findet ferner gemeinsam mit den Anthracenrückständen Verwendung zur Herstellung der plastifizierten Peche und anderer Spezialpeche. Hierfür wie auch für die Straßen- und Dachpappenteere ist die durch die hohe Siedelage bedingte geringe Verdunstungsneigung des in der Mischung als Lösungsmittel und Weichmacher für das Pech wirkenden Anthracenöls von Bedeutung. In den technischen Ölmischungen ist das Anthracenöl die hochsiedende Komponente. Für die Rußöle ist die hohe Rußausbeute der kondensierten aromatischen Inhaltsstoffe, für die Imprägnieröle die fungicide Wirksamkeit, in den Gasometerölen die geringe Verdunstungsneigung, bei den Fluxölen und Naphthalinwaschölen das gute Lösevermögen des Anthracenöls für die Verwendung maßgebend. Für die Satzfreiheit der Heizöltypen und sonstigen technischen Öle ist die Ausbildung eines Vielstoff-Eutektikums der zumeist hochschmelzenden Inhaltsstoffe des Anthracenöls und der leichter siedenden Ölkomponenten entscheidend.

Zu erwähnen ist, daß sich das Anthracenöl durch Hydrierung unter Bildung eines Hydroaromatengemisches in hochwertige *Düsentreibstoffe* umwandeln läßt.

Die gleichzeitig mit dem filtrierten Anthracenöl in trockener, lose verladbarer Form gewonnenen Anthracen-Rückstände sind wie das Anthracenöl selbst Ausgangsmaterial zur Erzeugung von Ruß (*Rußanthracen*).

Die Anthracen-Rückstände enthalten etwa 20 bis 35% Anthracen, 40 bis 50% Phenanthren und 12 bis 20% Carbazol. Die Aufarbeitung auf „*40er Anthracen*", Rohanthracen mit einem Anthracengehalt von über 40%, häufig von 45 bis 55%, geschieht durch Kristallisation oder Destillation.

Vorteilhafter als das Umkristallisieren aus filtriertem Anthracenöl oder niedriger siedenden Teerölen ist das Anmaischen der Anthracen-Rückstände mit der gleichen Menge heißem, rohem Anthracenöl und langsames einmaliges Auskühlen auf 75 bis 85 °C. Hierbei wird ein erheblicher Teil des Phenanthrens abgetrennt, während das Anthracen/Carbazol-Verhältnis nahezu unverändert bleibt. Durch destillative Aufarbeitung läßt sich eine weitgehende Abtrennung des Carbazols erreichen. Bewährt hat sich eine kontinuierliche Destillationsfahrweise, die als Kopfprodukt eine phenanthren-haltige Fraktion, als Seitenstrom das 40er Anthracen und als Sumpfprodukt ein hochprozentiges Rohcarbazol ergibt.

Die *weitere Reinigung des Rohanthracens* geschieht ebenfalls durch Umlösen oder Destillation.

Durch zweimaliges Umkristallisieren aus der 4- bis 5fachen Menge Pyridin erhält man aus dem 40er Anthracen in 80%iger Ausbeute, bezogen auf den Anthracengehalt, Anthracen mit einem Reinheitsgrad von etwa 95%, der ausreicht für die Weiterverarbeitung auf Anthrachinon. Aus dem Verdampfungsrückstand der Pyridin-Mutterlaugen gewinnt man durch zweimaliges Umkristallisieren aus Chlorbenzol reines *Carbazol*. Die Chlorbenzol-Mutterlaugen können bei Bedarf noch zu Phenanthren aufgearbeitet werden.

Anstelle des Pyridins können als weitere Lösungsmittel Toluol/Aceton, Benzol/Methanol, Glykole, Dialkylsulfoxide und Dialkylformamide Verwendung finden. Die Selektivlöseverfahren haben die chemische Abtrennung des Carbazols durch Ätzkalischmelze oder konzentrierte Schwefelsäure weitgehend verdrängt.

Von den destillativen Trennverfahren ist die Azeotropdestillation mit Äthylenglykol bemerkenswert. Hierbei bleibt das Carbazol im Destillationsrückstand. Das Verfahren wird auch zur Abtrennung des Anthracenbegleiters Tetracen und Reinstdarstellung von Anthracen als Szintillator-Substanz benutzt.

Rohphenanthren kann bei der Aufarbeitung des 40er Anthracens durch Selektivlösemittel als Nebenprodukt gewonnen werden. In größerer Menge wird es als Fraktion bei der Redestillation des filtrierten Anthracenöls oder des Kopfproduktes der kontinuierlichen Anthracen-Rückstand-Destillation erhalten. Bei beiden Ausgangsprodukten ist bereits die Hauptmenge des Anthracens und Carbazols abgetrennt. Die Phenanthrenfraktion wird nach der Methylfluoren- und Diphenylensulfid- und vor der Anthracen-Fraktion abgenommen. Die weitere Reinigung des Phenanthrens geschieht durch Schwefelsäurewäsche und Umkristallisieren aus Methanol oder erneute Rektifikation. Die Begleitstoffe können statt durch Sulfonierung auch durch Verharzung mit Formaldehyd und Chlorwasserstoff abgetrennt werden. Man erhält so stufenweise ein

90%iges und ein 96- bis 99%iges *Phenanthren*, das von Anthracen und Carbazol weitgehend befreit ist. Hartnäckiger Begleiter des Phenanthrens ist das Diphenylensulfid. Die Gewinnung des reinen Phenanthrens unter Abtrennung des Diphenylensulfids aus dem 90%igen Produkt gelingt in einer Stufe durch Behandlung der Schmelze mit metallischem Natrium und Maleinsäureanhydrid. Das *Diphenylensulfid* selbst läßt sich durch scharfe Rektifizierung aus den Mutterlaugen der Phenanthren-Umlösung oder den Vorläufen der Phenanthrendestillation erhalten. Weitere Möglichkeiten zur Reinigung von Rohphenanthren sind die Abtrennung von Carbazol durch Azeotropdestillation mit Diäthylenglykol und die Abtrennung des Anthracens durch Molekularsiebadsorption.

Aus dem filtrierten Anthracenöl läßt sich durch Extraktion mit wäßriger Natriumbisulfit-Lösung als weiterer Inhaltsstoff das *Acridin* als acridonsulfonsaures Natrium abscheiden. Die freie Base erhält man durch Zersetzung des Salzes mit Natronlauge.

Das hochsiedende Anthracenöl II ist Ausgangsmaterial vor allem zur Isolierung von *Fluoranthen* und *Pyren*. Bei der Redestillation des Anthracenöls II können nach steigender Siedetemperatur geordnet eine Phenylnaphthalin-, Fluoranthen-, Pyren-, Benzofluoren- und Chrysen-Fraktion abgenommen werden.

Die zwischen 373 und 385 °C siedende Fluoranthen-Fraktion mit einem Erstarrungspunkt von über 90 °C ergibt durch einmaliges Anmaischen mit einem Viertel Lösungsbenzol und Abschleudern 95%iges Fluoranthen. Die reine Verbindung erhält man daraus durch Umkristallisieren aus Xylol unter gleichzeitiger partieller Sulfurierung der Verunreinigungen mit etwa 1% konzentrierter Schwefelsäure. Auch durch Umlösen aus einem Pyridin-Wasser-Gemisch läßt sich Fluoranthen in reiner Form gewinnen.

Die Pyren-Fraktion siedet zwischen 385 und 396 °C und hat einen Erstarrungspunkt über 110 °C. Durch Umlösen in der halben Menge Lösungsbenzol, Entphenolung und Entbasung sowie Wäsche mit 1,5% 80%iger Schwefelsäure gewinnt man daraus das reine Pyren. Statt durch Schwefelsäureraffination kann der gelblich gefärbte Pyrenbegleiter *Brasan* (2.3-Benzodiphenylenoxid) auch durch Umkristallisieren aus Xylol unter Zusatz von Eisenchlorid entfernt werden.

Aus der Benzofluoren-Fraktion sind durch einmaliges Umlösen aus Lösungsbenzol Mischkristalle aus *1.2- und 2.3-Benzofluoren* erhältlich. Aus der Chrysen-Fraktion wird zweckmäßig durch Umlösen aus hochsiedenden Pyridinbasen technisch reines *Chrysen* gewonnen; durch ein zweites Umlösen aus Tetralin erhält man die reine Verbindung. Das Chrysen kann auch durch Umlösen aus Lösungsbenzol unter gleichzeitiger partieller Sulfurierung oder Behandlung mit Chlor in reiner Form isoliert werden.

Für die hochsiedenden Steinkohlenteerinhaltsstoffe Pyren, Benzofluoren und insbesondere Chrysen sind außer dem Anthracenöl II auch das bei der Herstellung von Hartpech anfallende Pechdestillat ein geeigneter Rohstoff.

2. Waschöl

Waschöl, auch *Solvayöl* genannt, fällt bei der kontinuierlichen Teerdestillation in einer Menge von 7 bis 8% des Rohteers unmittelbar als verkaufsfertiges Benzol-Waschöl an. Es siedet etwa zwischen 230 und 290 °C und enthält neben etwas Naphthalin vor allem die Naphthalin-Homologen, Diphenyl, Acenaphthen, Diphenylenoxid, Fluoren und Homologe, etwa 2% Phenole, 4 bis 6% Chinolinbasen sowie Indol. Das Öl scheidet bei 0 °C noch keine Kristalle aus und bildet ein besonders eindrucksvolles Beispiel für die gegenseitige Schmelzpunkterniedrigung der meist festen Teerinhaltsstoffe.

Das Waschöl dient neben der direkten Verwendung als Benzol-Waschöl wie das Anthracenöl als *Mischungskomponente* für technische Öle, wie Imprägnieröl, Fluxöl, Heizöl und Treiböl, sowie für Pech-Öl-Mischungen. Das Waschöl bildet in diesen Mischungen die Schwerölkomponente, die sich durch ein gutes Lösevermögen, fungicide Wirksamkeit und eine langsame Verdunstung auszeichnet.

Das Waschöl ist ferner das Ausgangsprodukt zur Gewinnung zahlreicher Einzelverbindungen des Steinkohlenteers. Es wird zunächst entweder durch Redestillation aufgearbeitet oder direkt bei der kontinuierlichen Rohteerdestillation in Form verschiedener Fraktionen abgezogen. Dabei fallen nach steigendem Siedebereich geordnet eine Methylnaphthalin-, Diphenyl-, Dimethylnaphthalin-, Diphenylenoxid-, Acenaphthen- und Fluoren-Fraktion an.

Aus der von Phenolen und Basen befreiten, etwa zwischen 240 und 245 °C siedenden *Methylnaphthalin-Fraktion* erhält man durch Tiefkühlen und Abschleudern das bei etwa 31 °C schmelzende technisch reine *2-Methylnaphthalin*. Eine Umlösung aus Äthanol liefert die reine Verbindung. Aus den Filtraten der 2-Methylnaphthalin-Herstellung läßt sich durch Rektifikation technisches *1-Methylnaphthalin* gewinnen. Die reine Verbindung erstarrt erst bei —30 °C und bildet mit 20% 1-Methylnaphthalin ein bei —48 °C schmelzendes Eutektikum. Die Reindarstellung des 1-Methylnaphthalins geschieht wegen der tiefen Erstarrungstemperaturen nicht durch Kristallisation, sondern durch destillative Abtrennung des 3,6 °C tiefer siedenden 2-Isomeren.

In der zwischen 245 und 255 °C siedenden, flüssigen, blau fluoreszierenden *Diphenyl-Fraktion* ist neben dem *Diphenyl* das *Indol* angereichert. Nach Entphenolung und Entbasung wird das Indol aufgrund seiner schwach sauren Imid-Struktur gewöhnlich mit Kaliumhydroxid bei 190 bis 210 °C als Indolkalium ausgeschmolzen. Die ölige Phase wird abgezogen und destillativ auf 1-Methylnaphthalin und Diphenyl aufgearbeitet. Das zurückbleibende Indolkalium wird mit Wasser hydrolysiert und das Indol mit Benzol extrahiert. Nach Abtreiben des Benzols wiederholt man die Alkalischmelze und erhält durch Rektifikation des Extraktrückstands rohes Indol. Zur Abtrennung restlicher Verunreinigungen wird das Rohindol bei 110 bis 140 °C mit etwa 2,5 % metallischem Natrium behandelt, nochmals destilliert und aus der 10 bis 12fachen Menge Benzin umkristallisiert. Weitere Indolmengen können aus dem Basengemisch der Diphenylfraktion-Entbasung durch Destillation und Extraktion der zwischen 255 und 265 °C siedenden Basenfraktion mit 1 bis 2%iger Salzsäure und Benzol gewonnen werden. Das in der Benzolphase enthaltene Indol wird in der üblichen Weise weiter gereinigt. Eine rein destillative Abtrennung des Indols von seinem Hauptbegleiter Diphenyl, dessen Siedepunkt bei Atmosphärendruck nur 0,3 °C höher liegt, gelingt ohne Anwendung der Kaliumhydroxidschmelze durch Azeotropdestillation mit Diäthylenglykol. Die Siedepunktdifferenz der Azeotrope beträgt 12,2 °C unter Atmosphärendruck. Zuerst destilliert Diphenyl über und kristallisiert aus dem Schleppmittel in nahezu reiner Form aus. Aus der höher siedenden einphasig bleibenden Fraktion wird 95 bis 99%iges Indol entweder durch Verdünnen des Diäthylenglykols mit Wasser ausgefällt oder mit Benzol extrahiert. Eine dritte Methode der Diphenyl/Indol-Trennung beruht auf der Extraktion des Indols mit Hilfe selektiver Lösungsmittel. Als solche sind Glykole und wasserhaltiges Dimethylsulfoxid geeignet.

In der zwischen 260 und 270 °C siedenden, ebenfalls flüssigen *Dimethylnaphthalin-Fraktion* sind neun der theoretisch möglichen zehn isomeren *Dimethylnaphthaline* enthalten. Davon sind das 2.6-, 1.6- und das 2.3-Dimethylnaphthalin verhältnismäßig leicht gewinnbar. Die Ölfraktion wird entphenolt und entbast, zur Entfernung der Indolhomologen mit konzentrierter Schwefelsäure gewaschen und nochmals rektifiziert. Aus der zwischen 259 und 263 °C abzunehmenden Fraktion wird durch Auskühlen technisch reines 2.6-Dimethylnaphthalin als Schleudergut und aus dem Filtratöl durch Redestillation 1.6-Dimethylnaphthalin erhalten. Die beim Umlösen des 2.6-Dimethylnaphthalins zur weiteren Reinigung anfallenden Mutterlaugen können auf 2.7-Dimethylnaphthalin aufgearbeitet werden. Die zwischen 263 und 270 °C siedende zweite Dimethylnaphthalin-Fraktion ergibt nach Auskühlen, Schleudern, Schwefelsäurewäsche und Umlösung reines 2.3-Dimethylnaphthalin. Aus dem Filtratöl ist durch Sulfonierung, Umkristallisieren der Sulfonsäuren und Wasserdampfdestillation 1.2-Dimethylnaphthalin erhältlich. Auch die Reingewinnung der übrigen Isomeren kann über die Sulfonsäuren geschehen. Die Umwandlung des Gemisches in 2.6-Dimethylnaphthalin ist möglich durch Hydrierung zu einem Dimethyldekalingemisch, Isomerisierung der Dekaline mit Aluminiumchlorid und Chlorwasserstoff und Dehydrierung des erhaltenen 2.6-Dimethyldekalins.

Nach der flüssigen Dimethylnaphthalin-Fraktion wird die leicht kristallisierende, zwischen etwa 270 und 275 °C siedende *Acenaphthen-Fraktion* abgezogen. Daraus läßt sich durch Abkühlen und Schleudern technisch reines *Acenaphthen* in weitaus größerer Menge gewinnen, als im Steinkohlenrohteer ursprünglich vorhanden ist. Während der Teerdestillation wird durch Hydrierung von Acenaphthylen der Anteil des Acenaphthens mehr als verdoppelt. Aus dem über 95%igen technisch reinen Produkt erhält man durch nochmalige Destillation und Umkristallisieren z. B. aus Methanol die reine Verbindung.

Die der Acenaphthen-Fraktion folgende *Diphenylenoxid-Fraktion* wird etwa zwischen 275 und 290 °C abgenommen. Das *Diphenylenoxid* bildet mit etwa 60% Acenaphthen ein Eutektikum, läßt sich also von diesem durch Kristallisation trennen, während es mit dem 12,8 °C höher siedenden Fluoren eine lückenlose Mischkristallreihe bildet. Bei der destillativen Abnahme der Diphenylenoxid-Fraktion ist daher auf eine scharfe Trennung von Fluoren zu achten. Die Gewinnung des technisch reinen Produkts aus der Destillatfraktion geschieht durch Kühlen und Schleudern. Bei nicht genügend scharfer Vorfraktionierung muß eine Umlösung in Xylol unter Ansulfurieren mit konzentrierter Schwefelsäure zwischengeschaltet werden. Zur Reingewinnung wird das technische Diphenylenoxid aus Äthanol umkristallisiert.

Die höchstsiedende Fraktion des Waschöls ist die zwischen 290 und 300 °C siedende *Fluoren-Fraktion*. Nach Zusatz von Lösungsbenzol und Kühlung kann technisch reines *Fluoren* hieraus abgeschleudert werden. Die weitere Reinigung läßt sich über die mit Natrium oder Natriumamid erhältliche Natriumverbindung oder durch Schwefelsäureraffination und Umlösen aus Methanol durchführen.

Vor der Redestillation des Waschöls oder vor der Weiterverarbeitung der Einzelfraktionen werden normalerweise die Phenole durch Extraktion mit 15 bis 20%iger Natronlauge und nachfolgend die Basen mit 20 bis 30%iger Schwefelsäure abgetrennt.

Von besonderer technischer Bedeutung sind die aus der Methylnaphthalin- und der Diphenyl-Indol-Fraktion gewinnbaren *Chinolinbasen*. Sie lassen sich in roher Form aus der Basenschwefelsäure nach Wasserdampfabtrieb der Neutralölanteile durch Fällung mit Ammoniak abscheiden. Bei der Rektifikation des Rohbasengemisches werden als Hauptfraktionen die des Chinolins (Kp_{760} 237,1 °C), bei Bedarf die des Isochinolins (Kp_{760} 243,2 °C), Chinaldins (Kp_{760} 247,6 °C) und Lepidins (Kp 265,6 °C) abgenommen. In Destillationskolonnen mit 20 bis 30 theoretischen Böden ist dabei die Chinolinfraktion in 85 bis 90%iger Reinheit zu erhalten. Für die weitere Reinigung gibt es verschiedene Verfahren. Die phenolischen und schwefelhaltigen Verunreinigungen lassen sich durch Oxydation mit Kupfer(II)-oxid oder mit Luft in Gegenwart von Kupferverbindungen entfernen. Durch Behandlung mit starker Natronlauge, einer Kaliumhydroxid-Schmelze oder metallischem Natrium gelingt die Zerlegung von Molekülverbindungen des Phenols, der Kresole und Xylenole mit Anilin, Toluidinen, Xylidinen und Azaindolen und die gleichzeitige Bindung dieser Phenole und Basen. Der gleiche Effekt wird erzielt durch Verharzung dieser Begleitstoffe mit 30%iger Formaldehydlösung in Gegenwart von Oxalsäure als Katalysator. Die gegenseitige Trennung und Reindarstellung der einzelnen Chinolinbasen selbst beruht auf der Hydratbildung des Chinolins und Chinaldins im Gegensatz zum Isochinolin. Chinolinbasengemischen, die mehr als 47% Chinolin oder mehr als 62% Chinaldin neben Isochinolin enthalten, setzt man im molaren Verhältnis 1:1 der zur zu gewinnenden Basenverbindung Wasser zu, kühlt das Gemisch auf eine Temperatur oberhalb der eutektischen Temperatur des Gemisches, im Falle des Chinolins (Eutektikum des Monohydrats mit Isochinolin bei —42,5 °C) auf etwa —40 °C, im Falle des Chinaldins auf etwa —35 °C und schleudert das auskristallisierte Hydrat in einer Siebschälzentrifuge, deren Mantel durch eine Kühlsole auf —50 °C gehalten wird, ab. Das Chinolinmonohydrat mit einem Erstarrungspunkt von +1,6 °C ergibt nach Entfernen des Wassers durch Abdestillieren wasserfreies *Chinolin* mit einem Erstarrungspunkt von über —16,3 °C und einem Reinheitsgrad von über 98%. Aus dem eutektischen Flüssigkeitsgemisch des Zentrifugenablaufs erhält man nach destillativer Entwässerung durch Auskühlen auf —20 °C und Abschleudern in der nunmehr auf 0 °C gehaltenen Zentrifuge 86%iges *Isochinolin*, das durch erneutes Aufschmelzen und Auskühlen auf etwa +10 °C Isochinolin in einer Reinheit von 95% und darüber ergibt. In dem Schleuderfiltrat der ersten Isochinolin-Auskühlung ist wieder das Chinolin auf 76% angereichert. Dieses Filtrat wird nach Zusatz von Wasser zusammen mit frischem Einsatzmaterial erneut in den Tiefkühlprozeß bei —40 °C zur Gewinnung von Chinolinhydrat zurückgeführt. Nach dem gleichen Prinzip gelingt die Trennung von *Chinaldin* und Isochinolin. Das Chinaldinhydrat erstarrt bei +11,2 °C. Der Siedebegleiter 8-Methylchinolin bildet wie das Isochinolin kein Hydrat. Die aus dem Rohbasengemisch erhältliche zwischen 260 und 265 °C siedende *Lepidin-Fraktion* läßt sich mit Hilfe des o-Kresols als Adduktmittel aufarbeiten. Bei Zusatz von o-Kresol im molaren Verhältnis 1:1 zu der gegebenenfalls mit Tetrachlorkohlenstoff verdünnten Fraktion kristallisiert die bei 78,8 °C schmelzende Lepidin-o-Kresol-Additionsverbindung aus. Die Mischung wird auf z. B. 5 °C abgekühlt, das Addukt mit 30%iger

Natronlauge zerlegt und das abgeschiedene Lepidin rektifiziert. Die beschriebene Kombination von Destillations- und Kristallisationstrennverfahren gestattet eine wirtschaftliche Gewinnung der zum Teil nahe beieinander siedenden einzelnen Chinolinbasen.

3. Naphthalinöl

Die mengenmäßig bedeutendste Einzelverbindung des Steinkohlen-Hochtemperaturteers ist mit einem Gehalt von etwa 10% das Naphthalin. Bei der kontinuierlichen Teerdestillation wird es in dem zu 10 bis 12% des Rohteers abgezogenen Naphthalinöl konzentriert. Je nach Trennschärfe des angewendeten Destillationsverfahrens hat das zwischen etwa 210 und 220 °C siedende Öl einen Erstarrungspunkt etwa zwischen 65 und 74 °C, was bereits einem Naphthalingehalt von 73 bis 88% entspricht. Außer Naphthalin enthält das Öl noch Phenole, Basen, Thionaphthen und geringe Mengen anderer Kohlenwasserstoffverbindungen.

Die Abtrennung des Naphthalins von den im Naphthalinöl enthaltenen Siedebegleitern erfolgt zweckmäßig durch Kristallisation, für die zahlreiche Verfahren entwickelt worden sind. Nach Entphenolung des Öls kann das Naphthalin auch destillativ gewonnen werden, wobei eine weitgehende Abtrennung des nur 1,9 °C höher siedenden Thionaphthens besonders schwierig ist. Allerdings gelingt auch durch Kristallisation die Abtrennung nicht ganz vollständig, da das Thionaphthen mit Naphthalin Mischkristalle bildet.

Warmpreß-Verfahren

Nach diesem ältesten Verfahren zur Naphthalingewinnung wird das Öl diskontinuierlich in Kühlkästen an der Außenluft gekühlt und das kristallfreie Öl nach einer Verweilzeit von einigen Tagen aus den Kühlkästen abgelassen. Das auskristallisierte Rohnaphthalin wird zur weiteren Entfernung des noch anhaftenden Öls auf einer Tropfbühne gelagert, danach meist in Pendelzentrifugen abgeschleudert, in einem Brecher zerkleinert, mit geschmolzenem Naphthalin angemaischt und auf heizbaren Seiherpressen bei etwa 70 °C und 350 at mehrere Minuten gepreßt. Man erhält Naphthalin mit einem Erstarrungspunkt von mindestens 79 °C, was einem Reinheitsgrad von 97,6% entspricht. Eine Naphthalin dieser Qualität wird auch heute noch im Handel häufig als „Warmpreßgut" bezeichnet, auch wenn es nach anderen Verfahren gewonnen worden ist. Das Warmpressen-Verfahren selbst ist sehr lohn- und energieintensiv und wird daher nur noch in wenigen Teerverarbeitungsanlagen angewendet.

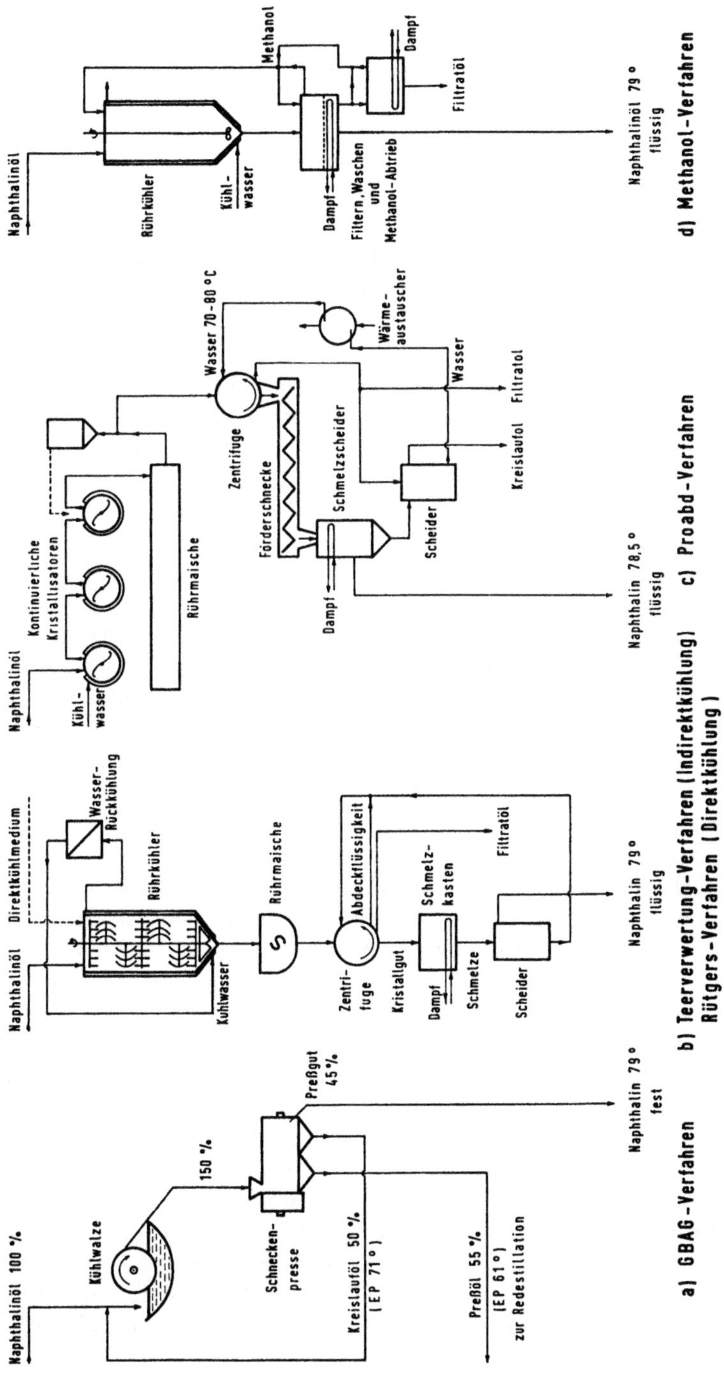

Abb. 23. Naphthalingewinnung durch Kristallisation

Schneckenpreß-Verfahren

Bei diesem kontinuierlichen Kühlverfahren der Gelsenkirchener Bergwerks-AG (Abb. 23a) läuft das Naphthalinöl zunächst in eine Wanne, in die eine langsam rotierende, indirekt mit Wasser gekühlte Walze eintaucht. Das erstarrende Öl bleibt in einer 1 bis 2 mm starken Schicht an der Walze hängen und wird nach einer Dreiviertelumdrehung durch ein Schabemesser abgekratzt. Dieses staubfeine Granulat fällt in den Einlauftrichter einer Schneckenpresse, die mit einem verstellbaren Konus ausgerüstet ist. Durch Veränderung der Spaltweite kann der Preßdruck und damit der Erstarrungspunkt des Naphthalins beeinflußt werden.

Die mit 19 U/min rotierende Schnecke besteht aus Zuführungs- und Druckteil sowie zylindrischen und konischen Zwischenstücken und besitzt im Innern eine Kühlvorrichtung. Die Schnecke ist von einem Seiher umschlossen. Durch die Spalte zwischen den geschliffenen, parallel und konzentrisch um die Seiherachse gelegten Stäbe des Seihers tritt das vom Naphthalin abgepreßte Öl aus. Die Spaltweiten verringern sich von 0,3 mm am Granulateintritt auf 0,1 mm am Preßgutaustritt. Durch eine differenzierte Temperatureinstellung wird die optimale Leistung der Presse erreicht. Das Innere der Schnecke wird gekühlt, während der den Seiher umschließende Heizmantel mit warmem Wasser auf etwa 80 °C erwärmt wird, damit das durch den Seiher ablaufende Preßöl nicht erstarrt. Das Preßgut durchläuft die Schneckenpresse innerhalb von 1 bis 2 min und wird am Ende durch den mit Hilfe des konischen Rings verstellbaren Austrittsspalt in einer Menge von rund 45% des Einsatzprodukts herausgedrückt.

Das Preßgut fällt in Schuppen von 1 bis 5 cm^2 Fläche und etwa 0,5 cm Dicke an und kann bei Bedarf in fester Form sofort abgesackt oder verladen werden. Ausgehend von einem Naphthalinöl, dessen Erstarrungspunkt durch Entphenolung und Fraktionierung auf bis zu 72 °C angehoben worden ist, erhält man ein Preßgut mit einem Erstarrungspunkt von über 79 °C.

Der Erstarrungspunkt des Preßöls hat ein Minimum kurz hinter dem Einfülltrichter des Granulats und ein Maximum unmittelbar vor dem Preßgutaustritt. Das Öl wird deshalb in zwei getrennten Trichtern aufgefangen. Das im Bereich des Einfülltrichters in einer Menge von etwa 55% des Einsatzprodukts ablaufende Preßöl hat einen Erstarrungspunkt von etwa 60 °C und wird durch Redestillation oder Kristallisation auf den für die Schneckenpresse erforderlichen Erstarrungspunkt des Naphthalinöls aufkonzentriert. Das in der Nähe des Preßgutaustritts in einer Menge von etwa 50% des Einsatzproduktes ablaufende Öl hat etwa den gleichen Erstarrungspunkt wie das Einsatzprodukt selbst und wird unmittelbar als Kreislauföl wieder der Kühlwalze zur Granulierung zugeführt.

Die Vorteile des Schneckenpreß-Verfahrens gegenüber dem alten Warmpreß-Verfahren liegen in der kontinuierlichen, vollautomatisch zu gestaltenden Arbeitsweise. Eine Einzelpresse hat eine Kapazität von 300 bis 500 kg Naphthalin 79 ° pro Stunde. Der Energiebedarf für die Presse, die Kühlwalze und die Pumpe wird mit etwa 130 bis 160 kWh Strom pro t Naphthalin angegeben; hinzu kommen 240 bis 300 kg/t Dampf und 14 bis 18 m^3/t Kühlwasser sowie für die destillative Konzentrierung des Preßöls 350000 kcal pro t Preßöl. Anlagen nach diesem 1953/54 entwickelten Verfahren sind unter anderem in Deutschland, den Niederlanden und Belgien gebaut worden.

Teerverwertung-Verfahren

Das Verfahren beruht auf einer indirekten Rührkühlung (Abb. 23b).

Das in der kontinuierlichen Teerdestillation mit einer Temperatur von etwa 90 bis 100 °C anfallende Naphthalinöl wird, falls notwendig, mit etwas Carbolöl oder als Kreislauföl verwendetem filtriertem Naphthalinöl bis auf einen Erstarrungspunkt von 60 bis 65 °C verdünnt und chargenweise in Rührkühlern mit einer Kühlgeschwindigkeit unter 2,5 °C pro Stunde im Verlauf von etwa 24 bis 36 Std auf etwa 25 °C ausgekühlt. Bei Einsatz eines Naphthalinöls mit einem Erstarrungspunkt um 70 °C wird in zwei Stufen gekühlt. Die Charge wird in etwa 10 bis 50 min bis auf 3 bis 5 °C unterhalb ihres Erstarrungspunkts unterkühlt und dann mit einer Kühlgeschwindigkeit von etwa 0,5 °C pro Stunde zur Kristallisation gebracht. Der bis auf etwa 45 °C abgekühlte Kristallbrei wird abgeschleudert und das Filtratöl in zweiter Stufe bis auf etwa 15 °C ausgekühlt. Hierbei wird ebenfalls rasch bis auf 3 bis 5 °C unterhalb des Erstarrungspunkts unterkühlt und dann mit einer Geschwindigkeit von etwa 1 °C pro Stunde weitergekühlt. Die Kühler entsprechen den zur Auskühlung des Anthracenöls verwendeten und bereits beschriebenen zylindrischen, ummantelten Behältern mit konischem Boden, die mit langsam laufenden Rührwerken ausgestattet sind. Die Kühlung erfolgt mit im Kreislauf geführtem Wasser, das durch eine Rückkühlanlage auf einer Temperatur von 6 bis 7 °C gehalten wird. Das Naphthalin kristallisiert in einer Menge von etwa 50% des Einsatzöls in groben Kristallen aus. Das ausgekühlte Feststoff-Flüssigkeitsgemisch wird aus dem Rührkühler in ein mit horizontalem Rührwerk versehenes Maischwerk abgelassen und von dort chargenweise einer Siebschälzentrifuge zugeführt. Nach 3 bis 15 min Schleuderzeit deckt man das trockene rohe Schleudergut durch Besprühen mit heißer 10 bis 50%iger Natronlauge oder freies Alkali enthaltender Natriumphenolatlauge ab, deren Temperatur etwas oberhalb der Erstarrungstemperatur des Schleuderguts liegt. Eine Filtratumsteuerung sorgt dafür, daß das zu Beginn des Schleuderns anfallende naphthalinarme Filtratöl getrennt von der Waschflüssigkeit aufgefangen wird. Die Abdecklauge kann mehrmals verwendet werden und wird so lange im Kreislauf gefahren, bis sie weitgehend mit Phenolen gesättigt ist. Durch Ausfällen mit Kohlendioxid können die Phenole gewonnen werden. Die mit ausgewaschenen naphthalin-haltigen Neutralöle werden von der Abdecklauge geschieden und in den Kühlprozeß zurückgeführt. Das Schleudergut wird nach dem Abdecken und kurzem Trokkenschleudern ausgeschält und über eine Rutsche in einen dampfbeheizten Schmelzkasten ausgetragen. Das aufgeschmolzene Naphthalin wird in einem Scheidebehälter von Resten der Abdeckflüssigkeit getrennt und kann danach in flüssiger Form verladen werden. Es besitzt einen Erstarrungspunkt, der sich durch die Zusammensetzung der Ausgangsölmischung und die Art des Abdeckvorgangs von über 78 °C bis über 79 °C einstellen läßt.

Das Verfahren arbeitet in größeren Teeraufarbeitungsanlagen trotz des chargenweisen Ablaufs infolge der Vielzahl der nacheinander im zeitlichen Rhythmus gefüllten und entleerten Rührkühler quasikontinuierlich. Das Zentrifugenspiel kann weitgehend automatisiert werden.

Rütgers-Verfahren

Das Direktkühlverfahren der Rütgerswerke (Abb. 23b) verwendet ebenfalls chargenweise zu füllende Rührkühler, jedoch unter direkter Zugabe eines Kühlmittels.

Das 80 bis 90 °C heiße Naphthalinöl der kontinuierlichen Teerdestillation mit einem Erstarrungspunkt um 70 °C oder höher wird in Rührkühlern durch direktes Zumischen der 1,5- bis 2fachen Menge an kaltem Wasser von 8 bis 20 °C, verdünnter Natronlauge oder verdünnten Salzlösungen sowie gegebenenfalls durch zusätzliche indirekte Kühlung im Verlauf von 2 bis 4 Std auf 15 bis 25 °C abgekühlt. Der anfallende Kristallbrei wird in Siebschälzentrifugen geschleudert und das Schleudergut anschließend mit geeigneten Abdeckmitteln gewaschen, z. B. mit 90 ° heißem Wasser, dem Netzmittel oder geringe Mengen organischer Lösungsmittel zugesetzt werden können, oder mit verdünnten wäßrigen Salzlösungen. Das gemeinsam mit dem kristallfreien Öl ablaufende Kühlmittel wird in Flüssigkeitsscheidern vom Öl getrennt, rückgekühlt und wieder zur Direktkühlung eingesetzt. Die Kühlflüssigkeit wird so lange im Kreislauf geführt, bis eine Extraktion der sich anreichernden Phenole wünschenswert erscheint. Der Erstarrungspunkt des in hoher Ausbeute erhaltenen Naphthalin-Schleuderguts liegt bei geeigneter Fahrweise über 79 °C.

Der Vorteil des Direktkühlverfahrens liegt in der Möglichkeit einer schnellen einstufigen Auskühlung eines Naphthalinöls mit sehr hohem Erstarrungspunkt ohne Zusatz von Verdünnungsölen. Durch die Verdünnung des Kristallbreis mit dem wäßrigen Kühlmedium wird an die Rührapparatur keine besondere Anforderung gestellt.

Proabd-Verfahren (I)

Das Verfahren beruht auf einer kontinuierlichen Kristallisation (Abb. 23c).

Das Naphthalinöl mit einem Erstarrungspunkt von 50 bis 60 °C duchläuft eine Reihe von liegenden, indirekt mit Wasser gekühlten Kristallisatoren, die mit Schaberrührwerken ausgerüstet sind. Aus dem letzten Kristallisator fließt das ausgekühlte Feststoff-Flüssigkeitsgemisch in eine Rührmaische und von dort einer Siebschälzentrifuge zu. Ein Teil der Maische wird im Kreislauf zurükgeführt, um ein Zusetzen der Rohrleitungen durch dauernde Bewegung zu verhindern. Die Zentrifuge arbeitet in einem automatisch gesteuerten Zyklus. Nach dem Füllen und Abschleudern wird der Kristallkuchen mit 70 bis 80 °C warmem Wasser gewaschen, nochmals trockengeschleudert und dann ausgeschält. Das beim ersten Abschleudern anfallende Filtratöl wird der Entphenolungsanlage zugeführt, das vom Waschwasser geschiedene naphthalinreichere Abdecköl im Kreislauf dem Naphthalinöl wieder zugemischt. Das ausgeschälte, noch bis zu 7% Wasser enthaltende Schleudergut gelangt über eine Förderschnecke in einen Schmelzscheider, in dem das Wasser abgetrennt wird. Das Waschwasser wird im Kreislauf geführt und durch einen Wärmeaustauscher auf der gewünschten Temperatur gehalten. Das gewonnene Naphthalin hat einen Erstarrungspunkt von 78,5 °C.

Das beschriebene Proabd-Verfahren wird insbesondere in Großbritannien angewendet.

Proabd-Verfahren (II)

Eine Art *Zonenschmelzverfahren* wendet ein weiteres Proabd-Verfahren großtechnisch an.

In einem mit Rippenrohren ausgerüsteten Kristallisationsbehälter läßt man unter indirekter Wasserkühlung das Naphthalinöl langsam erstarren, wobei zwischen Öl und Wasser zur Ausbildung großer und relativ reiner Naphthalinkristalle eine nur geringe Temperaturdifferenz eingehalten wird. Das Kühlwasser wird durch die Rippenrohre umgepumpt und nach Rückkühlung im Kreislauf geführt. Bei Erreichen einer Temperatur von 20 °C wird die Kühlung unterbrochen und bei geöffnetem

Ablaß des Kristallisationsbehälters das Wasser durch Einspeisen von Niederdruckdampf langsam bis kurz unterhalb des Schmelzpunkts der gewünschten Naphthalinqualität erwärmt. Das zuerst ablaufende Öl mit niedrigem Erstarrungspunkt und Naphthalingehalt wird in den Aufarbeitungsprozeß zur Gewinnung des Naphthalinöls zurückgeführt, das zuletzt beim teilweisen Aufschmelzen des Kristallguts ablaufende Material mit hohem Erstarrungspunkt gemeinsam mit dem Naphthalinöl erneut dem Kristallisationsprozeß unterworfen. Beim Erreichen der gewünschten Temperatur wird der Ablaß des Kristallisationsgefäßes geschlossen und das zurückgebliebene Naphthalin ganz aufgeschmolzen. Der gesamte Zyklus dauert etwa 24 Std. Er kann bei Bedarf zur weiteren Reinigung des Naphthalins wiederholt werden. In einer Stufe erhält man z. B. aus einem Naphthalinöl vom Erstarrungspunkt 70 °C in etwa 37%iger Ausbeute Naphthalin 78 °C, aus einem Naphthalinöl vom Erstarrungspunkt 75 °C in 55%iger Ausbeute Naphthalin 79 °.

Anlagen nach diesem Verfahren sind vornehmlich in Großbritannien in Betrieb.

Methanol-Verfahren

Als selektiv wirkendes Umlösungsmittel für Naphthalin ist das Methanol gut geeignet. Darauf bauen eine Reihe von britischen Verfahren zur Naphthalingewinnung auf (Abb. 23d).

Das Naphthalinöl wird gemeinsam mit Methanol in einem indirekt mit Wasser gekühlten Rührkühler zur Kristallisation gebracht. Nach Auskühlen auf 15—25 °C wird der Kristallbrei in einen mit Filterplatte versehenen Behälter abgelassen, in dem das Methanol und das darin gelöste Öl von den Naphthalinkristallen abtropfen. Nach mehrmaligem Nachwaschen mit naphthalinhaltigem und frischem Methanol wird das Naphthalin aufgeschmolzen und das noch enthaltene Methanol abdestilliert. Filtratöl und Methanol werden ebenfalls durch Destillation voneinander getrennt. Ein Teil des Filtratöls kann zum Naphthalinöl zurückgegeben werden. Das abdestillierte Methanol wird wieder zum Verdünnen des Naphthalinöls und zum Waschen des Filterkuchens verwendet. Ein Kristallisations- und Waschzyklus dauert etwa 3 bis 4 Tage. Das erhaltene Naphthalin hat einen Erstarrungspunkt von über 78 oder über 79 °C.

Dem Destillationsaufwand zur Rückgewinnung des Methanols steht als Vorteil dieses Verfahrens eine relativ einfache und störunempfindliche Apparatur ohne Zentrifugen oder Pressen gegenüber. Der Prozeß kann auch zur weiteren Reinigung des Naphthalins durch nochmaliges Umlösen herangezogen werden.

In Großbritannien wurde eine Anlage nach diesem Verfahren errichtet.

Destillationsverfahren

Außer durch Kristallisation nach den verschiedenen beschriebenen Verfahren kann das Naphthalin auch destillativ aus dem Naphthalinöl gewonnen werden, wobei eine Entphenolung vorgeschaltet werden muß (Abb. 24).

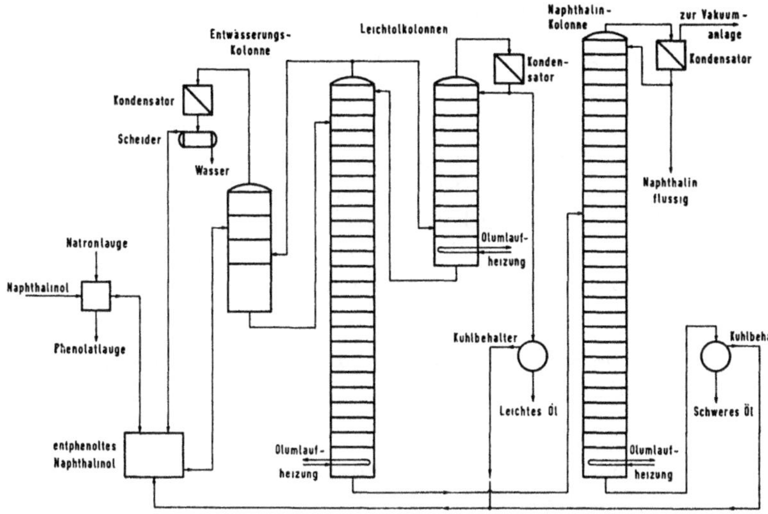

Abb. 24. Naphthalingewinnung durch Destillation

Das entphenolte Naphthalinöl wird zunächst in einer mit drei Glockenböden ausgerüsteten kurzen Kolonne entwässert und dann in den oberen Teil einer 30bödigen Kolonne eingeleitet. Der Sumpf der Kolonne wird durch einen Ölumlauf beheizt. Ein Teil der über Kopf abgezogenen unterhalb des Naphthalins siedenden Dämpfe dient zur Beheizung der Entwässerungskolonne, ein anderer Teilstrom tritt in den Sumpf einer kleineren, 12bödigen, ebenfalls mit einer Ölumlaufheizung versehenen Kolonne ein, deren Sumpf den Rücklauf der 30bödigen Kolonne bildet und deren Kopfprodukt teils als Rücklauf, teils als leichtes Öl abgezogen wird. Das Sumpfprodukt der 30bödigen Kolonne, von leichten Anteilen befreites Naphthalinöl, wird etwa in die Mitte der 48bödigen, unter Vakuum betriebenen Naphthalinkolonne eingespeist, aus deren mit Ölumlauf beheiztem Sumpf die höher als Naphthalin siedenden Ölanteile abgezogen werden. Leichtes und schweres Öl werden getrennt ausgekühlt und die auskristallisierenden Naphthalinmengen zum entphenolten Einsatzprodukt der Destillationsanlage zurückgegeben. Als Kopfprodukt der Naphthalin-Kolonne fällt Naphthalin an. Es wird zum Teil als Rücklauf auf die Kolonne gegeben, zum anderen Teil als Naphthalin-Endprodukt abgenommen.

Das kontinuierliche Destillationsverfahren wird in verschiedenen Varianten in den USA zur Naphthalin-Gewinnung eingesetzt. Die von der Firma Badger für die Allied Chemical Corp. gebaute Anlage hat einen Durchsatz von mehr als 45000 t im Jahr.

Reinnaphthalin-Herstellung

Der hartnäckigste Begleiter des Steinkohlenteer-Naphthalins ist das *Thionaphthen*. Es läßt sich wegen des nur 1,9 °C höheren Siedepunkts destillativ sowie auch wegen der Mischkristallbildung durch Kristallisation nur unvollständig abtrennen. Normale, nach den beschriebenen Verfahren gewonnene Naphthalin-Qualitäten mit einem Erstarrungspunkt von 78 oder 79 °C enthalten noch etwa 2% Thionaphthen. Wird für spezielle Verwendungszwecke eine weitere Reinigung des Naphthalins gewünscht, muß das Thionaphthen zumindest teilweise auf chemischem Wege entfernt werden. Hierzu sind folgende Verfahren entwickelt worden:

1. die partielle Sulfonierung des Rohnaphthalins mit einer begrenzten Menge konzentrierter Schwefelsäure;

2. die partielle Chlorierung;

3. die partielle Verharzung mit Formaldehyd und Säure oder mit Friedel-Crafts-Katalysatoren;

4. die Entschwefelung mit metallischem Natrium;

5. die katalytische hydrierende Raffination.

Der chemischen Reaktion folgt jeweils als letzter Verfahrensschritt eine Destillation.

Beim *Sulfonierverfahren* wird das geschmolzene Naphthalin bei etwa 90 bis 95 °C nach einer Vorwäsche mit Natronlauge zur Entfernung restlicher Phenole in mehreren Portionen mit 98%iger Schwefelsäure in einer Menge von insgesamt etwa 4% des Naphthalins verrührt. Nach Abziehen der letzten Schwefelsäureportion wird die noch im Naphthalin gelöste Thionaphthensulfonsäure mit Wasser herausgewaschen, die gesamte Charge mit Natronlauge nachgewaschen und rektifiziert. Man erhält Reinnaphthalin mit einem Erstarrungspunkt von über 79,6 °C. Der gesamte Waschprozeß dauert etwa 10 bis 12 Std pro Charge. Der Waschverlust beträgt 4 bis 9%, d. h. außer dem Thionaphthen geht auch noch eine beträchtliche Menge Naphthalin durch Sulfonierung verloren.

Bei der *partiellen Chlorierung* wird in die auf 90 °C erwärmte Naphthalinschmelze im Verlauf von etwa 15 min elementares Chlor im Verhältnis 2,7:1, bezogen auf den Schwefelgehalt des Rohnaphthalins, in feinverteilter Form gasförmig eingeleitet. Bei diesem stöchiometrischen Ansatz bilden sich neben Chlorwasserstoff aus dem Thionaphthen höhersiedende Monochlorthionaphthene, von denen sich das Naphthalin leicht durch Destillation abtrennen läßt. Vor der Destillation wird der im Naphthalin gelöste Chlorwasserstoff mit Natronlauge herausgewaschen. Die Ausbeute an schwefelfreiem Naphthalin beträgt über 90%.

Eine *teilweise Verharzung* des Thionaphthens mit Formaldehyd unter gleichzeitiger Entfernung der Xylenol-Spuren erfolgt durch zweimalige Wäsche des geschmolzenen Rohnaphthalins mit einer Mischung aus 2% Formaldehyd und 2% konzentrierter Schwefelsäure, bezogen auf das eingesetzte Naphthalin. Die Charge wird anschließend mit 2% Schwefelsäure nachgewaschen, mit Natronlauge neutralisiert und rektifiziert. Ausgehend von einem Rohnaphthalin mit einem Erstarrungspunkt von 77 °C erhält man nach Wäsche und Destillation in einer Kolonne mit 18 bis 20 theoretischen Böden bei einem Rücklaufverhältnis von 5:1 etwa 70% einer Reinnaphthalin-Fraktion mit einem mittleren Erstarrungspunkt von über 79,6 °C und einem Thionaphthen-Gehalt von 1,2% gegenüber 3,1% im Ausgangsmaterial. Aus Naphthalin mit einem Erstarrungspunkt von 78 °C erhält man entsprechend in 80%iger Ausbeute Reinnaphthalin mit einem Erstarrungspunkt von 80 °C.

Eine gute Entschwefelung gelingt durch Reaktion des Thionaphthenhaltigen Rohnaphthalins bei 100 °C mit Borfluorid-Essigsäure in Nitrobenzol oder Acetophenon als Lösungsmittel. Man erhält Naphthalin mit etwa 0,07% Schwefel, entsprechend einem Thionaphthen-Gehalt von weniger als 0,3%.

Die Behandlung von Rohnaphthalin mit 1 bis 2% Eisen(III)-chlorid oder Titan(IV)-chlorid führt ebenfalls zu einer teilweisen Verharzung des Thionaphthens.

Zur *Entschwefelung mit Natrium* wird das geschmolzene Rohnaphthalin in einer Stickstoffatmosphäre bei etwa 160 °C mit etwa 2% metallischem Natrium 1 Std verrührt und anschließend destilliert. Der Rückstand mehrerer Chargen wird unter Stickstoff mit Wasser zersetzt. Das Thionaphthen reagiert mit Natrium zu Natriumsulfid und Phenylacetylen sowie zu polymeren Produkten. Zur weitgehenden Entschwefelung des Naphthalins sind 3 g-Atome Natrium pro Mol Thionaphthen erforderlich. Die Ausbeute an Reinnaphthalin beträgt über 95%. Vorteilhaft ist die Verwendung einer Natriumdispersion mit einer großen spezifischen Oberfläche. Bei dem kontinuierlichen Du Pont-Verfahren wird Naphthalin im dampfförmigen Zustand mit flüssigem metallischem Natrium behandelt.

Die *hydrierende Raffination* des Naphthalins verwendet einen Festbettkatalysator mit 15% Molybdäntrioxid und 3% Kobaltoxid auf Aluminiumoxid als Träger. Es kann Rohnaphthalin mit einem Erstarrungspunkt von 78 °C oder ein rohes, gegebenenfalls entphenoltes Naphthalinöl als Ausgangsmaterial eingesetzt werden. Aus einem Öl mit einem Erstarrungspunkt von 69 °C und einem Schwefelgehalt von 0,8% erhält man bei einem 3 bis 5fachen molaren Überschuß Wasserstoff, Temperaturen um 500 °C, einem Druck von 12 bis 15 at und einer Kontaktverweilzeit von 3 bis 5 sec nach anschließender Destillation in 81 bis 87%iger Ausbeute ein xylenolfreies Reinnaphthalin mit einem Erstarrungspunkt von 79,4 bis 80,0 °C, einem Schwefelgehalt von nur 4 bis 17 ppm und einem Basengehalt von 0,01 bis 0,06%. Bei dieser Behandlung werden Thionaphthen zu Äthylbenzol und Schwefelwasserstoff, Xylenole und Xylidine zu Xylolen und Wasser bzw. Ammoniak hydriert. Etwa 7% des Naphthalins werden in Tetrahydronaphthalin übergeführt. Auf dem Katalysator scheidet sich etwas Kohlenstoff ab, so daß der Kontakt nach einer gewissen Laufzeit durch Abbrennen regeneriert werden muß.

Die physikalische Abtrennung des Thionaphthens von Naphthalin gelingt durch *Azeotropdestillation* mit Glykolen als Schleppmittel. Hiernach erhält man aus einem entphenolten Naphthalinöl im Gemisch 1:1 mit Äthylenglykol durch Destillation in einer 15bödigen Kolonne mit einem Rücklaufverhältnis von 10:1 unter einem Druck von 75 Torr in fast 70%iger Ausbeute Reinnaphthalin mit einem Erstarrungspunkt von über 79,6 °C. Das aus dem Destillat sich abscheidende Äthylenglykol wird im Kreislauf zurückgeführt.

Das *Thionaphthen* selbst wird aus den Filtratölen der Naphthalin-Gewinnung nach destillativer Anreicherung über die Thionaphthensulfonsäure gewonnen.

4. Carbolöl

Das zwischen 180 und 210 °C siedende, in einer Menge von 2 bis 3% des Rohteers bei der kontinuierlichen Teerdestillation erhaltene Carbolöl enthält außer Benzolhomologen, etwas Naphthalin und Pyridinbasen 30 bis 35% Phenole, die aus einem Gemisch von Phenol, Kresolen und Xylenolen bestehen. Das Carbolöl selbst ist ein im allgemeinen erst unter 0 °C kristallisierendes Öl mit phenolischem Geruch und einer Dichte um 1,00, das sich an der Luft gelbbraun verfärbt.

Zur Gewinnung der Phenole werden außer dem Carbolöl das bei der Naphthalin-Gewinnung durch Kristallisation anfallende filtrierte Naphthalinöl mit einem Phenolgehalt von 15 bis 25%, das etwa 5 bis 10% Phenole enthaltende Leichtöl sowie gegebenenfalls das Waschöl oder die bei der Reindarstellung seiner Inhaltsstoffe erhaltenen Fraktionen mit einem Gesamtgehalt an hochsiedenden Phenolen von etwa 2% herangezogen. In den Verarbeitungsgang werden darüber hinaus häufig die aus den Abwässern der Kokereien entfernten Phenole im allgemeinen in Form von Phenolatlaugen in den Verarbeitungsgang eingeschleust.

Natronlauge-Extraktion

Die Phenole des Steinkohlenteers sind bis auf einige sterisch gehinderte Xylenole in verdünnter Natronlauge unter Phenolatbildung leicht löslich. Mit Vorteil wird zur kontinuierlichen Entphenolung der phenolhaltigen Öle eine 8- bis 12%ige Natronlauge eingesetzt, die nur geringe Mengen Neutralöle löst, während bei höherer Laugekonzentration einerseits die Neutralöllöslichkeit in der abgesättigten Phenolatlauge steigt, andererseits die Löslichkeit der Phenole abnimmt und die Neigung zur Emulsionsbildung steigt.

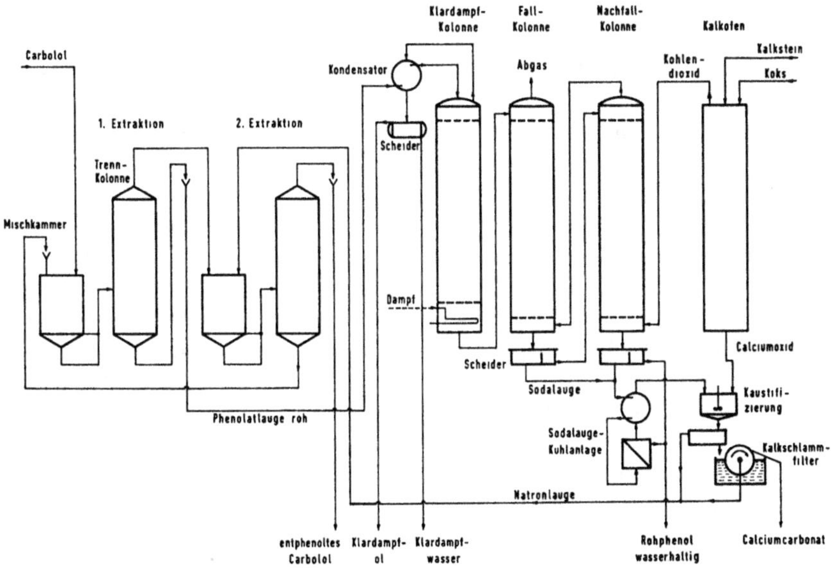

Abb. 25. Kontinuierliche Rohphenolgewinnung durch Natronlauge-Extraktion

Die Entphenolung des Carbolöls und der sonstigen phenolhaltigen Öle ist durch vier Hauptarbeitsgänge gekennzeichnet (Abb. 25):

1. die Auslaugung des Öls mit Natronlauge unter Gewinnung der rohen Phenolatlauge;

2. die Raffination der rohen Phenolatlauge;

3. die Fällung des Rohphenols aus der raffinierten Phenolatlauge mit Kohlendioxid unter gleichzeitiger Bildung von Sodalösung;

4. die Regenerierung der Natronlauge durch Kaustifizierung der Sodalösung mit Calciumoxid.

Das vorgewärmte Carbolöl aus der Teerdestillation und der Naphthalin-Gewinnungsanlage gelangt gemeinsam mit bereits teilweise abgesättigter Phenolatlauge in die Mischkammer der ersten Extraktionsstufe. Das Öl-Lauge-Gemisch wird auf einem konstanten Niveau gehalten und mit einer Temperatur von etwa 50 °C ständig umgepumpt. Das aus dem Kreislauf abgezogene Gemisch tritt in eine Trennkolonne ein, aus der unten die schwerere rohe Phenolatlauge und oben das bis auf etwa 4 bis 6% Restphenole extrahierte Carbolöl abgezogen werden. Das teilentphenolte Carbolöl wird in der entsprechend der ersten gebauten zweiten Extraktionsstufe nunmehr mit frischer Natronlauge bis auf unter 0,5% Restphenolgehalt ausgelaugt und der Pyridinbasengewinnung und Leichtölaufarbeitung zugeführt. Die in der zweiten Extraktionsstufe anfallende teilabgesättigte Phenolatlauge dient zur Extraktion des frischen Carbolöls in der ersten Stufe.

Die rohe Phenolatlauge enthält etwa 0,5% nichtphenolische Bestandteile — Kohlenwasserstoffe und Pyridinbasen — gelöst, die vor der Fällung der Phenole durch Raffination entfernt werden müssen. Bei der Phenolgewinnung durch Natronlauge-Extraktion ist die destillative Entfernung der Verunreinigungen durch Klardampfen gebräuchlich. Das Klardampfen geschieht in kontinuierlich arbeitenden Füllkörperkolonnen, die im Sumpf mit direktem oder indirektem Dampf beheizt werden. Vorteilhaft für die Wärmeökonomie des Prozesses ist die Hintereinanderschaltung mehrerer Kolonnen zu einer Mehrstufen-Verdampfungsanlage. Die über Kopf der Klardampfkolonne abgehenden Dämpfe werden im Wärmeaustausch mit der zugeführten rohen Phenolatlauge kondensiert und in einem Scheidegefäß in Klardampföl und Klardampfwasser getrennt. Das Klardampföl gelangt in die Leichtölverarbeitung; aus dem Klardampfwasser können die darin gelösten Pyridinbasen mit Benzol extrahiert werden.

Die durch Klardampfen raffinierte und gleichzeitig konzentrierte etwa 100 °C heiße Phenolatlauge wird auf den Kopf der ebenfalls mit Füllkörpern versehenen Fällkolonne aufgegeben, die von unten mit Kohlendioxid-Abgas der zweiten Fällkolonne begast wird. Das ausgefällte Rohphenol und die gebildete Sodalösung fließen unten ab und werden in einem Flüssigkeitsscheider getrennt. Das noch Natriumphenolat enthaltende Rohphenol wird, gegebenenfalls nach Zusatz von Wasser aus der Rohphenolentwässerung, in einer Nachfällkolonne diesmal mit frischem Kohlendioxid begast und nochmals von der Sodalösung getrennt. Das Rohphenol mit einem Wassergehalt von 12 bis 20% und einem Alkaligehalt bis zu 2% wird der destillativen Aufarbeitung zugeleitet.

Das zur Ausfällung des Rohphenols aus der Phenolatlauge benötigte Kohlendioxid entstammt im allgemeinen einem Kalkofen, der außer dem etwa 35%igen Kohlendioxid den zur Kaustifizierung der Sodalösung notwendigen gebrannten Kalk liefert. Die aus den Fällkolonnen abfließende heiße Sodalauge enthält noch 3 bis 4% physikalisch gelöste Phenole, die durch Kühlung auf 20 bis 30 °C oder Benzolextraktion gewonnen werden. Die Kaustifizierung geschieht in Rührwerken bei 94 bis 102 °C, wobei vorteilhaft zum Löschen des gebrannten Kalkes bereits die Sodalösung benutzt wird. Der Umsatz der Kaustifizierung beträgt im allgemeinen 80 bis 90%, bei einem Überschuß an gelöschtem Kalk kann die Ausbeute an Natronlauge 95% erreichen. Die aus der Kaustifizieranlage abfließende Suspension von ausgefälltem Calciumcarbonat in Natronlauge wird in einem Sedimentationsbehälter vorgetrennt. Der hier sich absetzende Kalkschlamm wird zur vollständigen Gewinnung der Natronlauge mit Hilfe eines Vakuum-Trommelfilters gefiltert und gewaschen. Die regenerierte klare Natronlauge gelangt zur Extraktion des Carbolöls in den Kreislauf zurück. Eine Eindickung ist bei entsprechender Lenkung der Klardampfung und Kaustifizierung nicht erforderlich. Nur die Betriebsverluste müssen durch Zuspeisung frischer Natronlauge ausgeglichen werden. Der aus mikrokristallinem gefälltem Calciumcarbonat bestehende Filterkuchen des Vakuumfilters mit einem Wassergehalt von 40 bis 50% ist ein geeignetes Neutralisationsmittel für die anorganisch-chemische Industrie. Der Kalkschlamm kann aber auch in einem Drehrohrofen oder einer Fluidapparatur rückgebrannt werden. Weitere Verwendungszwecke des Kalkschlamms sind die Agglomerierung von Erzen, die Erzeugung von Dicalciumphosphat-Düngemitteln und die direkte Verwendung als Kalkdünger.

Der Chemikalienbedarf der beschriebenen Rohphenolgewinnung durch Natronlauge-Extraktion beträgt pro t wasserfreien Rohphenols etwa 550 bis 700 kg Kalkstein, 55 bis 80 kg Koks, 50 bis 80 kg Natriumhydroxid.

Phenoraffin-Verfahren

Da die Gewinnung der Phenole über die Phenolatlauge verhältnismäßig umständlich ist, sind viele Versuche unternommen worden, die Phenole durch selektive Lösungsmittel direkt aus den Teerölen zu extrahieren. Als derartige Lösungsmittel sind Alkohole, insbesondere wäßriges Methanol (Metasolvan-Verfahren), Wasser, wäßrige Lösungen von Natriumsulfid, Natriumsalze von Sulfon- und Carbonsäuren, Harnstoff und Pyridinsulfat sowie flüssiges Ammoniak vorgeschlagen worden. Jedoch reicht die Selektivität dieser Lösungsmittel nicht an Natronlauge heran. Neutrale Kohlenwasserstoffe und Pyridinbasen werden in weit höherem Maße mitextrahiert.

Als einziges Lösungsmittel-Verfahren hat das Phenoraffin-Verfahren der Lurgi technische Bedeutung erlangt. Als selektives Lösungsmittel wird eine wäßrige Lösung von Natriumphenolat benutzt, die ein hervorragendes Lösungsvermögen für Phenole besitzt. Betrieblich läßt sich eine Übersättigung der Phenolatlauge von 250 bis 350% der stöchiometrisch gebundenen Phenolmenge erreichen. Aus der Natriumphenolatlauge werden die Phenole durch Extraktion mit Isopropyläther isoliert.

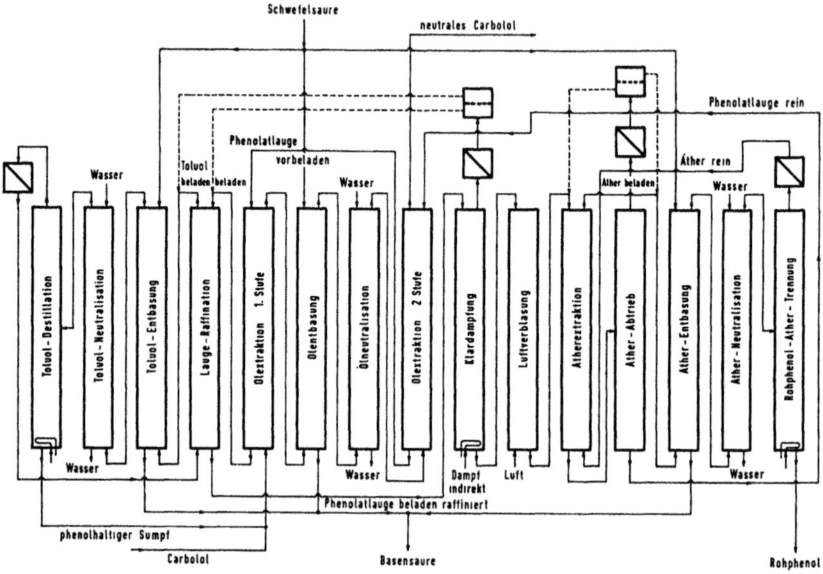

Abb. 26. Kontinuierliche Rohphenolgewinnung nach dem Phenoraffin-Verfahren

Die Apparatur besteht aus einer Vielzahl von Extraktions- und Destillationskolonnen (Abb. 26). Das Carbolöl wird in zwei Stufen mit der Phenolatlauge im Gegenstrom extrahiert. Zwischen die beiden Extraktionsstufen wird eine Entbasung des Öls mit verdünnter Schwefelsäure geschaltet. Die Entfernung der Neutralölanteile und Pyridinbasen aus der mit Phenolen beladenen Phenolatlauge geschieht durch Extraktion mit Benzin oder Toluol. Das Toluol wird nach einer Entbasung mit verdünnter Schwefelsäure und einer Wasserwäsche durch Destillation regeneriert, wobei der Phenole und Neutralöle enthaltende Sumpf zum Einsatzcarbolöl zurückgegeben wird. Die mit Toluol raffinierte phenolbeladene Phenolatlauge wird zur Entfernung der Toluolreste klargedampft, zur Zerstörung färbender Bestandteile mit Luft verblasen und schließlich mit Isopropyläther extrahiert. Nach der Ätherextraktion wird die Phenolatlauge destillativ von gelöstem Äther befreit und gelangt dann im Kreislauf erneut in die Ölextraktion. Die phenolhaltige Ätherphase aus der Ätherextraktion der beladenen Phenolatlauge wird durch Schwefelsäurewäsche entbast, mit Wasser gewaschen und destillativ in reinen Isopropyläther und Rohphenol zerlegt. Der Äther wird im Kreislauf zurückgeführt, das Rohphenol der Rektifikationsanlage zugeleitet.

Als Energie- und Chemikalienbedarf des Phenoraffin-Verfahrens werden pro t Rohphenol angegeben:

5t Dampf (2 t 8 bis 18 atü, 3 t 32 atü),
165 m^3 Kühlwasser,
60 kWh Strom,
20 kg Isopropyläther,
10 bis 200 kg Schwefelsäure (je nach Pyridinbasengehalt).

Phenoldestillation

Das durch Natronlauge-Extraktion gewonnene Rohphenol enthält bis zu 20% Wasser und normalerweise etwa 2% Alkali. Der Alkaligehalt kann durch Wasserwäsche vor der Destillation bis auf etwa 0,3% gesenkt werden.

Die Hauptbestandteile eines aus Steinkohlenteer gewonnenen wasserfreien Rohphenolgemisches sind Phenol, o-, m- und p-Kresol, 2.6-, 2.4-, 2.5-, 2.3- und 3.5-Dimethylphenol (Xylenol) sowie geringere Mengen Trimethylphenole und höher siedende Phenole. Die quantitative Zusammensetzung des bei den Teerdestillationen verarbeiteten Rohphenols schwankt jedoch in weiten Grenzen, da die in wechselnden Mengen mitverarbeiteten Phenolatlaugen aus Kokereiabwässern im wesentlichen nur Phenol und Kresole, aber keine Dimethylphenole enthalten.

Der eigentlichen destillativen Zerlegung des Rohphenols voraus geht die Entwässerung des Rohphenols. Sie geschieht ebenfalls durch eine Destillation, die sowohl bei Atmosphärendruck als auch unter Vakuum durchgeführt werden kann. Als Destillat fällt ein azeotropes Gemisch an, wobei bei der Vakuumentwässerung die Menge der mit Wasser übergehenden Phenole geringer ist als bei der atmosphärischen Destillation.

Die Entwässerung des Rohphenols wie auch die rektifizierende Zerlegung des wasserfreien Produkts geschieht in modernen Anlagen häufig kontinuierlich. Das Fließschema einer solchen Phenoldestillationsanlage zeigt Abb. 27.

Das wasserhaltige Rohphenol wird durch die kondensierenden Dämpfe der Entwässerung vorgewärmt und in die mit einem dampfbeheizten Reboiler ausgestattete kurze Entwässerungskolonne eingeleitet. Das azeotrope Wasser-Phenolgemisch destilliert ab und wird in einem Flüssigkeitsscheider getrennt. Das abgeschiedene Rohphenol wird zum Einsatzprodukt zurückgeleitet, das Wasser der Entphenolung zugeführt. Vom entwässerten Rohphenol werden in einer unter Vakuum betriebenen kurzen Abtriebskolonne der Xylenol und Alkali enthaltende Rückstand abgeschieden. Die Rektifikation der abgetriebenen Dämpfe geschieht beispielsweise in drei hintereinandergeschalteten, unter abgestuftem

Vakuum von 10 bis 140 Torr arbeitenden und mit je einem dampfbeheizten Reboiler ausgestatteten Glockenbödenkolonnen aus normalem, besser aus Edelstahl. In der ersten 80bödigen Kolonne wird mit einem Rücklaufverhältnis von 12:1 reines Phenol als Kopfprodukt gewonnen. Der Sumpf der Phenolkolonne wird in die zweite 65bödige Kolonne eingespeist, in der mit einem Rücklaufverhältnis von 25:1 o-Kresol als

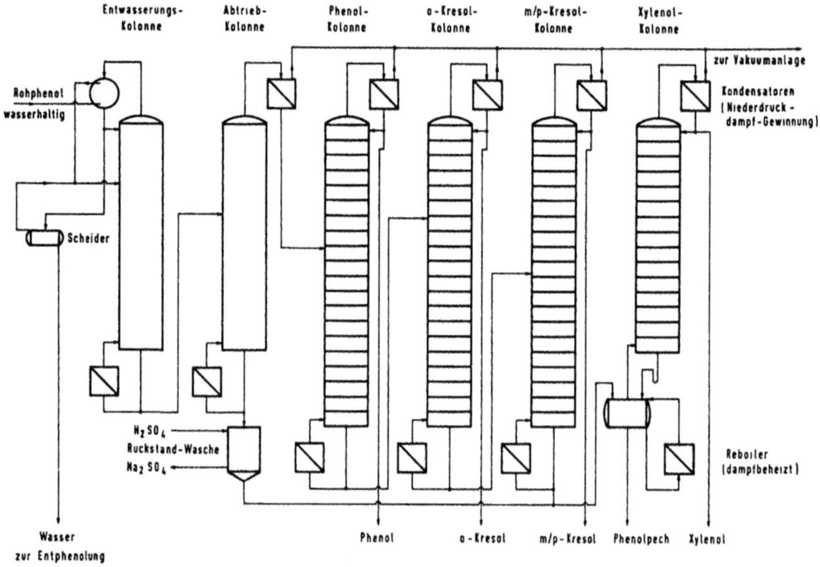

Abb. 27. Kontinuierliche Phenoldestillation

Kopfprodukt erhalten wird. Das Sumpfprodukt der o-Kresolkolonne ergibt in der dritten 45bödigen Kolonne mit einem Rücklaufverhältnis von 5:1 ein Gemisch aus m- und p-Kresol als Kopfprodukt. Der Xylenol enthaltende Rückstand aus der Abtriebkolonne muß vor der weiteren Destillation zur Entfernung des enthaltenden Alkalis einer Wäsche unterworfen werden. Hierzu ist z. B. verdünnte Schwefelsäure geeignet. Bei einer Absenkung des Alkaligehalts des Rohphenols durch Wasserwäsche vor der Destillation auf etwa 0,3 % ist die Zwischenschaltung der Rückstandswäsche nicht erforderlich. Der gereinigte Rückstand wird mit dem Sumpfprodukt der m/p-Kresolkolonne vereinigt und in einer 45bödigen Kolonne in Xylenol und Phenolpech zerlegt. Das Phenolpech enthält polymerisierte und oxydierte Phenole, die durch Destillation mit Teerölen zu Phenolen depolymerisiert und damit wieder der Entphenolung zugeführt werden können.

Der Energiebedarf der Rohphenoldestillation richtet sich nach der Natur des Einsatzprodukts. Ein typisches wasserhaltiges Rohphenol aus der Natronlaugeextraktion von Steinkohlenteeröl hat z. B. folgende Zusammensetzung:

15% Wasser,
30% Phenol,
12% o-Kresol,
18% m-Kresol,
12% p-Kresol,
8% Xylenole,
5% Rückstand.

Die kontinuierliche Destillation eines Rohphenols dieser Zusammensetzung erfordert bei einem Vakuum von 200 Torr (absolut) zum Betreiben der Reboiler etwa 5 bis 6 t Dampf von 20 atü pro t wasserhaltigen Rohphenols. Ein Teil der Wärmeenergie kann durch Niederdruckdampf-Erzeugung in den Kondensatoren wiedergewonnen werden.

Gewinnung der reinen Phenolhomologen

Bei der Rektifikation des Rohphenols werden Phenol (Kp_{760} 181,8 °C) und o-Kresol (Kp_{760} 191,0 °C) unmittelbar in technisch reiner Form isoliert.

Die Isomeren m-Kresol (Kp_{760} 202,2 °C) und p-Kresol (Kp_{760} 201,9 °C) fallen dagegen wegen des nur um 0,3 °C unterschiedenen Siedepunkts als gemeinsame Fraktion an. Das Gemisch enthält etwa 60% m-Kresol und 40% p-Kresol neben geringen Mengen 2.6-Dimethylphenol und o-Äthylphenol. Zur *Trennung des m- und p-Kresols* werden die verschiedensten chemischen Methoden angewendet.

Von überwiegend theoretischem Interesse ist die Trennung aufgrund der höheren Acidität durch 40 bis 200stufige Gegenstromextraktion aus 9%iger Benzollösung mit 1n-Natronlauge.

Eine teilweise Trennung der Kresole läßt sich über die Sulfonsäuren erreichen. Nach der Sulfonierung des Gemisches mit konzentrierter Schwefelsäure und Verdünnen mit etwas Wasser kristallisiert das Hydrat der p-Kresolsulfonsäure aus. Auch das Natriumsulfonat des p-Kresols ist schwerer löslich als das des m-Kresols. Aus der Sulfonsäure wird das p-Kresol mit überhitztem Wasserdampf wieder abgespalten. Da das m-Kresol leichter sulfonierbar ist, kann man auch partiell sulfonieren, das nicht umgesetzte p-Kresol mit Benzol extrahieren und das m-Kresol aus der Sulfonsäure mit Wasserdampf abtreiben.

Das m-Kresol reagiert ferner mit Sulfurylchlorid zu p-Chlor-m-kresol, mit salpetriger Säure zu Nitroso-m-kresol sowie mit Formaldehyd jeweils schneller und leichter als das p-Isomere.

Von größerer technischer Bedeutung ist die Trennung des Kresolgemisches mit Hilfe von *Additionsverbindungen*.

Das p-Kresol bildet mit Oxalsäure kristalline Addukte der molaren Zusammensetzung 1:1 und 2:1, während das m-Kresol mit wasserfreiem Natriumacetat eine Additionsverbindung eingeht. Durch Kombination beider Reaktionen ergibt sich ein gut anwendbares Trennverfahren. Zunächst wird in Benzin als Lösungsmittel mit wasserfreiem Natriumacetat das m-Kresol ausgefällt und nach Zerlegung des Addukts mit Wasser in 75%iger Ausbeute als technisch reines Produkt isoliert. Aus der angefallenen Mutterlauge wird nun das angereicherte p-Kresol mit Oxalsäure gefällt und nach der Wasserzerlegung in 77%iger Ausbeute in technisch reiner Qualität erhalten. Durch wechselseitige Anwendung beider Verfahrensstufen können die beiden Isomeren vollständig getrennt werden.

Die Kresole bilden ferner Additionsverbindungen mit zahlreichen Aminen. Das p-Kresol läßt sich vorteilhaft als bei 140 °C schmelzendes 2:1-Addukt mit Benzidin bei 110 °C fällen und bei 95 °C abschleudern. Nach Waschen des Addukts mit Benzol erhält man durch Vakuumdestillation in 90%iger Ausbeute 98%iges p-Kresol. Aus dem Filtrat des Adduktansatzes läßt sich in 92%iger Ausbeute destillativ 99%iges m-Kresol gewinnen.

Ebenfalls von technischer Bedeutung ist die Isolierung des m-Kresols als *Harnstoff-Additionsverbindung*. Zu dem Isomerengemisch gibt man, bezogen auf das enthaltene m-Kresol, einen 1,1 bis 1,5fach molaren Überschuß an Harnstoff, erhitzt auf 100 °C und mischt eine höher siedende Benzinfraktion zu. Nach dem Abkühlen wird das auskristallisierte Addukt abgeschleudert und bei etwa 80 °C mit Wasser zerlegt. Die m-Kresolausbeute liegt bei 83%.

Die Phenole bilden auch untereinander kristalline Additionsverbindungen. Für die m/p-Kresoltrennung anwendbar ist die Adduktbildung des p-Kresols mit Bisphenol A und die des m-Kresols mit Phenol.

Eine weitere Möglichkeit zur technischen Trennung von m- und p-Kresol besteht in der *Alkylierung* des Gemisches mit Isobuten in Gegenwart saurer Katalysatoren zu 3-Methyl-4.6-di-tert.-butylphenol (Kp_{20} 167 °C) aus m-Kresol und 4-Methyl-2.6-di-tert.-butylphenol (Kp_{20} 147 °C) aus p-Kresol, die sich gut destillativ trennen lassen. Durch katalytische Dealkylierung bei höherer Temperatur erhält man die reinen Isomeren und Isobuten zurück.

Das bei der Rohphenoldestillation anfallende *Xylenol-Isomerengemisch* enthält als Hauptbestandteile 2.4-, 2.5-, 2.3-, 3.5- und 3.4-Dimethylphenol, ferner m- und p-Äthylphenol und Trimethylphenole. 2.6-Dimethylphenol ist in der m/p-Kresolfraktion enthalten.

Die Aufarbeitung der Xylenole zu den reinen Verbindungen geschieht normalerweise durch Redestillation und Kristallisation.

Aus der zwischen 207 und 211 °C siedenden Xylenolfraktion kristallisiert beim Abkühlen 2.5-Dimethylphenol aus; es wird abgeschleudert, redestilliert und aus Benzol umkristallisiert. Aus dem Schleuderfiltrat wird durch Sulfonierung der Rest des 2.5-Dimethylphenols abgeschieden und aus dem Filtrat mit Kaliumchloridlösung das Kaliumsalz der 2.4-Xylenolsulfonsäure ausgefällt. Nach Umkristallisieren des Salzes aus Wasser und Ansäuern mit Schwefelsäure kann das 2.4-Dimethylphenol mit Wasserdampf abgetrieben werden.

Die Xylenolfraktion vom Siedebereich 217 bis 221 °C ergibt durch Kühlen und Abschleudern 3.5-Dimethylphenol, das durch Umkristallisieren aus Benzol gereinigt wird.

In gleicher Weise erhält man aus der Xylenolfraktion vom Siedebereich 223 bis 224 °C das 3.4-Dimethylphenol.

2.6-Dimethylphenol kann aus dem Vorlauf der m/p-Kresolfraktion gewonnen werden. Da es eine geringere Acidität als die Kresole besitzt, kann man es durch Klardampfen der Kresolatlauge abdestillieren und aus dem Kondensat mit Benzol extrahieren. Ein geeignetes Ausgangsprodukt ist daher auch das Neutralöl des Klardampfkondensats der Phenolatlauge. Die Verbindung läßt sich ferner durch Azeotropdestillation mit Wasser aus der m/p-Kresolfraktion abtreiben und aus dem Konzentrat auskristallisieren. Das Filtrat enthält dann noch o-Äthylphenol, das als Chinaldin-Addukt fällbar ist.

2.3-Dimethylphenol wird aus der zwischen 215 und 218 °C siedenden Xylenolfraktion durch Selektiventphenolung mit verdünnter Natronlauge, Eintragen der freien Phenole in Kalkmilch, Wasserdampfdestillation und Umkristallisieren aus Benzol oder aber durch direkte Auskühlung und Kristallisation einer eng geschnittenen Destillatfraktion erhalten.

Weitere Möglichkeiten zur Trennung der Xylenol- und Trimethylphenolisomeren außer der Kristallisation aus enggeschnittenen Fraktionen sind die Adduktbildung mit Aminen oder Phenolen sowie die Isobutylierung und Dealkylierung der durch Destillation oder Selektivextraktion mit Natronlauge getrennten tert.-Butylderivate. Ein Beispiel für die Adduktbildung ist die Gewinnung des 2.3.5-Trimethylphenols aus einem Gemisch mit dem Siedebegleiter 3-Methyl-5-äthylphenol über die kristalline 2:1-Additionsverbindung mit Harnstoff. Die Alkylierung mit Isobuten erlaubt die Trennung von 2.4- und 2.5-Dimethylphenol. Hieraus entstehen 2.4-Dimethyl-6-tert.-butylphenol und 2.5-Dimethyl-4-tert.-butylphenol, von denen die 2.5-Verbindung wegen der sterischen Hinderung der phenolischen Hydroxylgruppe im Gegensatz zum 2.4-Isomeren in 10%iger Natronlauge unlöslich ist.

5. Leichtöl

Bei der destillativen Entwässerung des Steinkohlenteers fällt gleichzeitig in einer Menge von 0,5 bis 3% des Rohteers das Leichtöl an. Es ist eine gelblich gefärbte, leichtbewegliche, nach Rohbenzol, Ammoniak und Schwefelwasserstoff riechende Flüssigkeit mit einem weiten Siedebereich von etwa 70 bis 200 °C und einer Dichte von 0,91 bis 0,96. Das Leichtöl enthält außer den Hauptbestandteilen Benzol und seinen Homologen noch 10 bis 40% ungesättigte, polymerisierbare Verbindungen, 3 bis 10% Phenole, 2 bis 7% Pyridinbasen und wechselnde Mengen Naphthalin.

Entsprechend seiner Zusammensetzung wird das Leichtöl durch Destillation, Extraktion und Polymerisation zu Benzolerzeugnissen, Pyridinbasen, Phenolen und Cumaron-Inden-Harzen aufgearbeitet.

Pyridinbasen-Gewinnung

Die Pyridinbasen werden aus dem Leichtöl durch *Extraktion* mit Schwefelsäure und Ausfällen mit Ammoniak oder Natronlauge gewonnen. Der Extraktion voraus geht eine Entphenolung des Leichtöls und gegebenenfalls eine Vordestillation. Die Extraktion des Leichtöls selbst liefert ein Rohpyridinbasengemisch mit einem sehr weiten Siedebereich, der sich bis in den Bereich des Chinolins hinein erstrecken kann. Die Entbasung destillierter Leichtölfraktionen führt dagegen zu Basengemischen mit engerem Siedebereich. Außer dem Leichtöl werden das entphenolte Carbolöl (Putzöl) eventuell nach destillativer Abtrennung des Naphthalins und das Klardampföl zur Pyridinbasengewinnung eingesetzt.

Ausgehend vom rohen Leichtöl wird das Ausgangsmaterial zunächst mit 10 bis 20%iger Natronlauge bis auf einen Restphenolgehalt von 0,5 bis 1% in diskontinuierlich arbeitenden Rührwäschern oder kontinuierlichen Extraktionskolonnen entphenolt. Die Natriumphenolatlauge wird der Phenolgewinnungsanlage zugeführt. Die Entphenolungsstufe ist notwendig, da sonst eine quantitative Entbasung wegen der gegenseitigen Löslichkeit der entstehenden Pyridinbasensulfate und der Phenole nicht möglich ist. Die Pyridinbasen werden aus dem entphenolten Öl mit 25 bis 35%iger Schwefelsäure diskontinuierlich oder kontinuierlich extrahiert. Nach Abtrennung eventuell gebildeter Säureharze werden die mitgelösten Neutralstoffe aus der Basensulfatlösung durch Klardampfen oder Lösungsmittelextraktion entfernt. Bei einer Raffination der Basensäure durch Klardampfen muß zur Vermeidung von Basenverlusten ein Schwefelsäureüberschuß vorliegen, d. h. die Lösung darf nur saure Pyridinbasensulfate enthalten. Die zweite Möglichkeit zur Basensäure-Raffination besteht in einer Extraktion der Neutralstoffe mit Reinbenzol. Aus der raffinierten Basensäure wird das Rohpyridin mit konzentrierter Natronlauge, festem Natriumcarbonat, in den meisten Fällen jedoch mit gasförmigen oder wäßrigem Ammoniak ausgefällt. Die wäßrige Phase wird abgetrennt und durch Eindicken auf Natrium- oder Ammoniumsulfat aufgearbeitet.

Die quantitative *Zusammensetzung des Rohpyridins* schwankt in weiten Grenzen, wobei im wesentlichen der Siedebereich des Ausgangsöls maßgebend ist. Ein typisches wasserfreies Basengemisch aus Leichtöl enthält z. B. folgende Verbindungen:

Pyridin	12%	2.4-Lutidin	11%
α-Picolin	10%	2.3-Lutidin	2%
2.6-Lutidin	6%	3.5-Lutidin	<1%
β-Picolin	6%	2.4.6- u. 2.3.6-Kollidin	9%
γ-Picolin	8%	Anilin	12%
2-Äthylpyridin	2%	o-Toluidin	4%
2.5-Lutidin	4%	p- u. m-Toluidin	8%
		höhersiedende Basen	6%

Je nach Gehalt an Pyridin und Picolinen ist das Rohpyridin nach der Ausfällung noch mehr oder weniger stark wasserhaltig. Die *Entwässerung* geschieht mit festem Natriumhydroxid, konzentrierter Natronlauge oder in modernen Anlagen durch Azeotropdestillation mit Benzol. Der Siedepunktsunterschied zwischen Benzol und Pyridin beträgt über 35 °C und ermöglicht eine leichte Abtrennung des Benzols auch in wenig wirksamen Kolonnen. Die Azeotropentwässerung ist quantitativ, während nach der Trocknung mit Natronlauge die Rohbasen noch 2 bis 3% Wasser enthalten, die bei der nachfolgenden Destillation mit Pyridin azeotrop übergehen. Eine derartige Azeotropentwässerung in einem kontinuierlich betriebenen Zweikolonnensystem ist im Fließschema der Abb. 28 dargestellt. In der ersten Kolonne wird das wasserhaltige Rohpyridin in ein wasserfreies Sumpfprodukt und ein azeotropes Pyridin-Wasser-Gemisch als Kopfprodukt zerlegt. Das Kopfprodukt wird nach Kondensation und Kühlung in einem Scheidegefäß mit Natronlauge oder Benzol oder beiden Stoffen versetzt, wodurch sich eine vorwiegend pyridinhaltige und eine vorwiegend wasserhaltige Phase abscheidet. Die wäßrige Phase wird auf den oberen Boden der zweiten Kolonne aufgegeben, in der sie in pyridinfreies, natronlaugehaltiges Wasser als Sumpfprodukt und azeotropes Pyridin-Wasser-Gemisch als Kopfprodukt zerlegt wird. Das Kopfprodukt der zweiten wird gemeinsam mit dem der ersten Kolonne kondensiert, gekühlt und im Scheidegefäß behandelt. Die pyridinhaltige Phase aus dem Scheidegefäß wird als Rückfluß der ersten Kolonne zugeleitet.

Das entwässerte Rohpyridin wird durch diskontinuierliche oder kontinuierliche *Rektifikation* in Reinpyridin und höher siedende Basenfraktionen zerlegt. Das Fließschema der Abb. 28 zeigt als Beispiel die kontinuierliche Destillation in einer Normaldruck- und einer nachgeschalteten Vakuumkolonne mit zugehörigen Seitenkolonnen. In der atmosphärischen Hauptkolonne werden als Kopfprodukt Pyridin, über die Nebenkolonne eine α-Picolinfraktion und eine zwischen etwa 130 und 150 °C siedende Basenfraktion (Pyridinbasen neuer Test), bestehend aus Picolinen und Lutidinen, abgenommen. Das Sumpfprodukt wird in die Vakuumkolonne geleitet, wo es z. B. in eine zwischen 140 und 160 °C siedende Pyridinbasenfraktion als Kopfprodukt, den Basenrückstand

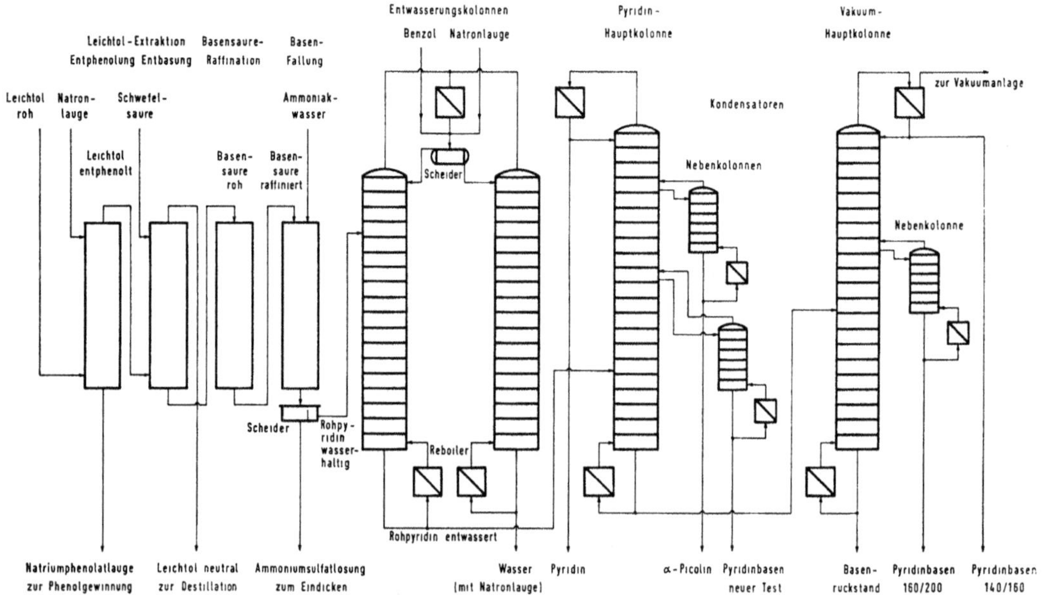

Abb. 28. Pyridinbasen-Gewinnung

und über eine Nebenkolonne in eine zwischen 160 und 200 °C siedende, Kollidine und primäre Anilinbasen enthaltende Fraktion zerlegt wird. Die Beheizung der Reboiler geschieht z. B. unter Verwendung eines Röhrenofens im gegenseitigen Wärmeaustausch. Durch Anordnung zusätzlicher Nebenkolonnen oder Redestillation lassen sich die Basenfraktionen weiter einengen. Man erhält destillativ folgende Hauptfraktionen des Pyridinbasenbereichs:

1. Pyridin mit einem Siedepunkt von 115,3 °C,
2. α-Picolin mit einem Siedepunkt von 129,4 °C,
3. β/γ-Picolin/2.6-Lutidin-Fraktion (Siedebereich 144,0 bis 145,4 °C),
4. 2-Äthylpyridinfraktion (Siedebereich 146 bis 157 °C),

5. Lutidinfraktion mit 2.4- und 2.5-Lutidin als Hauptinhaltsstoffen (Siedebereich 157 bis 159 °C),

6. Zwischenfraktion, enthaltend 2.3-Lutidin, 3- und 4-Äthylpyridin sowie 2-Methyl-6-äthylpyridin (Siedebereich 159 bis 170 °C),

7. Kollidinfraktion, enthaltend 2.4.6- und 2.3.6-Kollidin sowie geringe Mengen 3.5-Lutidin (Siedebereich 170 bis 173 °C),

8. Anilinfraktion (Siedebereich um 184 °C),

9. Toluidinfraktion, enthaltend o-, m- und p-Toluidin (Siedebereich 195 bis 205 °C),

10. Xylidinfraktion, enthaltend die sechs isomeren Dimethylaniline (Siedebereich 210 bis 225 °C).

Die Fraktionen 1 bis 7 enthalten die Pyridinhomologen mit tertiär gebundenem Stickstoff, es folgen die Fraktionen 8 bis 10 der primären Stickstoffbasen.

Während Pyridin und α-Picolin rein destillativ in technischer reiner Qualität erhalten werden können, ist die Reingewinnung der übrigen Verbindungen aus den entsprechenden Destillatfraktionen zum Teil sehr aufwendig. Ein großer Teil der Pyridinbasen wird jedoch nicht isoliert, sondern in Form der Destillationsfraktionen oder ihrer Mischungen direkt verwendet.

Die Auftrennung der Fraktion 3 ist wegen der nur um 1,4 °C unterschiedenen Siedepunkte durch normale Destillation zu aufwendig. Nach Abtrennung des 2.6-Lutidins z. B. durch fraktionierte Fällung mit Chlorwasserstoff als Hydrochlorid oder durch Adduktbildung mit Harnstoff können β- und γ-Picolin durch Azeotropdestillation mit Wasser getrennt werden. Die Abscheidung des β-Picolins aus der Fraktion gelingt auch durch Adduktbildung mit Kupfer(I)-sulfat, Kupfer(I)-chlorid oder Reaktion mit Natriumbisulfit, die des γ-Picolins durch Ausfällen mit Oxalsäure, o-Phenylphenol oder Reaktion mit Formaldehyd zu Trimethylol-γ-picolin. Eine mehrstufige Selektivextraktion ist ebenfalls zur Zerlegung der Fraktion geeignet: 2.6-Lutidin läßt sich aus wäßriger Lösung mit n-Hexan extrahieren, die beiden isomeren Picoline durch Extraktion mit Benzol und einer Natriumphosphatlösung mit abgestuftem p_H-Wert trennen. Darüber hinaus sind zahlreiche weitere Verfahren zur Trennung von 2.6-Lutidin, β- und γ-Picolin vorgeschlagen worden.

Die Gewinnung des 2-Äthylpyridins aus der 2.6-lutidinfreien β/γ-Picolinfraktion geschieht durch Azeotropdestillation mit Wasser.

Die Zerlegung der Lutidinfraktion in 2.4- und 2.5-Lutidin gelingt durch Adduktbildung mit Phenolen, wobei 2.4-Lutidin mit o-Kresol, 2.5-Lutidin mit Phenol eine kristalline Additionsverbindung bildet. Die

Destillation des jeweiligen abgeschleuderten Addukts liefert als Kopfprodukt in etwa 45 bis 50%iger Ausbeute die reine Base, die Destillation des Schleuderfiltrats die angereicherte Begleitbase. Als Sumpfprodukte fallen die höher siedenden azeotropen Basen-Phenol-Gemische an, die im Kreislauf zurückgeführt werden. In ähnlicher Weise können 2.3-Lutidin und die Kollidine gewonnen werden.

Die primären Anilinbasen können aus ihren Fraktionen nach Abtrennung der noch zu etwa 15% enthaltenen tertiären Begleitbasen mit 10%iger Schwefelsäure erhalten werden. Die Reinheit des so aus der etwa 80 bis 85%igen Anilinfraktion gewonnenen Anilins beträgt nach Redestillation 97 bis 98%. Über das kristalline Phenol-Addukt erhält man reinstes Anilin mit einem Schmelzpunkt von —5,8 °C.

Rohbenzol-Aufarbeitung

Das von Phenolen und Basen befreite neutrale Leichtöl wird durch diskontinuierliche oder kontinuierliche Rektifikation z. B. in 4 Fraktionen zerlegt:

1. Rohbenzol mit einem Siedebereich von etwa 70 bis 160 °C, enthaltend Benzol und Homologe sowie geringere Mengen nichtaromatischer Anteile;

2. rohes Lösungsbenzol mit einem Siedebereich von etwa 160 bis 185 °C, neben Benzolhomologen die ungesättigten, zu Cumaron-Inden-Harzen polymerisierbaren Verbindungen enthaltend;

3. Schwerbenzol mit einem Siedebereich von etwa 185 bis 200 °C, nach einer Säureraffination als Lösungsmittel verwendbar;

4. Leichtölrückstand, über 200 °C siedend, bis zu etwa 50% Naphthalin enthaltend, das daraus gewonnen wird.

Das Rohbenzol (Benzolvorerzeugnis) wurde früher und wird auch teilweise noch heute durch Wäsche mit 75 bis 95%iger Schwefelsäure raffiniert, wobei ungesättigte Verbindungen polymerisiert und schwefelhaltige Verbindungen zum Teil durch Sulfonierung entfernt werden. Es entsteht dabei ein Waschverlust, der etwa 6 bis 15% des eingesetzten Rohbenzols ausmacht. Das raffinierte Rohbenzol wird entweder auf Motorenbenzole oder die reinen Verbindungen aufgearbeitet.

Der verlustreichen Säureraffination überlegen ist die bereits 1924 bis 1925 von der BASF in ihren Grundzügen entwickelte *hydrierende Druckraffination*. Hierbei werden auf katalytischem Wege die schwefelhaltigen Verunreinigungen in Schwefelwasserstoff, die sauerstoffhaltigen in Wasser und die stickstoffhaltigen in Ammoniak und die zugehörigen Kohlenwasserstoffe hydrierend gespalten sowie die olefinisch ungesättigten Verbindungen hydriert, ohne daß eine merkliche Hydrierung des

Benzolkerns selbst eintritt. 1948 wurde das Verfahren von der Scholven-Chemie AG weiterentwickelt und 1950 die erste großtechnische Anlage in Gelsenkirchen-Buer in Betrieb genommen. Seitdem sind zahlreiche ähnliche Anlagen errichtet worden. Von besonderem Vorteil bei der Druckraffination ist die hohe Ausbeute von etwa 98%. Das Druckraffinat ist praktisch frei von Schwefel und läßt sich ohne Redestillation direkt als Motorenbenzol verwenden. Durch Rektifikation erhält man Benzol, Toluol, die Xylole und technische Lösungs- und Schwerbenzole mit hohem Reinheitsgrad.

Das Rohbenzol aus der Leichtöldestillation und die nicht verharzbaren Anteile des rohen Lösungsbenzols werden mit Vorteil gemeinsam mit dem in den Kokereien aus dem Rohgas ausgewaschenen Rohbenzol als Benzolvorerzeugnis der Druckraffination zugeführt (Abb. 29).

Das Benzolvorerzeugnis wird mit Hilfe einer Einspritzpumpe durch einen Wärmeaustauscher zunächst mit etwa 200 °C unter einem Druck von 20 bis 60 atü in den Polymerisator geleitet. In diesem leeren Druckbehälter wird die Strömungsgeschwindigkeit stark herabgesetzt und dadurch eine Druckwärmepolymerisation ungesättigter Verbindungen erreicht. Aus dem Polymerisator gelangt das noch flüssige Produkt in den Verdampfer, in dem es mit vorgewärmtem Reaktionsgas bis auf etwa 0,5 % flüssiges Polymerisationspech (Abschlamm) abgetrieben wird. Die Dämpfe werden gemeinsam mit dem Reaktionsgas in einem elektrisch oder mit Gas beheizten Vorheizer auf 300 bis 350 °C erwärmt und durch den mit einem Festbettkontakt aus Molybdän- und Kobaltoxid auf Aluminiumoxid ausgestatteten Reaktor geleitet. Nach Kühlung wird das verflüssigte Druckraffinat in einem Scheidegefäß vom Reaktionsgas getrennt und abgezogen. Als Reaktionsgas ist sowohl Wasserstoff als auch normales Kokereigas verwendbar. Beim Kokereigas mit einem Gehalt von etwa 55 % Wasserstoff muß zum Erreichen des erforderlichen Wasserstoffpartialdrucks ein höherer Gesamtdruck als beim reinen Wasserstoff eingestellt werden. Ein Teil des Reaktionsgases wird im Kreislauf gefahren, ein anderer Teil zur Aufrechterhaltung des Wasserstoffpartialdrucks dem an Wasserstoff verarmten Kreislaufgas als Abgas entzogen. Das Abgas hat einen höheren spezifischen Heizwert als das Kokereigas.

Nach dem BASF-Scholven-Verfahren haben vor allem die Firmen Lurgi und Koppers seit 1950 zahlreiche Druckraffinationsanlagen in Deutschland, Frankreich, Großbritannien, den USA, Mexiko und Indien errichtet; weitere Anlagen bestehen in der UdSSR und der Tschechoslowakei.

Während ein Teil des Benzoldruckraffinats unmittelbar als Motorenbenzol Verwendung findet, wird ein anderer Teil zu Reinerzeugnissen aufgearbeitet. Im Fließschema der Abb. 29 ist hierzu die Arbeitsweise

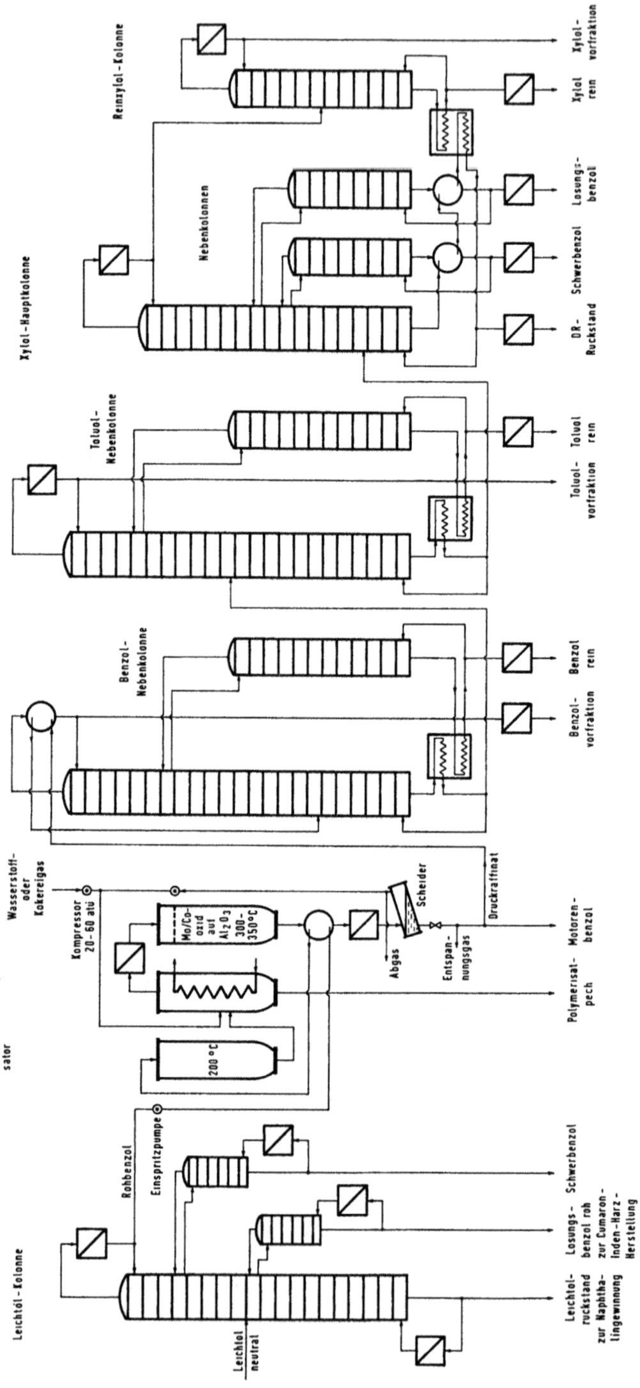

Abb. 29. Rohbenzol-Aufarbeitung

der 1954 bis 1955 errichteten *Zentraldestillationsanlage* der Redestillationsgemeinschaft mbH in Gelsenkirchen schematisch dargestellt. Die Anlage umfaßt ein System von acht Destillationskolonnen mit insgesamt 276 Glockenböden.

Das durch Wärmeaustausch vorgewärmte Druckraffinat wird der 69bödigen Benzol-Hauptkolonne im unteren Drittel zugeleitet. Die Kolonne wird durch Sumpfumwälzung mit Hilfe eines Röhrenofens beheizt. Das Kopfkondensat wird zum größten Teil als Rücklauf auf die Kolonne zurückgeführt; ein kleiner Teil wird als zwischen 40 und 80 °C siedende, zu etwa 50% aus Nichtaromaten bestehende Benzolvorfraktion abgenommen. Das noch mit geringen Mengen an Leichtsiedendem verunreinigte Benzol wird im oberen Drittel der Hauptkolonne als Seitenstrom abgezogen und auf den Kopf der 30bödigen Reinbenzol-Nebenkolonne geleitet, die ebenfalls durch Sumpfumwälzung mit einem Röhrenofen beheizt wird. Das Sumpfprodukt der Nebenkolonne ist reines Benzol mit einem Siedeintervall von nur 0,02 °C und einem Erstarrungspunkt von über 5,35 °C. Die *Benzolausbeute* beträgt mehr als 95%.

Das Sumpfprodukt der Benzol-Hauptkolonne wird etwa in die Mitte der 60bödigen Toluol-Hauptkolonne eingespeist, die in Beheizung und Schaltung der Benzol-Hauptkolonne entspricht und wie diese mit einer Nebenkolonne versehen ist. Als Kopfprodukt der Hauptkolonne wird in geringer Menge die zwischen 95 und 110 °C siedende Toluolvorfraktion abgenommen; sie enthält die zwischen Benzol und Toluol siedenden Nichtaromaten und deren Azeotrope. Die 15-bödige Reintoluol-Nebenkolonne ergibt als Sumpfprodukt reines Toluol mit einem Siedeintervall von nur wenigen hundertstel Grad. Die *Toluolausbeute* liegt über 90%.

Das Sumpfprodukt der Toluol-Hauptkolonne wird in den unteren Teil der 51bödigen Xylol-Hauptkolonne geleitet. Sie ist mit Röhrenofen-Sumpfumwälzung und zwei 10bödigen Nebenkolonnen ausgerüstet, in denen als Sumpfprodukte das zwischen 165 und 180 °C siedende Lösungsbenzol (Arsol I) und das zwischen 180 und 200 °C siedende Schwerbenzol (Arsol II) anfallen. Das Sumpfprodukt der Hauptkolonne ist der über 200 °C siedende, naphthalinhaltige Druckraffinat-Rückstand (DR-Rückstand).

Die als Kopfprodukt der Xylol-Hauptkolonne abgezogene Xylolfraktion wird etwa in die Mitte der 31bödigen Reinxylol-Kolonne aufgegeben. Am Kopf dieser Kolonne wird außer dem Rücklauf in geringer Menge die zwischen 110 und 116 °C siedende Xylolvorfraktion abgezogen. Sie enthält die zwischen Toluol und Xylol siedenden Nichtaromaten und deren Azeotrope. Das Kolonnensumpfprodukt ist ein Xylol-Isomerengemisch mit einem Siedebereich von 138 bis 141 °C. Unter den Isomeren überwiegt das m-Xylol; in geringerer Menge liegen p- und o-Xylol vor. Ein weiterer Inhaltsstoff dieser Fraktion ist das Äthylbenzol.

Das Benzoldruckraffinat enthält im Gegensatz zum Säureraffinat wie das Benzolvorerzeugnis etwa 2 bis 3% Nichtaromaten, die zum Teil durch Hydrierung der Schwefel, Sauerstoff oder Stickstoff enthaltenden Verbindungen des Rohbenzols entstanden sind. Sie befinden sich zum größten Teil in den unterhalb des Benzols siedenden Anteilen. Bei der beschriebenen destillativen Aufarbeitung des Druckraffinats wird der größte Teil der Nichtaromaten in den Vorfraktionen des Benzols, Toluols und Xylols destillativ abgetrennt. Diese Vorfraktionen können in den Kraftstoffsektor gegeben werden.

Eine Möglichkeit zur Abtrennung der Aromaten von den Paraffinkohlenwasserstoffen ist die *Extraktivdestillation* mit wäßrigem Diäthylenglykol (Udex-Verfahren), Sulfolan (Shell), wäßrigem Monomethylformamid (Mofex-Verfahren) oder wäßrigem N-Methylpyrrolidon (Lurgi). Das aus Druckraffinat durch Rektifikation erhaltene Reinbenzol enthält noch Spuren von Cyclohexan, Methylcyclopentan und n-Heptan als Verunreinigungen. Durch Kombination von Druckdestillation und Extraktivdestillation gelingt die Gewinnung eines Reinstbenzols mit einem Erstarrungspunkt von 5,51 °C aus Druckraffinat. Die Abtrennung der paraffinischen Toluolsiedebegleiter 2.5-Dimethylhexan und Methylcyclohexan ist möglich durch Azeotropdestillation mit Methanol.

Der Benzolvorlauf kann bereits vor der Druckraffination destillativ abgetrennt werden. Er enthält u. a. Schwefelkohlenstoff und Cyclopentadien. Schwefelkohlenstoff läßt sich mit Natriumhydroxid enthaltendem Methanol als Natriumxanthogenat oder mit ammoniakalischer Ammoniumsulfid/disulfid-Lösung als Ammoniumthiocarbonat/perthiocarbonat extrahieren. Durch Wärmebehandlung des Benzolvorlaufs bei 100 °C unter Druck wird das Cyclopentadien zu dem bei 170 °C siedenden Dicyclopentadien dimerisiert, das durch Rektifikation unter 25 Torr in 92 bis 96%iger Reinheit zu gewinnen ist.

Aus den oberhalb der Xylole siedenden Benzolfraktionen lassen sich durch Rektifikation weitere Inhaltsstoffe des Leichtöls in technisch reiner Qualität erhalten, so z. B. die Trimethylbenzole Mesitylen (Kp_{760} 164, 72 °C), Pseudocumol (Kp_{760} 169,35 °C) und Hemellitol (Kp_{760} 176,08 °C), die Tetramethylbenzole Durol (Kp_{760} 196,8 °C), Isodurol (Kp_{760} 198,00 °C) und Prehnitol (Kp_{760} 205,04 °C), ferner das Hydrinden (Kp_{760} 177,82 °C), das während der Teerdestillation teilweise durch Hydrierung des Indens gebildet wird.

Herstellung der Cumaron-Inden-Harze

Das bei der Destillation des entphenolten und entbasten Leichtöls erhaltene rohe Lösungsbenzol mit einem Siedebereich von etwa 160 bis 185 °C enthält bis zu 60% polymerisierbare ungesättigte Verbindungen, in der Hauptsache das Inden (Kp_{760} 182,44 °C), in geringerer Menge das Cumaron (Kp_{760} 171,38 °C), ferner Dicyclopentadien (Kp_{760} 170,0 °C) und Methylstyrole. Durch schärfere Fraktionierung läßt sich der Hauptbestandteil Inden bis auf über 80% anreichern.

Weitere für die Harzgewinnung einsetzbare Fraktionen des Leichtöls enthalten das Styrol (Kp_{760} 145,14 °C), die zwischen 190 und 200 °C siedenden Methylcumarone und die über 200 °C siedenden Methylindene als polymerisierbare Verbindungen.

Je nach Auswahl der entsprechenden Fraktion, Art des verwendeten Katalysators und Temperaturbedingungen der Reaktion lassen sich thermoplastische Harze in verschiedenen Helligkeitsgraden mit verschiedenen Erweichungspunkten und Löslichkeitseigenschaften herstellen. Diese bereits sei 1890 unter dem Namen „Cumaronharz" bekannten Produkte zählen zu den ältesten technisch angewendeten Kunststoffen.

Je höher der Gehalt der ungesättigten Verbindungen in der zu polymerisierenden Lösungsbenzolfraktion ist, um so härtere und hellere Harze können im allgemeinen daraus hergestellt werden. Als Polymerisationskatalysatoren verwendet man Säuren oder Friedel-Crafts-Katalysatoren, wie z. B. konzentrierte Schwefelsäure, Bortrifluorid und seine Additionsverbindungen, Aluminiumchlorid oder Eisenchlorid. Nach einem kationischen Kettenmechanismus entstehen unter Aufrichten der olefinischen Doppelbindung Kettenpolymere mit parallel zu den Erweichungspunkten ansteigenden mittleren Molekulargewichten, die Werte bis zu 1200 erreichen können.

Wegen der Vielzahl der zu beachtenden Reaktionsvariablen zur Herstellung der unterschiedlichen Harztypen werden die Cumaron-Inden-Harze großtechnisch im allgemeinen chargenweise gewonnen, obwohl grundsätzlich eine kontinuierliche Polymerisation durchaus möglich ist.

Die ausgewählte rohe Lösungsbenzolfraktion wird zunächst mit 10%iger Natronlauge von Restphenolen und nach einer Wasserwäsche mit 30%iger, nicht polymerisierend wirkender Schwefelsäure von Pyridinbasen befreit, sofern nicht das Ausgangsleichtöl bereits vor der Destillation neutral gewaschen worden ist. In Sonderfällen enthält das Lösungsbenzol Phenole oder Basen, da die Polymerisation in Gegenwart von Phenolen in Alkohol lösliche, in Gegenwart von Basen sehr harte Harze ergibt. Das im Lösungsbenzol in einer Menge von 1 bis 2% enthaltene Benzonitril kann durch Verseifen mit Natronlauge entfernt werden. Zur Gewinnung besonders heller Harze ist die Behandlung mit Bleicherde vorteilhaft. Die Entfernung der die Löslichkeit oder die Farbe negativ beeinflussenden Verbindungen, wie Styrol oder Dicyclopentadien, gelingt ohne Veränderung des Indens und Cumarons durch Vorbehandlung mit wenig Schwefelsäure unter milden Bedingungen, durch Anlagerung von Chlorwasserstoff oder von Chlor. Nach der Vorwäsche wird das Lösungsbenzol, falls erforderlich, mit Natriumhydroxid, Calciumchlorid oder einer definierten Menge Schwefelsäure getrocknet und einmal überdestilliert.

Die Polymerisation findet in einem mit Intensivrührer und Rohrschlange ausgerüsteten Reaktionsgefäß statt. Der flüssige Katalysator wird möglichst an der Stelle der größten Rührgeschwindigkeit der vorgelegten gereinigten Lösungsbenzolfraktion zugegeben. Nach Start der

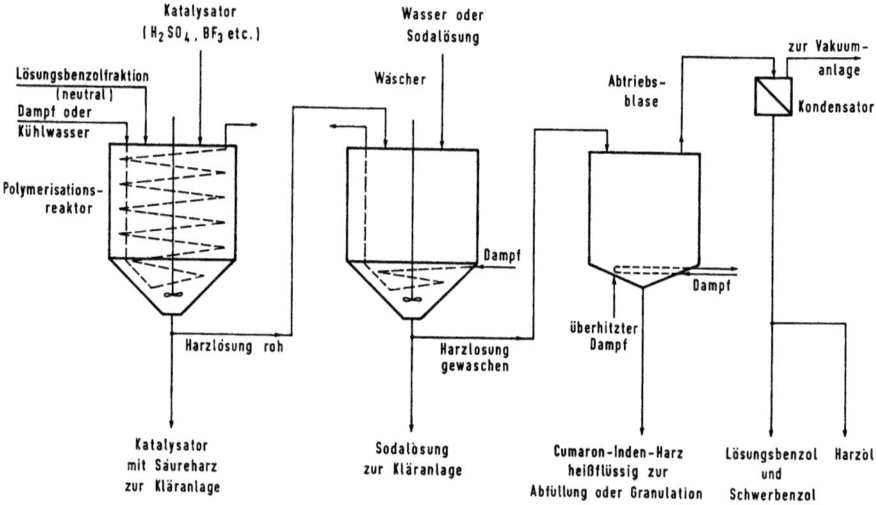

Abb. 30. Herstellung von Cumaron-Inden-Harz

exothermen Polymerisationsreaktion, der durch eine gewisse Beheizung erleichtert wird, wird die Temperatur der Charge mit Kühlwasser reguliert. Mit Schwefelsäure als Katalysator soll die Reaktionstemperatur zwischen 25 und 35 °C liegen, mit Bortrifluorid kann bis zu 60 °C gefahren werden. Höhere Temperaturen ergeben dunklere und weichere Harze. Die Reaktionszeit liegt je nach Ungesättigtengehalt etwa zwischen 1 und 3 Std. Die Dichte der Polymerisatlösung soll 1 nicht übersteigen, um ein Nachwaschen mit Wasser nach beendeter Reaktion zu ermöglichen. Die entstehende verdünnte Katalysatorlösung wird mit dem in geringen Mengen entstandenen unlöslichen Säureharz abgelassen und die rohe Harzlösung in einem nachgeschalteten Wäscher so lange mit Wasser oder 15 bis 20%iger Sodalösung gewaschen, bis die Reaktion der Waschlösung nicht mehr sauer ist. Während der Wäsche kann die Charge zur Vermeidung von Emulsionsbildung durch indirekte Beheizung auf etwa 70 bis 90 °C erwärmt werden. In einer Destillationsblase werden aus der gewaschenen Harzlösung die nicht polymerisierten Anteile des

Lösungsbenzols durch Erwärmen unter Vakuum bis auf 150 °C abdestilliert, wobei als Abtrieb Lösungsbenzol und Schwerbenzol anfallen. Diese von ungesättigten Verbindungen weitgehend gereinigten Produkte können entweder nach einer zweiten Polymerisationsstufe als Lösungsmittel verwendet oder der Druckraffination des Rohbenzols zugeleitet werden. In einer zweiten Abtriebsstufe werden aus dem Harzrückstand Dimere und niedere Oligomere als sogenanntes Harzöl z. B. mit überhitztem Wasserdampf bis zu einer Endtemperatur von etwa 250 °C übergetrieben. Das heißflüssige Harz wird abgezogen und entweder in Trommeln gefüllt oder nach einem der bei der Auskühlung von Steinkohlenteerpech angewendeten Verfahren granuliert.

Zur Modifizierung der Cumaron-Inden-Harze können folgende Methoden angewendet werden:

Druckhydrierung, Bleicherdebehandlung oder Zusatz sterisch gehinderter Phenole zur Erhöhung der Helligkeit und Lichtbeständigkeit;

Lösungsmittelextraktion zur Erhöhung des Erweichungspunkts und der Helligkeit;

Nachpolymerisation zur Erhöhung des Erweichungspunkts;

Copolymerisation mit Phenolen, Aminen, Fettsäureestern, Maleinsäureanhydrid, Menthadienen oder Olefinen aus der krackenden Aufarbeitung von Erdölfraktionen zur Veränderung der Löslichkeitseigenschaften.

Durch Kombination mit anderen Kunststoffen können die Cumaron-Inden-Harze darüber hinaus vielseitig modifiziert werden.

Erzeugnisse aus Steinkohlenteer

Die folgenden Abschnitte enthalten eine Beschreibung der Eigenschaften und Verwendungsmöglichkeiten der durch Aufarbeitung des Steinkohlenteers gewonnenen Handelsprodukte.

I. Peche

1. Brikettpech

Der Rückstand der primären Steinkohlenteerdestillation ist ein schwarzes, thermoplastisches Produkt, das im wesentlichen die über 400 °C siedenden und die unverdampfbaren aromatischen Verbindungen des Steinkohlenteers enthält. Im allgemeinen wird die Teerdestillation so gelenkt, daß der Rückstand mit einem Erweichungspunkt (K.-S.) von etwa 68 °C anfällt. Dieses „Normalpech“ besitzt ausgezeichnete Bindemitteleigenschaften und wird daher seit vielen Jahrzehnten als Brikettpech bei der Herstellung von Steinkohlenbriketts in einer Menge von 5 bis 7% der eingesetzten Feinkohle als Bindemittel benutzt.

Bei einer Erzeugung von etwa 4 Mill. t Steinkohlenbriketts lag der Brikettpechverbrauch 1966 in der Bundesrepublik Deutschland bei etwa 280000 t. Insbesondere infolge des Absatzrückgangs an Steinkohlenbriketts ist der Brikettpechbedarf rückläufig, so daß das Brikettpech nicht mehr wie noch vor einigen Jahren den dominierenden Anteil am Gesamtabsatz des Steinkohlenteerpechs in Europa stellt. Der Weltverbrauch an Brikettpech betrug 1960 noch etwa 800000 t; er wird für 1970 auf etwa 350000 t pro Jahr geschätzt.

Für die Verwendung des Brikettpechs entscheidend ist ein gutes Benetzungs- und Bindevermögen für die zu brikettierende Feinkohle, so daß nach Erkalten der Preßlinge Briketts mit hoher Festigkeit erhalten werden. Für die Verarbeitung von festem Brikettpech ist außerdem eine gute Mahlbarkeit erwünscht.

Ein gutes Brikettpech ist tiefschwarz, zeigt einen muscheligen und glänzenden Bruch und hat einen nicht zu hohen Gehalt an hochmolekularen, toluolunlöslichen Inhaltsstoffen.

Chemisch besteht das Brikettpech aus einer Vielzahl kondensierter aromatischer Kohlenwasserstoffe und Heterocyclen, die durch gegenseitige Schmelzpunkterniedrigung ein nicht-kristallisierbares Festsolvat artähnlicher Komponenten bilden. Die wichtigsten niedrigmolekularen, in Lösungsmitteln gut löslichen Inhaltsstoffe sind

Fluoranthen, Pyren, Benzofluoren, Chrysen, Benzofluoranthene, Benzpyrene und Picen,

also aromatische Kohlenwasserstoffe mit 4 bis 5 kondensierten Ringen. Die höchstsiedenden bisher isolierten Verbindungen sind die sechskernigen Kohlenwasserstoffe Coronen, Naphtho [1.2-b] chrysen (3.4; 8.9-Dibenztetraphen) und Benzo [c] picen (Fulminen) mit Siedepunkten über 520 °C und Molekulargewichten über 300. Die höhermolekularen Verbindungen können nicht mehr destillativ, sondern nur mit Hilfe selektiver Lösungsmittel in Gruppen mit ansteigendem Molekulargewicht aufgetrennt werden, z. B. mit n-Hexan, Toluol und Chinolin mit in dieser Reihenfolge ansteigendem Lösevermögen. Bei derartig gewonnenen hochmolekularen Pechfraktionen wurden Molekulargewichte bis zu 6000 ermittelt. Auf die Problematik der Molekulargewichtsbestimmungen bei Steinkohlenteerpech wurde bereits im Abschnitt über die Methoden zur Untersuchung des Steinkohlenteers hingewiesen. Etwa 4% des Brikettpechs ist auch im wirksamsten Lösungsmittel, dem Chinolin, unlöslich und von rußartiger Beschaffenheit. Im Gegensatz zu den übrigen Verbindungen sind diese höchstmolekularen Anteile nur in untergeordnetem Maße an der Entstehung des plastischen Pechzustands beteiligt, jedoch bewirken sie als arteigene Füllstoffe eine gewisse Stabilisierung des plastischen Systems.

Von den physikalischen Eigenschaften des Steinkohlenteerpechs sind für die Verwendung als Brikettbindemittel die thermoplastischen Kenngrößen des Erweichungspunkts und der Änderung der Viskosität mit der Temperatur besonders wichtig. Hierfür sind eine Reihe mathematischer Beziehungen abgeleitet worden. Zahlentafel 11 enthält die wichtigsten dieser Formeln, darüber hinaus weitere physikalische Kenngrößen sowie die Beschaffenheitsbedingungen und chemischen Eigenschaften des Brikettpechs.

2. Elektrodenpech

Die durch thermische Veredlung des Steinkohlenteer-Normalpechs gewonnenen Elektrodenpeche sind Bindemittel für die Herstellung von Kohlenstoffelektroden und von Graphit- und Kunstkohleformkörpern.

Hauptabnehmer der Elektrodenpeche ist die *Aluminium-Industrie.* Bei der Gewinnung des metallischen Aluminiums durch Schmelzflußelektrolyse des in Kryolith gelösten Aluminiumoxids wird pro t Aluminium etwa 0,5 bis 0,6 t Anodenkohle verbraucht. Die Elektrodenmassen sowohl der vorgebrannten als auch der selbstbrennenden Söderberg-Anoden werden aus Pech- oder Petrolkoks als aschearmer Feststoff-

Zahlentafel 11. *Beschaffenheitsvorschriften und Eigenschaften von Brikettpech*

Beschaffenheitsvorschriften (DIN 23081):	
Erweichungspunkt nach KRAEMER-SARNOW	68 ± 3 °C
Toluol-Unlösliches sehr gut	<20%
gut	25—20%
Aschegehalt	≦0,5%
Wassergehalt (bei Granulatpech)	0,5—2,5%
Chemische Eigenschaften:	
Kohlenstoff	92 —94%
Wasserstoff	4 — 5%
Stickstoff	1,0— 1,3%
Schwefel	0,5— 0,8%
Sauerstoff	1 — 2%
n-Hexan-Lösliches	40 —60%
Toluol-Unlösliches	15 —25%
Chinolin-Unlösliches	3 — 5%
Verkokungsrückstand nach MUCK (Bochumer Methode)	35 —45%
Physikalische Eigenschaften:	
Dichte bei 20 °C	1,27—1,28 g/cm³
Thermischer Ausdehnungskoeffizient	0,00045—0,00056 grad⁻¹
Viskositäts-Temperatur-Abhängigkeit:	
a) Formel nach FRANCK u. WEGENER (für direkt destillierte Kokereiteerpeche und Temperaturen oberhalb des Erweichungspunkts) V = kinematische Viskosität [cSt] TU = Toluol-Unlösliches [%] EP_{KS} = Erweichungspunkt nach KRAEMER-SARNOW [°C] T = absolute Temperatur [°K]	$\log\log(V+0{,}8) = 0{,}80+0{,}04\cdot\log TU + (5{,}8-0{,}03\cdot TU)[\log(EP_{KS}+273) - \log T]$
b) Formel nach WOOD u. DOWNER η = dynamische Viskosität [cP] TU = Toluol-Unlösliches [%] EP_{R+K} = Erweichungspunkt nach der Ring- und Kugel-Methode (in Wasser) [°C]	$\log\eta = (0{,}358\,EP_{R+K} + 4{,}82)\cdot 10^{12}\cdot T^{-5} + 0{,}0206\cdot TU - 0{,}378$
Beziehung zwischen EP_{KS} und EP_{R+K} für normale Brikettpeche mit 17% Toluol-Unlöslichem	$EP_{R+K} = 1{,}035\cdot EP_{KS}+9{,}6$
Äquiviskositätstemperatur (EVT)	90—110 °C
Brechpunkt nach FRAASS	30— 40 °C
Spezifische Wärme:	
a) Allgemeine Gleichung nach BRIGGS u. DRAKE für Teere und Peche C_p = spezifische Wärme [cal·g⁻¹·grad⁻¹] d_{20} = Dichte bei 20 °C t = Temperatur [°C]	$C_p = 0{,}873/d_{20} - 0{,}413 + 0{,}00093\cdot t$

Zahlentafel 11 (Fortsetzung)

b) Kokereiteer-Brikettpech (im Temperaturbereich 140—210 °C)	$C_p = 0{,}275 + 0{,}00088 \cdot t$
Wärmeleitfähigkeit (im Temperaturbereich 25—105 °C)	$\lambda_{25-105\,°C} = 0{,}00034 \pm 0{,}00002$ cal·cm^{-1} sec^{-1} grad^{-1}
Oberflächenspannung (im Temperaturbereich 120—220 °C) $\gamma_{(t)}$ = Oberflächenspannung [dyn·cm^{-1}] bei der Temperatur t $d_{(t)}$ = Dichte bei der Meßtemperatur t	$\gamma_{(t)} = 18{,}4 \cdot d^4_{(t)}$
Dielektrizitätskonstante	$\varepsilon_{25\,°C} = 3{,}3$—$3{,}4$ $\varepsilon_{100\,°C} = 4{,}4$—$4{,}6$
Magnetische Suszeptibilität	$\varkappa = 0{,}69 \cdot 10^6$

komponente und Elektrodenpech als Bindemittel hergestellt. Der Bindemittelgehalt beträgt bei Massen für vorgebrannte Anoden etwa 16 bis 17%, bei Söderbergmassen etwa 28 bis 29%, so daß sich der Elektrodenpechbedarf auf etwa 0,1 bzw. 0,2 t, bei etwa gleichem Anteil der Verfahren an der Weltproduktion im Durchschnitt auf etwa 0,15 t pro t Aluminium stellt.

Die hervorragenden Eigenschaften des Aluminiums — geringe Dichte bei hoher mechanischer Festigkeit und Korrosionsbeständigkeit sowie guter thermischer und elektrischer Leitfähigkeit — die dadurch bedingte Vielzahl der Verwendungsmöglichkeiten, rentable Produktionsverfahren und eine ausreichende Rohstoffgrundlage bewirkten vor allem in den letzten beiden Jahrzehnten einen Anstieg der Aluminiumproduktion, der in seiner Zuwachsrate den aller anderen Gebrauchsmetalle weit übertraf. Nach einer Verdoppelung innerhalb von 8 Jahren überschritt die Weltproduktion an Primäraluminium 1966 die 7 Mill. t-Grenze; das entspricht einem Elektrodenpechverbrauch von über 1 Mill. t oder etwa einem Achtel des insgesamt zur Verfügung stehenden Steinkohlenteerpechs. Bei Verwirklichung aller Erweiterungs- und Neubaupläne wird die Weltkapazität der Aluminiumhütten bis 1970 mit einer durchschnittlichen jährlichen Zuwachsrate von etwa 10% auf über 10 Mill. t pro Jahr ansteigen. Westeuropa ist an der gegenwärtigen und zukünftigen Welt-Aluminiumproduktion und damit auch am Elektrodenpechverbrauch zu etwa 20% beteiligt.

Der Anteil der für die Aluminiumelektrolyse benötigten Anodenmassen am Gesamtkunstkohlenverbrauch beträgt fast 90%. Künstlicher amorpher Kohlenstoff wird ferner benötigt für die elektrothermische Herstellung von *Calciumcarbid*, die Produktion von *Kohlenstoffsteinen*, *Eisenlegierungen* und *Phosphor*. Durch Brennen bei Temperaturen von über 2500 °C wird der amorphe Kohlenstoff in *künstlichen Graphit* umgewandelt. Graphit-Elektroden werden benötigt bei der Elektrostahlerzeugung, der Chloralkalielektrolyse, der Magnesium-, Natriumchlorat- und Natriummetall-Gewinnung. Graphit ist darüber hinaus Moderator und Reflektor in Kernreaktoren sowie hochtemperaturbeständiger, thermisch und elektrisch gut leitender Werkstoff zur Auskleidung hochfeuerfester Öfen, für Kohlebürsten, korrosionsbeständige Wärmeaustauscher und in der Raketentechnik. Die in diesen Bereichen außerhalb der Aluminiumverhüttung verbrauchten Elektrodenpechmengen dürften in der Größenordnung von etwa 100000 t pro Jahr liegen.

Die wichtigsten Anforderungen, die an die Eigenschaften der Elektrodenpeche gestellt werden, ergeben sich aus der Technologie der *Elektrodenfabrikation*. Beim Vorbrennen der heiß zu Blöcken verpreßten Elektrodenmasse ist es wichtig, daß sich die Preßlinge nicht verziehen, verformen oder gar reißen. Der aus dem Bindemittel sich bildende Koks muß alle während der Verkokungsperiode entstehenden Spannungen aufnehmen können. Die flüchtigen Pechbestandteile sollen möglichst gleichmäßig entweichen. Bei Söderberg-Elektrodenmassen, bei denen die Druckformung entfällt, sind darüber hinaus Bedingungen an das Viskositäts-Temperatur-Verhalten zu stellen, um eine gleichmäßige Verteilung der etwa 200 °C warmen Elektrodenpaste auf dem Kopf der Anode zu gewährleisten und ein Herausziehen und Einsetzen der der Stromzuführung dienenden Stahlstummel im oberen Teil der Elektrode zu ermöglichen. Die wichtigsten Eigenschaften der Elektrodenpeche sind ein gutes Back- und Bindevermögen für den als Feststoffkomponente verwendeten Pech- oder Petrolkoks, ein gleichmäßiger Entgasungsverlauf, ein hoher Verkokungsrückstand und eine hohe Festigkeit des gebildeten Kokses. Am Back- und Bindevermögen sind bestimmte hochmolekulare Pechfraktionen in besonders starkem Maße beteiligt, zu deren analytischen Ermittlung selektive Lösungsmittel verwendet werden. Es handelt sich dabei um diejenigen Pechinhaltsstoffe, die in einem gut wirksamen Lösungsmittel wie Chinolin, Anthracenöl oder Pyridin löslich, in einem Lösungsmittel mittlerer Wirksamkeit, wie Toluol oder Benzol, dagegen unlöslich sind. Die Koksausbeuten werden nach verschiedenen Laboratoriumsmethoden ermittelt. Als sehr wichtig wird im allgemeinen außer den bereits erwähnten Kenndaten ein hoher Aromatisierungsgrad angesehen, der durch ein hohes Kohlenstoff/Wasserstoff-Verhältnis gekennzeichnet ist. Die hochkondensierten Aromaten des Steinkohlenteerpechs ergeben einen Koks mit erwünschter geringer Reaktivität gegenüber Luftsauerstoff, guter elektrischer Leitfähigkeit und guter Graphitierbarkeit. Ein niedriger Aschegehalt und ein niedriger Gehalt an Schwermetallen wird gefordert, da diese anorganischen Beimengungen während der Schmelzflußelektrolyse in das abgeschiedene Aluminium übergehen können. Erwünscht ist ferner ein niedriger Schwefelgehalt, der bei Steinkohlenteerpechen im allgemeinen bei 0,6 bis 0,8% liegt. Darüber hinaus haben die Elektrodenhersteller bzw. die Aluminiumproduzenten die unterschiedlichsten und zum Teil recht umfangreiche Analysenverfahren entwickelt, deren Ergebnisse Hinweise auf die Verarbeitbarkeit und die Qualität der daraus herzustellenden Elektroden geben sollen.

Die Zahlentafel 12 enthält eine Reihe von Anforderungen und Eigenschaften verschiedener Elektrodenpechtypen.

3. Hartpech

Durch Verblasen von Steinkohlenteer-Normalpech mit Luft gewonnenes Hartpech ist in der Hauptmenge Zwischenprodukt zur Erzeugung von Pechkoks.

Die in der Welt jährlich zur Verkokung eingesetzte Hartpechmenge wird auf mehr als $^1/_2$ Mill. t geschätzt. Hieran haben die Bundesrepublik Deutschland und Japan einen Anteil von je etwa 200000 t, der Rest entfällt auf die UdSSR, die Tschechoslowakei, Polen und Österreich.

Hartpech kann ferner zur Herstellung plastifizierter Peche sowie, mit pulverförmigen Mineralien gemischt, unmittelbar für den Korrosionsschutz eingesetzt werden. Das Handelsprodukt Manolith der Mannesmann AG ist ein aus Hartpech und Kalksteinmehl durch Erhitzen aufbereitetes, gemahlenes, hydrophobes Pulver, das als Isolierstoff für warmbetriebene Leitungen dient. Nach Fertigstellung der Rohrmontage wird das Pulver einfach in den Rohrgraben geschüttet und mit Innenrüttlern verdichtet. Die Masse verbindet wärmedämmende und korrosionsverhindernde Eigenschaften, bleibt hydrophob und wird biologisch nicht angegriffen.

Für die Pechverkokung eingesetztes Hartpech hat im allgemeinen einen Erweichungspunkt (K.-S.) von über 150 °C. Der Verkokungsrückstand soll möglichst hoch, mindestens aber nach der Platintiegel-Methode über 50% liegen. Die betriebliche Koksausbeute liegt weit höher als der analytisch gefundene Wert, nämlich bei etwa 70%. Da der Pechkoks wie das Elektrodenpech zur Herstellung von Elektroden für die Aluminiumindustrie verwendet wird, darf das Hartpech nur einen niedrigen Gehalt an anorganischen Verunreinigungen aufweisen. Anhaltswerte für die Kenndaten eines Hartpechs für die Pechverkokung enthält die Zahlentafel 13.

4. Pechkoks

Der durch Hochtemperaturverkokung des Hartpechs erzeugte Pechkoks ist alternativ zu Petrolkoks und anderen gereinigten Kohlenstoff-

Zahlentafel 12. *Beschaffenheitsvorschriften und Analysendaten von*

	Bundesrepublik Deutschland Verkaufsvereinigung für Teererzeugnisse				Frankreich Pechiney	Großbritannien British Aluminium Comp.	Norwegen Elektrokemisk A/S	
Erweichungspunkt (°C)	70—80	80—85	80—85	80—85	70—85	70—75	70—80	72—78
(Methode) [a]	(KS)	(KS)	(KS)	(KS)	(KS)	(KS)	(KS)	(KS)
Verkokungsrückstand (%)	—	>51	>51	>54	≧50	≧50	≧50 ≧55	≧50 53—55
(Methode) [b]		(Elektrokemisk)	(Elektrokemisk)	(Elektrokemisk)	(Pechiney)	(British Al. Co. Ltd.)	(Elektrokemisk)	
Benzol-Unlösliches (%)	20—25	29—33	37—43	41—44	≧28 [f]	≧25	27—28	24—36
Pyridin-Unlösliches (%)	10—15	16—21	25—31	31—34	—	—	—	—
Chinolin-Unlösliches (%) (A = Anthracenöl-Unlösliches [c])	2— 4	5— 8 (A)	9—15 (A)	14—19 (A)	≦11 (A)	—	9—10	5— 9
Dichte 20 °C (g/cm³)	1,27—1,29	1,30	1,27	—	—	≧1,28 [d]	≧1,285 [e]	1,29—1,31
Fraktionierte Destillation (%)								
bis 270 °C	—	—	—	—	≦1	—	≦1	—
bis 300 °C	—	—	—	—	—	—	—	—
bis 360 °C	—	—	—	—	≦5	≦6	—	—
Asche (%)	≦0,5	≦0,3	≦0,3	≦0,3	≦0,3	≦0,3	0,3	—

[a] KS = KRAEMER-SARNOW. — CiA = Cube in Air (ca. 16 bis 22 °C höher als KS). — R+K = Ring und Kugel (ca. 12 bis 15 °C höher als KS).
[b] Die Werte differieren je nach Analysenmethode um einige %.
[c] Das Anthracenöl-Unlösliche liegt in der Größenordnung des Chinolin-Unlöslichen.
[d] Bei 15,5 °C.
[e] Bei 25 °C.
[f] Differenz Benzol/Anthracenöl-Unlösliches (β-Harze) ≧20%; Verkokungsrückstand der β-Harze ≧89%.

trägern die feste Kohlenstoffkomponente bei der Herstellung der Massen für Kohlenstoff- und Graphitelektroden sowie für andere Kunstkohleformkörper. Die Anwendungsbereiche der Kunstkohlen mit dem Schwergewicht auf den Anoden für die Aluminiumelektrolyse wurden bereits bei den als Bindemittel für die feste Kokskomponente eingesetzten Elektrodenpechen im einzelnen erläutert.

Die *Welterzeugung* an Steinkohlenteerpechkoks dürfte gegenwärtig in der Größenordnung von 400000 t im Jahr liegen. Damit deckt der Pechkoks jedoch nur etwa ein Zehntel des Gesamtbedarfs der Kunstkohlen- und Graphitindustrie an festen Kohlenstoffträgern. Sonstige Rohstoffe sind vor allem kalzinierter Petrolkoks, ferner Braunkohlenpechkoks und Extraktkoks sowie für weniger hohe Reinheitsansprüche aschearmer Steinkohlenkoks, gereinigter Anthrazit und Naturgraphit. Spezielle Petrolkokse werden unter Zusatz von Steinkohlenteerhartpech

Elektrodenpechen verschiedener Verarbeiter und Erzeuger

USA					Kanada Aluminium Comp. of Canada (Alcan)		Japan	UdSSR
Great Lakes Carbon Corp.	Anodenpeche			Kathodenpech				
	Vertikal-stummel-Söderberg-Anoden	Seiten-stummel-Söderberg-Anoden	Vorgebrannte Anoden					
99—100 (CiA)	95—100 (CiA)	110—120 (CiA)	115—120 (CiA)	≦65 (CiA)	88—90 (CiA)	100—110 (CiA)	78—85 (R+K)	89 (R+K)
60 (Conradson)	≧50 (Conradson)	≧55 (Conradson)	≧57 (Conradson)	≧35 (Conradson)	50—55 (Al. Lab. Ltd.)	57 (Al. Lab. Ltd.)	48—51	51
29—32	≧26	≧28	≧30	≧15	34	—	16—27	24—26
—	—	—	—	—	—	—	—	—
—	≧6	8—14	10—15	5—10	10—12	—	1—5	3—4
1,29 —1,32	≧1,29	≧1,30	≧1,31	≧1,25	1,31	—	1,27—1,28	1,28—1,29
—	—	—	—	≦1	—	—	—	—
—	—	—	—	—	—	—	—	—
—	≦6	≦6	≦4	≦16	—	—	—	5—6
0,2—0,5	—	≦0,25	≦0,25	≦0,25	0,3	—	—	<0,3

Zahlentafel 13. *Eigenschaften von Hartpechen für die Pechverkokung*

Erweichungspunkt (K.-S.)	≧150 °C
Koksausbeute (Pt-Tiegel)	>50%
Koksausbeute (praktisch)	~70%
Aschegehalt	≦ 0,32%
Toluol-Unlösliches	~50%
Elementaranalyse:	
C	92 —93%
H	3,5— 4,5%
N	1,3— 1,5%
S	0,6— 0,8%
O	0,7— 1,2%

vor der Kalzinierung hergestellt. Die bedeutendsten Erzeugerländer für Steinkohlenteerpechkoks sind die Bundesrepublik Deutschland und Japan mit je etwa 150000 t im Jahr, darüber hinaus wird Pechkoks in der UdSSR, Polen, Tschechoslowakei und Österreich hergestellt.

Die wichtigsten *Eigenschaften* des Pechkokses oder der Elektrodenkokse allgemein sind ein hoher Kohlenstoffgehalt, ein geringer Gehalt an flüchtigen Bestandteilen, Schwefel und anorganischen Aschebildnern, ferner eine hohe Dichte, ein geringer thermischer Ausdehnungskoeffizient, eine ausreichende Festigkeit bei gleichzeitiger guter Mahlbarkeit sowie für die Herstellung von Graphitelektroden eine leichte Graphitierbarkeit und die Bildung eines Graphits mit guter elektrischer Leitfähigkeit. Zur Herstellung von höchstreinem Reaktorgraphit und Graphit für die Halbleitertechnik wird außerdem ein besonders niedriger Gehalt an den Spurenelementen Eisen, Bor, Vanadin, Titan und Calcium gefordert. Für Anoden der Aluminiumindustrie soll der Zinkgehalt einen Wert von 0,05 % möglichst nicht überschreiten.

Einen ersten Hinweis auf die *Graphitierbarkeit* gibt die wahre Dichte des Pechkokses, die möglichst bereits eine nur geringe Differenz zu der Dichte des reinen Graphits von 2,27 haben soll. Gut graphitierbare Kokstypen haben eine Dichte von über 2,1. Ein weiterer Hinweis der Eignung für Graphitelektroden ist eine vorgebildete Anisotropie, die durch mikroskopische Schliffuntersuchungen ermittelt werden kann. Derartig anisotrope Pechkokse werden aus Hartpechen mit niedrigem Gehalt an den rußartig amorphen chinolinunlöslichen Bestandteilen erzeugt.

Zahlentafel 14 enthält einige Analysendaten von Steinkohlenteerpechkoksen üblicher Qualität.

Zahlentafel 14. *Eigenschaften von Pechkoks aus Steinkohlenteer*

Kohlenstoffgehalt (waf)	$\geqq$98%
Flüchtige Bestandteile (Glühverlust im Quarztiegel)	0,4—0,8%
Schwefelgehalt	0,7—0,9%
Wassergehalt	0,5—2,0%
Aschegehalt	0,3—0,4 %
Wahre Dichte	1,9—2,2 g/cm³
Scheinbare Dichte (Raumgewicht)	1,1—1,2 g/cm³

5. Plastifizierte Peche

Die plastifizierten Peche unterscheiden sich vom Normalpech vor allem durch die größere Plastizitätsspanne, d. h. die Differenz zwischen Erweichungs- und Brechpunkt. Sie sind im Gegensatz zum Brikettpech bei tiefen Temperaturen nicht spröde, sondern plastisch oder sogar gummielastisch und in der Wärme weniger schnell zum Erweichen und Fließen neigend. Die plastifizierten Peche finden Verwendung für den *Langzeit-Korrosionsschutz* insbesondere von Rohrleitungen, als Vergußmassen und zur Herstellung von Sonderdachpappen. Die wesentlichen Vorteile gegenüber dem für diese Zwecke ebenfalls in großem Umfang eingesetzten Erdölbitumen liegen in der hervorragenden Beständigkeit des Steinkohlenteerpechs gegen Feuchtigkeit, Bakterien- und Pilzbefall sowie zum Teil auch gegen Mineralöl und Benzin.

In den USA werden seit etwa 1930 plastifizierte Steinkohlenteerpeche in größerem Maßstab und mit bestem Erfolg für den Rohrleitungsschutz eingesetzt, während in Europa, das sich erst seit etwa 1950 mit dem Bau größerer Rohrleitungen beschäftigt, Erdölbitumen bevorzugt verwendet wird. Der Jahresverbrauch an plastifizierten Pechen für den Rohrschutz liegt in den USA bei 200000 bis 300000 t, wobei der Pechanteil in der fertigen Rohrschutzmasse im Mittel etwa 50% beträgt.

Zur Prüfung der plastifizierten Peche sind zahlreiche Untersuchungsverfahren entwickelt worden. Sie betreffen vor allem das thermoplastische Verhalten sowohl bei tiefen als auch bei hohen Temperaturen, die Ermittlung der erforderlichen Verarbeitungstemperatur, das Haftvermögen, die Alterungsbeständigkeit, die Wurzelfestigkeit und die Beständigkeit gegen Wasseraufnahme. Wichtige Kenndaten für das thermoplastische Verhalten sind der Erweichungspunkt, die Penetration bei verschiedenen Temperaturen, der Brechpunkt und das Auftreten von Rissen bei Kugelfallprüfungen in der Kälte. Die Verarbeitungstemperatur wird durch Viskositätsmessungen ermittelt. Von Interesse sind ferner der Gehalt an Füllstoffen sowie das elektrische Isolierungsvermögen.

Die Zahlentafel 15 enthält die Kenndaten von heiß zu verarbeitenden gefüllten plastifizierten Pechen nach den amerikanischen Normenvorschriften, speziell geeignet für den Rohrleitungsschutz. Der erste aufgeführte Typ der Zahlentafel ist ein lediglich mit Füllstoffzusatz versehenes normales Steinkohlenteerpech. Es ist brauchbar für den Temperaturbereich 0 bis 50 °C, widerstandsfähig gegen hohen Erddruck, wasserfest und beständig gegen Bodenchemikalien. Der zweite Typ der Zahlentafel, ein teilweise plastifiziertes Pech, ist als Allzweckmaterial bei Temperaturen von —18 bis +60 °C einsetzbar. Der Anwendungsbereich für das vollplastifizierte Pech der Normalqualität reicht von —30 bis über +70 °C. Dieses Pech ist stoß- und schlagfest und deshalb wenig empfindlich gegen Transport- und Lagerschäden. Das plastifizierte Pech der AWWA-Qualität kann im gleichen Temperaturbereich wie das der Normalqualität eingesetzt werden, es ist jedoch noch weicher und biegsamer und besser für den Schutz von Rohren mit großem Durchmesser geeignet. Der zuletzt aufgeführte Pechtyp mit höherem Erweichungspunkt ist beständig gegen Temperaturen von —18 bis +82 °C. Dieses Pech ist für Gasleitungen zu empfehlen, insbesondere für heiße Gase, für warme, sumpfige Gebiete und für Bereiche mit hohen Bodenpressungen.

Die Spezifikationen des plastifizierten Pechs der AWWA-Qualität können im wesentlichen als Bewertungsmaßstab für alle gefüllten *Rohrschutzmassen* gelten. In Europa sind entsprechende Vorschriften entwickelt worden; sie sind in Zahlentafel 16 im Vergleich zu den AWWA-Normen zusammengestellt.

Das plastifizierte Pech wird heiß auf das mit einem Voranstrich versehene Rohr aufgetragen, und zwar bereits beim Rohrhersteller oder am

Zahlentafel 15. *Eigenschaften von plastifizierten Pechen mit anorganischen Füllstoffen*

	Nicht-plastifiziert (mit Füllstoffzusatz)	Teilweise plastifiziert	Plastifiziert, Normalqualität	Plastifiziert, AWWA[a]-Qualität	Plastifiziert, für hohe Temperatur
Erweichungspunkt (Ring und Kugel) [°C]	86—91	91—96	104—110	≧104	≧121
Penetration bei 25 °C (100 g, 5 sec) [1/10 mm]	0—2	2—7	5—10	10—20	0—5
Penetration bei 46 °C (50 g, 5 sec) [1/10 mm]	1—8	10—25	15—25	15—55	5—15
Füller (Asche) [%]	22—32	22—32	22—32	25—35	22—32
Dichte bei 25 °C [g/cm³]	1,40—1,60	1,40—1,60	1,40—1,60	1,40—1,60	1,40—1,60
Wärmebeständigkeit (maximales Fließen von 1,6 mm, AWWA C 203)	5 h/49 °C	5 h/60 °C	24 h/71 °C	24 h/71 °C	5 h/82° C
Kältebeständigkeit (keine Rißbildung, AWWA C 203)	5 h/—1 °C	5 h/ —18 °C	6 h/ —29 °C	6 h/ —29 °C	6 h/ —18 °C
Schältest (kein Schälen, AWWA C 203)	27—49 °C	27—60 °C	27—71 °C	27—71 °C	27—82 °C
Funkentest (10000 Volt bei 1,6 mm Schichtdicke, AWWA C 203)	keine Funken	keine Funken	keine Funken	keine Funken	keine Funken
Elektr. Widerstand bei 1,6 mm Schichtdicke [Megohm/Sq. ft]					
30 Tage Lagerung in n/10 NaCl	200000	20000	6000	1600	8000
1 Jahr Lagerung in n/10 NaCl	>200000	2100	1300	300	1900
(Vgl.: ∅ 5 Bitumen-Schutzmassen: 82000 [30 Tage]; <0,6 [1 Jahr])					
Ungefähre Verarbeitungstemperatur [°C]	204	232	246	246	260

[a] American Water Works Association.

Ort der Rohrverlegung. Bei Böden ohne starke korrosive Einflüsse genügt ein Überzug, verstärkt durch eine eingebettete Glasvliesmasse. Für felsige oder stark korrosive Böden sowie für Unterwasserleitungen werden mehrere Schichten aufgebracht.

Bei gleichzeitiger Anwendung eines kathodischen Rohrschutzes ist die geringe Wasseraufnahme des Steinkohlenteerpechs von Bedeutung. Der Wassergehalt eines Teerpechüberzugs von 2,5 mm Dicke stellt sich nach längerer Wasserlagerung auf nur etwa 0,3 bis 0,6 % ein.

Zahlentafel 16. *Vorschriften für gefüllte Steinkohlenteerpech-Rohrschutzmassen nach den Spezifikationen des Comité de l'Europe Occidental de la corrosion et de la protection des conduits souterraines (CEOCOR) und der American Water Works Association (AWWA)*

	CEOCOR	AWWA
Erweichungspunkt (Ring u. Kugel)	≧95 °C	≧104 °C
Biegeprüfung bei 5 °C (deflection test)	≧20 mm	≧20 mm
Biegeprüfung bei 5 °C nach 2 h Behandlung bei Verarbeitungstemperatur	≧15 mm	≧15 mm
Penetration bei 25 °C (100 g, 5 sec) [1/10 mm]	≦20	10—20
Kugelfallprüfung (impact test) (Stahlkugel 650 g, 25 °C, Fallhöhe 2,44 m)		
abgelöst bei direktem Stoß	≦65 cm²	≦64,5 cm²
abgelöst bei indirektem Stoß	≦13 cm²	≦12,9 cm²
Fließprüfung (sag test)	≦6 mm (70 °C, 20 h)	≦1,6 mm (71 °C, 24 h)
Stempelprüfung	≦10 mm	—
Füllstoffgehalt (Asche)	≦40%	25—35
Absetzneigung bei Verarbeitungstemperatur	≦5%	—
Wasseraufnahme	≦1,5 g/m²	—

Zahlentafel 17. *Eigenschaften von plastifizierten Steinkohlenteerpech-Tauchmassen ohne anorganischen Füllstoffzusatz*

	Synoplast 40/45 (Tauchmasse)	Synoplast 45/50 (Tauchmasse)	Synoplast 50/55 (Tauchmasse)	Synoplast H 65/75 (mit organ. Füller)
Erweichungspunkt (K.-S.)	40—45 °C	45—50 °C	50—55 °C	65—75 °C
Brechpunkt nach FRAASS	unter —5 °C	unter —5 °C	unter —5 °C	unter —6 °C
Viskosität bei 100 °C (STV, 4 mm-Düse)	5—10 sec	5—10 sec	5—10 sec	4—10 sec
Penetration bei 25 °C [1/10 mm]	70—150	65—145	60—140	15—25

Plastifizierte Peche ohne Füllstoffgehalt werden als *Tauchmassen* vor allem für die Beschichtung von gußeisernen Rohren eingesetzt. Die Beschaffenheitsdaten von den in der Bundesrepublik Deutschland verarbeiteten Synoplast-Tauchmassen (Verkaufsvereinigung für Teererzeugnisse) enthält die Zahlentafel 17.

Außer für den Rohrleitungsschutz werden plastifizierte Peche zur Herstellung von *Sonderdachpappen*, als *Klebemassen* für Dachpappen und Fußbodenbeläge, als *Vergußmassen* für Tonrohrleitungen, Steinfugen, Dehnungsfugen in Betonbahnen und für Schächte sowie als Textiltränkmassen für Waggondecken verwendet. In allen Fällen ist die hervorragende Beständigkeit des Steinkohlenteerpechs gegen Wasser, Bakterien- und Pilzbefall sowie zum Teil auch gegen Mineralöl und Benzin für die Verwendung ausschlaggebend.

Besonders extremen Ansprüchen werden Steinkohlenteerpech-*Kunststoffkombinationen* gerecht. Die größte Verbreitung haben davon Kombinationen mit Epoxidharz gefunden. Durch chemische Härtung des Duroplasten erhält man nach Mischen Massen mit hoher Temperatur- und Chemikalienbeständigkeit. Normalerweise werden Epoxidflüssigharze von niedrigem Molekulargewicht mit ölhaltigen Steinkohlenteerweichpechen kombiniert. Eigenschaften derartiger in der Bundesrepublik Deutschland hergestellter Steinkohlenteer-Modifizierungsmittel für Epoxid- und Polyurethanharze enthält die Zahlentafel 18.

Zahlentafel 18

Eigenschaften von lösungsmittelfreien Steinkohlenteerprodukten zur Modifizierung von Epoxid- und Polyurethanharzen (vgl. auch Zahlentafel 33)

	Hochviskoser Typ	Niedrigviskoser Typ
Äußere Beschaffenheit	gleichmäßig	gleichmäßig
Absolute Viskosität bei 25 °C	37000—65000 Poise	5600—6400 Poise
Dichte bei 25 °C	1,22 ± 0,02	1,21 ± 0,02
Phenole	<0,2%	<0,2%
Wasser	<0,1%	<0,1%
Toluol-Unlösliches	8—12%	8—12%

6. Gießereipech

Feinkörniges Pech mit gegenüber dem Normalpech erhöhtem Erweichungspunkt und Verkokungsrückstand (Perlpech, *pelleted pitch*) wird als Bindemittel für Formsand und Ton bei der Herstellung von Gießereiformen verwendet. Beim Brennen der gestampften Form verkokt das Pech und verbindet die Sand- und Tonteilchen fest miteinander. Der Bindemittelgehalt der Formmischung liegt normalerweise bei etwa 4%. In den USA wurden an Gießereipech vor wenigen Jahren etwa 25000 bis 30000 t jährlich verbraucht. Der Absatz soll jedoch zurückgegangen sein.

Zahlentafel 19 enthält Analysendaten zweier Gießereipechtypen. Für die Verwendung ist außerdem die Kornabstufung des Materials wichtig.

Zahlentafel 19. *Beschaffenheit von Gießereipechtypen*

	Typ I	Typ II
Erweichungspunkt (CiA)	149—160 °C	140—165 °C
Benzol-Unlösliches	~30%	~36%
Chinolin-Unlösliches	~ 6%	~ 7%
Verkokungsrückstand	53,5%	51—52%
Asche	0,1%	0,1%

7. Fibrepipe-Pech

Pechfaserrohre (*pitch fibre pipes*) werden durch Vakuumimprägnierung einer Faserstoffmasse aus Cellulose unter Zusatz von Asbest mit etwa 165 °C heißem Flüssigpech hergestellt. Die fertigen Rohre bestehen zu etwa 75 Gew.-% aus Pech. Sie haben vor allem in den USA, Kanada und Großbritannien eine weite Anwendung als Bodenentwässerungs-, Abwasser- und Kabelrohre gefunden. Die Vorteile dieser Rohre gegenüber den herkömmlichen aus Gußeisen oder Steinzeug liegen in der guten Verarbeitbarkeit, die durch das niedrige Gewicht und das leichte Zuschneiden und Verbinden der Rohrstücke bedingt ist, in der außerordentlich hohen Korrosionsbeständigkeit auch gegen saure und alkalische Wässer sowie in der ausgezeichneten Flexibilität. Das Steinkohlenteerpech ist beständig gegen Pilzbefall, Bodenbakterien und Durchwurzelung. Versuche haben bewiesen, daß den bodenverlegten Pechfaserrohren eine Lebensdauer von mehr als 50 Jahren zuzumessen ist.

Die für die Herstellung von Pechfaserrohren benötigten Pechmengen werden in den USA auf etwa 200000 t pro Jahr geschätzt. Weitere bedeutende Produktionsanlagen für Pechfaserrohre befinden sich in Großbritannien und Kanada.

Das Fibrepipe-Pech soll möglichst aus Kokereiteer stammen, aus dem ein Teil der chinolin-unlöslichen Bestandteile vor der Destillation entfernt worden ist. Ein zu hoher Anteil der durch das Chinolin- oder Nitrobenzol-Unlösliche charakterisierten im Pech suspendierten rußartigen Feststoffe beeinträchtigen die Imprägnierwirkung des Pechs. Zahlentafel 20 enthält einige für Fibrepipe-Pech geforderte Spezifikationen.

Zahlentafel 20. *Eigenschaften von Fibrepipe-Pech*

Erweichungspunkt (R. u. K.)		67—70 °C
Dichte bei 18 °C		>1,21
Penetration bei 25 °C:	100 g/5 sec	0
	200 g/30 sec	0—3
	200 g/60 sec	1—7
Viskosität bei 150 °C		~9 °E
Toluol-Unlösliches		12—20%
Nitrobenzol-Unlösliches		≦4,0%
Chinolin-Unlösliches		~2,5%
Asche		≦0,5%

8. Tontauben-Pech

Als „Tontauben" werden die hauptsächlich aus Kalkstaub bestehenden fliegenden Ziele beim Sportschießen bezeichnet. Es sind dies untertassenförmige Scheiben, die sich mit Geschwindigkeiten bis zu 100 km/h und Umdrehungsgeschwindigkeiten von etwa 5000 U/min bewegen.

Das als Bindemittel für den Kalkstaub dienende Pech muß die Tontaube trotz dieser hohen Beschleunigungskräfte zusammenhalten und zum anderen so spröde sein, daß es die Masse bei einem Schrotkorntreffer zu einem feinen, gut sichtbaren Pulver zerfallen läßt. Diesen Anforderungen genügt ein direkt destilliertes Pech mit höherem Erweichungspunkt. Der Absatz an Tontauben-Pech (target pitch) liegt in den USA konstant in der Größenordnung von 10000 t im Jahr.

9. Pech-Emulsionen

Wäßrige Pech-Emulsionen werden als kalt zu verarbeitende Deckanstriche im Korrosionsschutz verwendet. Sie können durch Zusatz von Acrylharz oder Kautschuklatex modifiziert werden. Das emulgierte Pech hat meist einen Erweichungspunkt (R. u. K.) von etwa 50 °C oder darunter. Bei Verwendung von Ton als Emulgator können die Anstriche mit Aluminium- oder anderen schnelltrocknenden Farben überdeckt werden, ohne daß das Pech „durchblutet". Nach der amerikanischen Militärspezifikation sollen Pech-Emulsionen einen Feststoffgehalt von mindestens 45%, einen Aschegehalt von mindestens 25% und einen Wassergehalt von höchstens 50% aufweisen. Die Feuchtigkeitsabsorption beträgt maximal 10%. Die Anstriche sind temperaturbeständig bis 80 °C.

II. Öle

1. Rußöl

Die kondensierten Aromaten der hochsiedenden Steinkohlenteeröle, vor allem des Anthracenöls, liefern bei der unvollständigen Verbrennung hochwertige Ruße. Wegen ihrer Schwefelarmut und des vollaromatischen Charakters sind Steinkohlenteeröle besonders wertvolle Rußrohstoffe. In der Bundesrepublik Deutschland wie auch in Japan und der Sowjetunion werden fast ausschließlich Steinkohlenteeröle zur Rußerzeugung eingesetzt. Die unvollständige Verbrennung geschieht nach dem älteren Flammruß-Verfahren oder dem modernen Gasruß-Verfahren. Beide Verfahren liefern Farbruße und Ruße für kautschuktechnische Zwecke.

Mehr als 95% der Rußproduktion werden als aktiver *Füllstoff in der Kautschukindustrie* verbraucht, deren Hauptabsatzgebiet die Autoreifenproduktion ist. Autoreifen enthalten im allgemeinen etwa 30% Ruß. Die Rußproduktion aus Steinkohlenteerölen belief sich in der Bundesrepublik Deutschland 1964 auf etwa 120000 t, das entspricht bei einer Ausbeute um 60% einem Rußölverbrauch der Größenordnung von 200000 t im Jahr. Die Produktionskapazitäten sollen auf über 200000 t Ruß im Jahr erweitert werden. Das Rußöl ist damit in der Bundesrepublik Deutschland in den letzten Jahren zum mengenmäßig bedeutendsten Steinkohlenteeröl geworden.

Rußöle werden in verschiedenen Qualitäten hergestellt, die sich vor allem in ihrer Siedelage unterscheiden. Hauptbestandteil ist im allgemeinen das filtrierte Anthracenöl. Die Anforderungen betreffen neben den Siedegrenzen vor allem die Viskosität, den Kristallisationsbeginn, die Dichte als Maß für die Aromatizität sowie den Schwefelgehalt. Die Analysendaten zweier typischer Rußöle enthält die Zahlentafel 21.

Zahlentafel 21. *Analysendaten von Rußölen*

	leichter Typ	schwerer Typ
Dichte bei 20 °C	1,08—1,12	1,08—1,13
Kristallisationsbeginn	≦25 °C	≦30 °C
Viskosität bei 30 °C	≦ 3 °E	≦ 3 °E
Siedeanalyse:		
Beginn bis 250 °C	≦25%	≦25%
Beginn bis 300 °C	≦50%	≦50%
mindestens 85% bei	370 °C	400 °C
Schwefelgehalt	≦ 1%	≦ 1%

2. Heizöl

Heizöle auf Steinkohlenteerbasis zeichnen sich durch die Bildung einer kurzen, heißen Flamme und einen geringen Schwefelgehalt aus und werden besonders in der metallurgischen Industrie verwendet. In vielen Ländern sind Heizöle das wichtigste Absatzgebiet für die hochsiedenden Steinkohlenteerkomponenten, während in der Bundesrepublik Deutschland die Heizöle zur Zeit hinter den Rußölen den zweiten Platz einnehmen. Der Absatz an Steinkohlenteerheizöl lag 1964 in der Bundesrepublik Deutschland bei etwa 200000 t, in Großbritannien einschließlich der Heizpechmengen bei etwa 800000 t.

Heizöle werden in den verschiedensten Typen hergestellt, die sich vor allem in ihrer durch die Dichte charakterisierten Siedelage sowie in ihrer Viskosität und Satzfreiheit unterscheiden. Spezialheizöle für Siemens-Martin-Öfen können auch Pech enthalten, wie auch das Pech selbst als extraschweres Heizöl einsetzbar ist. Die Steinkohlenteerheizöle haben einen unteren Heizwert von etwa 9000 kcal/kg. Zahlentafel 22 enthält Lieferbedingungen der Verkaufsvereinigung für Teererzeugnisse für verschiedene Heizöltypen.

Zahlentafel 22. *Lieferbedingungen für Steinkohlenteerheizöle (VfT)*

	Heizöl Z	Heizöl II	Heizöl TGK	Heizöl IV (schweres Heizöl)	Spezialheizöl für Hüttenwerke
Viskosität	≦2 °E/20 °C	≦2,5 °E/20 °C	≦2,5 °E/20 °C	≦3 °E/30 °C	≦5 °E/50 °C ≦10 °E/50 °C
Dichte bei 20 °C	1,02—1,10	1,02—1,10	1,02—1,08	1,04—1,15	≦1,185 ≦1,20
Satzfreiheit	0°/24 h	0°/3 h	—7°/24 h	25°/0,5 h	10°/3 h
Verkokungsrückstand (nach CONRADSON)	≦2%	≦2%	≦2%	≦2%	—
Xylol-Unlösliches	≦0,2%	≦0,2%	≦0,2%	≦0,2%	—
Asche	≦0,04%	≦0,04%	≦0,04%	≦0,05%	≦0,2%
Schwefel	≦0,8%	≦0,8%	≦0,8%	≦0,9%	≦0,9%
Wasser	≦0,3%	≦0,3%	≦0,3%	≦0,5%	≦0,5%
Flammpunkt (PENSKY-MARTENS)	≧85 °C	≧85 °C	≧85 °C	≧85 °C	≧85 °C
unterer Heizwert ca.	9000 kcal/kg	9000 kcal/kg	9000 kcal/kg	9000 kcal/kg	9000 kcal/kg

3. Imprägnieröl

Steinkohlenteeröle haben für den *Holzschutz* eine überragende Bedeutung. Die aromatischen Inhaltsstoffe dieser Öle besitzen im Gemisch starke pilzwidrige Eigenschaften und eine ausgeprägte Giftwirkung gegen tierische Holzschädlinge, wie den Hausbockkäfer, die Holzbohrmuschel, Anobien und Termiten. Teeröle zeigen auch eine gute Hemmwirkung gegenüber der gefürchteten Moderfäule. Durch Vakuum-Druck-Imprägnierung mit Teerölen werden vor allem Eisenbahnschwellen, Leitungsmasten, Gruben- und Wasserbauhölzer sowie Bauholz jeder Art so nachhaltig gegen Fäulnis und Insektenschaden geschützt, daß ihre Lebensdauer 30 bis 50 Jahre beträgt, während ungeschütztes Holz im Außenbau je nach Holzart nur etwa 5 bis 15 Jahre haltbar ist. Ein vorbeugender Schutz läßt sich bereits durch einfaches Bestreichen mit Steinkohlenteeröl (Carbolineum) erreichen. Für den Dauerschutz im Freien ist jedoch eine völlige Imprägnierung notwendig. Für die Verwendung der Steinkohlenteeröle ist von Bedeutung, daß die Öle kaum durch Wasser ausgewaschen werden, nicht korrosiv sind, einen hohen elektrischen Widerstand aufweisen und daß Vergiftungen und andere hygienische Schädigungen von Nutzvieh nicht zu befürchten sind.

Die Erzeugung an Imprägnieröl liegt in der Bundesrepublik Deutschland bei etwa 60000 t, in Großbritannien bei etwa 150000 t im Jahr, wovon ein erheblicher Teil vor allem in die USA und nach Skandinavien exportiert wird. Der Bedarf in den USA liegt in der Größenordnung von 600000 t im Jahr.

Da das Imprägnieröl zu den am längsten bekannten großtechnisch verwendeten Steinkohlenteerölen zählt — die starke Nachfrage mit dem Ausbau des Eisenbahnnetzes führte in der Mitte des vorigen Jahrhunderts zur destillativen Aufarbeitung des Steinkohlenteers — sind im Laufe der Zeit vielseitige und umfangreiche Beschaffenheitsvorschriften entwickelt worden. Die wichtigsten Anforderungen an verschiedene Imprägnieröltypen und andere Holzschutzteeröle enthält die Zahlentafel 23.

Die Imprägnieröle sind im allgemeinen aus filtriertem Anthracenöl und niedriger siedenden Teerölen, wie Wasch- und Naphthalinöl, zusammengesetzt. Viele Typen verlangen einen höheren Gehalt an sauren Ölen, als normalerweise in diesen Ölen enthalten ist. Er kann durch Zusatz von Phenolen aus Phenolpech, dem Rückstand der Rohphenoldestillation, erreicht werden.

Carbolineum, das meist aus filtriertem Anthracenöl besteht, wird fast nur als Anstrichmittel verwendet. Hellfarbiges Carbolineum kann mit organischen Farbstoffen gefärbt werden. Obstbaumcarbolineum wird als wäßrige Emulsion in den Handel gebracht, die, mit Wasser verdünnt und oft mit weiteren fungiziden Zusätzen versehen, zum Bespritzen von Obstbäumen gegen Schädlinge verwendet wird.

4. Waschöl

Das bei der kontinuierlichen Teerdestillation unmittelbar als verkaufsfertiges Produkt anfallende Waschöl hat ein außerordentlich gutes Absorptionsvermögen für Benzol. Es wird daher als Benzol-Waschöl (Solvayöl) auf den Kokereien zum *Auswaschen des Rohbenzols* aus dem Koksofengas verwendet. Der Verbrauch an Benzol-Waschöl in der Bundesrepublik Deutschland liegt bei etwa 25000 t im Jahr. — Außer dem normalen, etwa zwischen 220 und 300 °C siedenden und bei 0 °C satzfreien Benzol-Waschöl werden Sonderqualitäten hergestellt, die sich durch Naphthalinfreiheit, engere Siedegrenzen und Satzfreiheit unter 0 °C auszeichnen (Spezial-Solvayöle).

Zum Auswaschen des Restnaphthalins aus dem Rohgas der Kokereien wird ein im wesentlichen aus dem höher als das Benzol-Waschöl siedenden filtrierten Anthracenöl bestehendes Naphthalin-Waschöl hergestellt, das bei 20 °C, in einer Sonderqualität bei —7 °C satzfrei ist.

Zahlentafel 23. *Beschaffenheitsvorschriften für*

Öltype	Imprägnieröl Dtsch. Bundesbahn	Imprägnieröl Amer. Wood Preservers Ass.	Imprägnieröl Brit. Standards	Imprägnieröl Sonderqualität Brit. Standards
Allgemeine Beschreibung	reines Steinkohlenteerdestillat	—	reines Steinkohlenteerdestillat	
Dichte	1,04—1,15/20 °C	$d_{38}^{15,5}$ >1,03	d_{38}^{20} 1,005—1,110	
Klarpunkt bzw. Satzfreiheit	≦30 °C	—	<32 °C	15,5 °C
saure Öle	3—6%	—	3—18%	
Wasser	≦1%	≦3%	≦3%	
Benzol-Unlösliches	h. Spuren	≦0,5%	≦0,4% Toluol	
Flammpunkt (PENSKY, MARTENS)	—	—	—	
Verkokungsrückstand (CONRADSON)	—	≦2%	—	
Siedeanalyse	bis 235 °C	bis 210 °C ≦5%	bis 205 °C ≦6%	
		bis 235 °C 5—25%	bis 230 °C ≦40%	
	≦15%	bis 270 °C ≧20%	bis 315 °C ≦78%	
		bis 355 °C 60—85% [b] Andere Typen: >355 °C ≦21%, ≦20%, ≦17%	bis 355 °C ≧60%	

[a] COLLIN, G., in: ULLMANNS Encyklopädie der technischen Chemie, 3. Aufl., Bd. 16, S. 688—689.

Zahlentafel 24. *Eigenschaften verschiedener Waschöle (Verkaufsvereinigung für Teererzeugnisse)*

	Benzol-Waschöl (Solvayöl)	Spezial-Solvayöl	Naphthalin-Waschöl	Naphthalin-Waschöl TGK
Dichte bei 20 °C	≦1,05	1,035—1,050	≧1,12	≧1,12
Siedegrenzen	210—300 °C	240—290 °C	bis 270 °C ≦0,5% bis 300 °C ≦15%	bis 270 °C ≦0,5% bis 300 °C ≦15%
Satzfreiheit	0 °C/0,25 h	—7 °C/5 d	~20 °C/0,5 h	—7 °C/24 h
Wassergehalt	≦1%	≦0,2%	—	—

Imprägnieröle und andere Holzschutzteeröle[a]

Imprägnieröl Skandinavien	Kreosotöl	Spez. Holzschutzteeröl	Spez. Holzschutzteeröl F Z 60	Karbolineum	Anstrich-Karbolineum Dtsch. Bundespost
reines Steinkohlenteeröl	—	—	milder Geruch, Helligkeit 40—60 nach DIN 6162	—	—
d_{38} 1,025 bis 1,135	1,02—1,07 bei 20 °C	—	—	1,07—1,12 bei 20 °C	≧1,10 bei 20 °C
35 °C	15 °C	—7 °C	—7 °C	15 °C	20 °C
5—9%	—	2—6%	1—2%	≦10%	≦8%
≦1%	≦1%	≦1%	≦1%	≦1%	—
≦0,5%	—	—	—	h. Spuren	h. Spuren
—	—	—	—	≧85 °C	≧110 °C
—	—	—	—	—	—
bis 210 °C ≦4%	—	bis 210 °C ≦1%	bis 210 °C ≦1%	bis 250 °C ≦10%	bis 150 °C
bis 235 °C ≦20%	—	bis 300 °C ≧90%	bis 300 °C ≧90%	—	h. Spuren
					bis 250 °C ≦4%

[b] Fraktion 235—315 °C: $d_{38}^{15.5}$ ≧1,025; Fraktion 315—355 °C: $d_{38}^{15,5}$ ≧1,085

Zahlentafel 24 enthält einen Überblick über die verschiedenen in Deutschland verwendeten Waschöl-Typen.

5. Treiböl

Steinkohlenteer-Treiböl wird als Treibstoff für stationäre, langsam laufende *Dieselmotoren* verwendet. Es setzt sich zu über 60% aus unterhalb 300 °C siedenden und zu weniger als 40% aus höher siedenden Teerölen zusammen. Nach den Zollvorschriften dürfen höchstens 65% Destillat bis 250 °C übergehen. Das Treiböl ist frei von aktivem Schwefel (Kupferstreifentest) und korrosivem Chlor (<0,01%) und hat wie alle Steinkohlenteeröle einen unteren Heizwert von etwa 9000 kcal/kg.

6. Fluxöl

Die aromatischen Verbindungen der Teeröle haben ein gutes Lösevermögen für das im *Straßenbau* als Bindemittel verwendete Erdölbitumen. Je nach Anwendungszweck stellt man daher durch Mischen niedrig- und hochsiedender Teeröle Fluxöle zum Verschneiden (Fluxen) des Bitumens her. Die Fluxöle setzen den Erweichungspunkt und die Viskosität des Bitumens und damit seine Verarbeitungstemperatur herab. Das so erhaltene Verschnittbitumen besitzt außerdem gegenüber dem reinen Bitumen durch die im Steinkohlenteer-Fluxöl enthaltenen Phenole ein verbessertes Haftvermögen. Nach der Verarbeitung auf der Straße verdunsten die niedrig siedenden Anteile des Fluxöls, so daß als eigentliches Bindemittel des Gesteins ein Gemisch aus dem Bitumen mit den hochsiedenden Teerölanteilen zurückbleibt. Die Schnelligkeit des Verdunstungsvorgangs und der Anteil der nicht verdunstenden Öle lassen sich durch eine entsprechend abgestufte Siedeanalyse einstellen.

7. Sonstige Öle

Spezielle technische Steinkohlenteeröle sind das als *Abdichtungsflüssigkeit* von Gasbehältern verwendete Gasometeröl, das bei hoher Viskosität (2 bis 3 °E bei 50 °C) und Dichte (mindestens 1,1 g/ml bei 20 °C) einen Stockpunkt von nicht über —22 °C aufweist und ein gutes Wasserabscheidungsvermögen besitzt, Teerfettöle, hochviskose Öle mit niedrigem Stockpunkt und hohem Flammpunkt zum Schmieren von Lagern und Pumpen, sowie zahlreiche weitere *als Lösungs-, Flotations-, Quenchmittel und Weichmacher* verwendete Öltypen.

III. Pech-Öl-Mischungen

1. Straßenteer

Der Straßenteer gehört zu den ältesten im Straßenbau verwendeten Bindemitteln. Er ist die mengenmäßig wichtigste Pech-Öl-Mischung. Der Weltverbrauch an Straßenteer wird auf etwa 4 Mill. t pro Jahr geschätzt. In Westeuropa liegt die Straßenteererzeugung in der Größenordnung von 1 Mill. t im Jahr, Haupterzeuger ist Großbritannien. Das wachsende Angebot an Erdölbitumen führte im letzten Jahrzehnt in Europa zu einem Rückgang sowohl des relativen Marktanteils wie auch der absoluten Absatzmenge an Straßenteer.

Hauptabsatzgebiet des Straßenteers in den kontinentaleuropäischen Ländern und in Großbritannien ist die *Oberflächenteerung* insbesondere auf Straßen mit geringerem Verkehr. Der Anteil der für diesen Zweck eingesetzten Straßenteere am Gesamtabsatz liegt in Westeuropa in der Größenordnung von 40%. Die Oberflächenbehandlung zur Straßenbefestigung und Straßenerhaltung ist einfach und wirkungsvoll. Sie ist das wirtschaftlichste Verfahren zur Erhaltung von Straßendecken und zur Erzielung einer griffigen, wasserabweisenden Oberfläche. Nach Planierung der Straße wird der heißflüssige Teer aufgespritzt, mit Gesteinssplitt abgedeckt und die Oberfläche sofort mit Walzen verfestigt. Die normalerweise anzuwendende Teermenge beträgt etwa 1 kg/m². Der Vorteil des Straßenteers bei dieser Arbeitsweise liegt insbesondere in der guten Haftfestigkeit, der schnellen Benetzung des Gesteins, was auf die im Teer enthaltenen polaren Verbindungen zurückzuführen ist, sowie seiner Eigenschaft, an der Oberfläche allmählich zu verharzen. Dadurch erhält die Straße eine griffige Oberfläche, weil überfettete Stellen und ein etwaiger Bindemittelüberschuß durch diese Verharzung allmählich verschwinden und die rauhe Gesteinsoberfläche freigelegt wird.

In der Durchführung der Oberflächenbehandlung sind in den letzten Jahren wesentliche Fortschritte erzielt worden, die insbesondere auf die folgenden Faktoren zurückzuführen sind:

1. Verbesserung der Bautechnik durch Verwendung von feinkörnigerem Splitt und etwas mehr Bindemittel.

2. Verbesserung der Beschaffenheit der Bindemittel zum Teil auch durch Einsatz von modifizierten Teeren.

3. Verwendung von verlacktem Teersplitt.

Verlackter Teersplitt wird durch Eindüsen von etwa 1% Teer bei so hoher Temperatur hergestellt, daß sich auf dem Splitt eine Pechhaut bildet. Verlackter Teersplitt haftet auch auf höherviskosen Teeren sofort nach dem Aufstreuen und ist darüber hinaus immer staubfrei und gegen Feuchtigkeit wenig empfindlich.

4. Verbesserung der maschinellen Ausrüstung durch Weiterentwicklung von Spritzmaschinen, Splittstreuern und Walzen.

In dem Aufbau einer flexiblen Straßenkonstruktion unterscheidet man von unten nach oben im allgemeinen folgende Schichten: Untergrund, untere Tragschicht, obere Tragschicht und Deckschicht, bestehend aus Binderschicht und Verschleißschicht. Straßenteer kann für jede dieser Schichten verwendet werden. Für den Untergrund und die untere Tragschicht ist besonders die *Bodenverfestigung* mit Teer zu erwähnen. Für die obere Tragschicht und für die Binderschicht kommt bei schwerem Verkehr dichtes Teer- oder Teer-Asphalt-Mineralgemisch zum Einsatz, bei mittlerem und leichtem Verkehr Teermakadam. Als Verschleißschicht wird bei schwerem Verkehr Teerasphaltbeton, Pechasphaltbeton sowie Teerbeton und bei mittlerem bzw. leichtem Verkehr Teerbeton und Teermakadam eingebaut. Für die Unterhaltung aller Straßen ist die schon beschriebene Oberflächenteerung geeignet.

Zahlentafel 25. *Anforderungen*

	Straßenteere nach DIN 1995			
	T 40/70	T 80/125	T 140/240	T 250/500
1. Äußere Beschaffenheit			gleichmäßig	
2. a) Viskosität im Straßenteerviskosimeter (10-mm-Düse):				
bei 30 °C (sec)	40—70	80—125	rd. 140—240[a]	rd. 250—500[a]
bei 40 °C (sec)	—	—	25—40	45—100
b) Äquiviskositäts-Temp. (T_v) °C[b]	28,7—31,6	32,3—34,4	35,5—38,6	39,1—43,3
3. Siedeanalyse bis (°C)	350		350	350
a) $H_2O \leqq$ (Gew.-%)	0,5		0,5	0,5
b) Leichtöl (bis 170 °C) $\leqq$ (Gew.-%)	1,0		1,0	1,0
c) Mittelöl (170—270 °C) (Gew.-%)	6—12	5—11	3— 9	2— 8
d) Schweröl (270—300 °C) (Gew.-%)	3— 9	3— 9	2— 8	2— 8
e) Anthracenöl (über 300 °C) umgerechnet (Gew.-%)	17—27	17—27	18—28	18—28
f) Pechrückstand, umgerechnet auf 67 °C Erweichungspunkt K.S. (Gew.-%)	59—70	59—70	61—71	64—74
g) Verhältnis Anthracenöl II (über 350 °C) zu I (unter 350 °C) mindestens	—	—	—	—
4. Erweichungspunkt K.S. des Pechrückstands $\leqq$ (°C)	70		70	70
5. Phenole $\leqq$ (Raum-%)	3		2	2
6. Naphthalin $\leqq$ (Gew.-%)	3		3	2
7. Rohanthracen $\leqq$ (Gew.-%)	3,5		3,5	4
8. Toluol-Unlösliches (Gew.-%)	5—16		5—18	5—18
9. Dichte bei 25 °C höchstens	1,23		1,24	1,25

[a] Maßgebend ist die Bestimmung der Viskosität bei 40 °C. Die Zahlen für die Viskosität bei 30 °C sind nur zum Vergleich angegeben.

an deutsche Straßenteere

Straßenteer (hochviskos)	Straßenteere mit Bitumen nach DIN 1995 (15% Bitumen)			
T_v 49—53 °C	BT 40/70	BT 80/125	BT 140/240	BT 250/500
gleichmäßig	gleichmäßig, nicht ölabscheidend			
—	40—70	80—125	rd. 140—240[a]	rd. 250—500[a]
40—90/50 °C	—	—	25—40	45—100
rd. 49—53	28,7—31,6	32,3—34,4	35,5—38,6	39,1—43,3
350	300	300		300
0,5	0,5	0,5		0,5
0,5	1,0	1,0		1,0
0— 5	7—15	5—13	4—11	3—8
2— 5	3— 9	3— 9	2— 8	2—8
20—30	—	—	—	—
66—78	—	—	—	—
1,0	—	—	—	—
60	45	45		45
1	2,5	2,5		2
2	3,5	2,5		2,5
4	—	—		—
5—18	—	—		—
1,26	1,18	1,19		1,21

[b] Die Äquiviskositäts-Temperatur (T_v) ist die Temperatur, bei der der Teer eine Viskosität von 50 sec, gemessen im Straßenteerviskosimeter mit der 10-mm-Düse, hat.

Zahlentafel 25. *Anforderungen an*

	Bitumenteere mit erhöhtem Bitumengehalt (35—45%) (VT-Teere)		
	80/125	250/500	T_v 54—56 °C
1. Äußere Beschaffenheit	gleichmäßig, nicht ölabscheidend		
2. a) Viskosität im Straßenteerviskosimeter (10-mm-Düse): bei 30 °C (sec)	80—125	rd. 430—1560[a]	
bei 40 °C (sec)		45—100	100—150/50 °C
b) Äquiviskositäts-Temperatur (T_v) (°C)[b]	32,3—34,4	39,1—43,3	53,7—55,6
3. Siedeanalyse bis (°C)	300	300	300
a) Wasser ≦ (Gew.-%)	0,5	0,5	0,5
b) Leichtöl (bis 170 °C) ≦ (Gew.-%)	0,5	0,5	0,5
c) Mittelöl (170—270 °C) (Gew.-%)	7—10	4—8	0—3
d) Schweröl (270—300 °C) (Gew.-%)	0—6	0—6	0—6
e) Anthracenöl (über 300 °C) umgerechnet (Gew.-%)	—	—	—
f) Pechrückstand, umgerechnet auf 67 °C Erweichungspunkt K.S. (Gew.-%)	—	—	—
g) Verhältnis Anthracenöl II (über 350 °C) zu I (unter 350 °C) mindestens	—	—	—
4. Erweichungspunkt K.S. des Pechrückstands ≦ (°C)	15—30	15—30	15—30
5. Phenole ≦ (Raum-%)	2,5	2,0	2,0
6. Naphthalin ≦ (Gew.-%)	—	—	—
7. Rohanthracen ≦ (Gew.-%)	—	—	—
8. Toluol-Unlösliches (Gew.-%)	—	—	—
9. Dichte bei 25 °C höchstens	1,17	1,18	1,19

[a] Maßgebend ist die Viskosität bei 40 °C. Zahlen für Viskosität bei 30 °C nur zum Vergleich.

deutsche Straßenteere (Fortsetzung)

Alterungsbeständige Straßenteere (WT-Teere)			Kaltteer DIN 1995
80/125	140/240	250/500	
gleichmäßig			gleichmäßig
80—125	rd. 250—240[a] 25—40	rd. 250—500[a] 45—100	höchstens 30 (4-mm-Düse/25 °C)
32,3—34,4	35,5—38,6	39,1—43,3	—
350	350	350	350
0,5	0,5	0,5	0,5
1,0	1,0	1,0	10—18
6—11	4—9	3—8	4—10
0—6	0—5	0—4	16—32
17—27	18—28	18—28	
59—70	61—71	64—74	52—62
1,5	1,5	1,5	—
höchstens 45	höchstens 45	höchstens 45	höchstens 70
3	2	2	3
3	3	2	3
3,5	3,5	4	3
5—16	5—18	5—18	4—16
1,23	1,24	1,25	—

[b] Die Äquiviskositäts-Temperatur (T_v) ist die Temperatur, bei der der Teer eine Viskosität von 50 sec, gemessen im Straßenteerviskosimeter mit der 10-mm-Düse, hat.

Teer ist widerstandsfähig gegen die lösende Wirkung von Mineralölen und Treibstoffen. Daher ist teergebundenes Mineralgemisch besonders geeignet für die Befestigung von Flächen, auf denen Fahrzeuge längere Zeit stehen, wie Parkplätze, Fabrikhöfe, Omnibusbahnhöfe, Wohnstraßen, Seitenstreifen von Autobahnen, Wartungsplätze und Flughäfen. Wegen seiner Widerstandsfähigkeit gegen pflanzliche und tierische Organismen, wie z. B. gegen Muscheln und Algen, findet Straßenteer auch Verwendung zur Herstellung von Schutzschichten auf Seedämmen.

Zahlentafel 26. *Anforderungen*

	Straßenteere T.R.S.[a]						
	1	1b[e]	2	3	4	5	6
Viskosität im Straßenteerviskosimeter (10-mm-Düse) bei 30 °C [sec]	40—120 (4-mm-Düse)	40—120 (4-mm-Düse)	120—300 (4-mm-Düse)	15—40	60—120	150—300	400—800
Wasser (Gew.-%) höchstens	0,75	0,75	0,75	0,75	0,75	0,75	0,50
Dichte bei 15 °C	1,120—1,260						1,14—1,3
Siedeanalyse (Gew.-%):							
Beginn bis 170 °C, höchstens	1	0,5	1	0,5	0,5	0,5	0,5
170—270 °C, höchstens	25	10	22	12	10	10	8
270—300 °C, höchstens	10	10	10	10	10	10	8
270—300 °C, höchstens	30	18	27	15	15	15	15
300 °C bis Pech EP (KS) 72 °C, mindestens	15	30	15	15	18	20	20
Pechgehalt EP (KS) 72 °C	45—55	40—50	45—58	45—61	45—64	45—67	50—70
Erweichungspunkt des Destillationsrückstands bei 300 °C	—	—	—	—	—	—	—
Phenole (Vol.-%), höchstens	—	—	—	—	—	—	—
Naphthalin (Gew.-%), höchstens	4	2	4	2	2	2	2
Nitrobenzol-Unlösliches (Gew.-%), höchstens	12	12	12	12	15	15	15
Xylol-Unlösliches, abzüglich Nitrobenzol-Unlösliches (Gew.-%), mindestens	3,5	3,5	3,5	5	5	5	5
T.R.S.[a, k]:							
nach 30 min, mindestens	15 °C	—	15 °C	15 °C	15 °C	15 °C	15 °C
nach 2 h, höchstens[l]	35 °C	20 °C	35 °C	35 °C	38 °C	40 °C	42 °C
nach 4 h, höchstens[l]	—	35 °C	—	—	—	—	—

[a] T.R.S. = température de ramollissement superficiel (neue Spezifikation).
[b] vorläufige Spezifikation.
[c] goudrons-bitumes: überwiegender Teeranteil, Bitumengehalt ≧5%.
[d] bitumes-goudrons: überwiegender Bitumenanteil, Teergehalt ≧5%.
[e] Spezialtyp zur Tränkung.
[f] Äquiviskositätstemperatur 48—55 °C.
[g] 50—70 bei 40 °C.

Straßenteere auf reiner Steinkohlenteerbasis sind Lösungen von Normalpech in Teerölen. Die verschiedenen Sorten unterscheiden sich vor allem in der Viskosität, die durch das Mengenverhältnis von Mittelöl, Schweröl, Anthracenöl und Pech festgelegt ist. Der Pechgehalt deutscher Straßenteere liegt zwischen 59 und 78%. Nach dem Auftragen des Teers auf die Straße verdunsten die leichter siedenden Öle Mittel- und Schweröl, so daß als eigentliches Bindemittel ein aus Anthracenöl und Normalpech bestehendes Weichpech zurückbleibt. Dieser erwünschte Verdunstungsvorgang ist mit einer starken Viskositätszunahme verbunden;

an französische Straßenteere

Spezialteer für Teerbeton [b]	Straßenteere mit Bitumen [c]			Teerbitumen [d]		
	DB	EB	FB	50—100 niedrigviskos	150—300 viskos	400—600 hochviskos
36—120	60—120	150—300	300—600	50—100	150—300	400—600
(bei 50 °C) [f]				(25 °C)	(25 °C)	(25 °C) [g]
0,50	0,50	0,50	0,50	—	—	—
1,135—1,280		1,100—1,260			0,95—1,10	
0,5 [h]	1	1	1	bis 225 °C:	bis 225 °C:	bis 225 °C:
0,5—3 [i]	15	14	12	≦3 Vol.-%	≦3 Vol.-%	≦2 Vol.-%
2—7	12	11	10	bis 315 °C:	bis 315 °C:	bis 315 °C:
9 [j]	—	—	—	4—15 Vol.-%	3—15 Vol.-%	2—15 Vol.-%
—	—	—	—	bis 360 °C: ≦20 Vol.-%	bis 360 °C: ≦20 Vol.-%	bis 360 °C: ≦15 Vol.-%
—	—	—	—	—	—	—
30—34 °C (K.-S.)	≦45 °C (K.-S.)	≦45 °C (K.-S.)	≦45 °C (K.-S.)	25—45 °C (R. u. K.)	25—45 °C (R. u. K.)	25—45 °C (R. u. K.)
1,5	5	5	4	—	—	—
2,5	—	—	—	—	—	—
Toluol-Unlösliches: ≦26 %	—	—	—	—	—	—
—	—	—	—	—	—	—
—	—	—	—	—	—	—
—	—	—	—	—	—	—
—	—	—	—	—	—	—

h bis 200 °C.

i 200—270 °C.

j 200—300 °C.

k Benetzungstemperatur an der Oberfläche nach Alterung des Bindemittels in Aluminiumschälchen (ermittelt mit Hilfe eines Roßhaars, entspricht dem Erweichungspunkt K.-S. an der Oberfläche).

l Toleranz 3 °C.

Zahlentafel 27. *Anforderungen*

Typ B. S. 76: 1964	A 18	A 22	A 26	A 30	A 34	A 38	A 42	A 46
Viskosität:								
Äquiviskositätstemperatur [°C]	18±1,5	22±1,5	26±1,5	30±1,5	34±1,5	38±1,5	42±1,5	46±1,5
Wasser (Gew.-%), höchstens	0,5	0,5	0,5	0,5	0,5	0,5	0,5	0,5
Destillation (Gew.-%):								
a) Öle bis 200 °C (höchstens)	1,0	1,0	1,0	1,0	1,0	0,5	0,5	0,5
b) 200—270 °C	12—17	9—16	8—15	6—14	4—13	3—10	2—8	2—7
c) 270—300 °C	5—10	4—10	4—10	4—9	4—9	4—9	3—8	2—7
b) + c) höchstens	27	24	22	20	18	16	14	12
Erweichungspunkt des Rückstands (R. u. K.)								
höchstens [°C]	52	52	52	52	52	53	54	55
mindestens [°C]	35	35	35	35	35	35	35	35
Phenole (Vol.-%), höchstens	5,0	4,5	4,0	3,5	3,5	3,0	2,5	2,5
Naphthalin (Gew.-%), höchstens	6,0	5,5	5,0	4,5	4,5	4,0	3,5	3,0
Toluol-Unlösliches (Gew.-%), höchstens	21	22	23	23	24	24	25	25
Spez. Gew. 15,5 °C/15,5 °C								
mindestens	1,090	1,100	1,105	1,110	1,115	1,120	1,125	1,130
höchstens	1,230	1,240	1,245	1,250	1,255	1,260	1,265	1,270

Zahlentafel 28. *Anforderungen an*

Typ ASTM D-490-47	RT-1	RT-2	RT-3	RT-4	RT-5	RT-6
Viskosität:						
Spez. Engler 40 °C (50 cm³)	5—8	8—13	13—22	22—35	—	—
Spez. Engler 50 °C (50 cm³)	—	—	—	—	17—26	26—40
Floattest bei 32 °C (sec)	—	—	—	—	—	—
Floattest bei 50 °C (sec)	—	—	—	—	—	—
Dichte bei 25 °C, mindestens	1,08	1,08	1,09	1,09	1,10	1,10
CS_2-Lösliches (mindestens)	88	88	88	88	83	83
Wasser (Vol.-%), höchstens	2,0	2,0	2,0	2,0	1,5	1,5
Destillation:						
bis 170 °C (höchstens)	7,0	7,0	7,0	5,0	5,0	5,0
bis 200 °C (mindestens)	—	—	—	—	—	—
bis 235 °C	—	—	—	—	—	—
bis 270 °C (höchstens)	35,0	35,0	30,0	30,0	25,0	25,0
bis 300 °C (höchstens)	45,0	45,0	40,0	40,0	35,0	35,0
Erweichungspunkt des Destillationsrückstands (R. u. K.) (°C)	30—60	30—60	35—65	35—65	35—70	35—70
Sulfonierungsindex des Destillats:						
bis 300 °C (höchstens)	8	7	6	6	5	5
300—355 °C (höchstens)	1,5	1,5	1,5	1,5	1,5	1,5
Absolute Viskositätsskala (Poise) bei 35 °C	0,7—1,2	1,2—2,0	2,0—3,5	3,5—6,0	6—10	10—23
Anwendungstemperatur (°C)	15—52	15—52	27—66	27—66	27—66	27—66

an britische Straßenteere

A 50	A 54	B 30	B 34	B 38	B 42	B 46	B 50	B 54	B 58	B 62	B 66
50±1,5	54±1,5	30±1,5	34±1,5	38±1,5	42±1,5	46±1,5	50±1,5	54±1,5	58±1,5	62±1,5	66±1,5
0,5	0,5	0,5	0,5	0,5	0,5	0,5	0,5	0,5	0,5	0,5	0,5
0,5	0,5	0,5	0,5	0,5	0,5	0,5	0,5	0,5	0,5	0,5	0,5
1—6	1—5	4—11	3—10	1—8	1—6	1—5	0—4	0—3	0—3	0—2	0—2
2—7	2—7	4—9	4—9	4—9	3—8	2—7	2—7	2—7	1—6	1—5	1—5
11	10	16	15	13	12	11	10	10	8	7	6
56	56	46	46	47	48	49	50	52	56	56	56
35	—	35	35	35	35	35	35	—	—	—	—
2,0	—	3,0	3,0	2,5	2,0	2,0	1,5	—	—	—	—
2,5	—	4,0	4,0	2,5	2,5	2,5	2,5	—	—	—	—
26	26	23	23	24	25	25	26	26	28	28	28
1,135	1,135	1,110	1,115	1,120	1,125	1,130	1,135	1,135	1,140	1,140	1,140
1,275	1,275	1,250	1,255	1,260	1,265	1,270	1,275	1,280	1,280	1,285	1,290

amerikanische Straßenteere

RT-7	RT-8	RT-9	RT-10	RT-11	RT-12	RTCB-5 [a]	RTCB-6 [a]
—	—	—	—	—	—	—	—
—	—	—	—	—	—	17—26	26—40
50—80	80—120	120—200	—	—	—	—	—
—	—	—	75—100	100—150	150—200	—	—
1,12	1,14	1,14	1,15	1,16	1,16	1,09	1,09
78	78	78	75	75	75	80	80
1,0	0	0	0	0	0	1,0	1,0
3,0	1,0	1,0	1,0	1,0	1,0	2,0—8,0	2,0—8,0
—	—	—	—	—	—	5,0	5,0
—	—	—	—	—	—	8,0—18,0	8,0—18,0
20,0	15,0	15,0	10,0	10,0	10,0	—	—
30,0	25,0	25,0	20,0	20,0	20,0	35,0	35,0
35—70	35—70	35—70	40—70	40—70	40—70	40—70	40—70
—	—	—	—	—	—	—	—
—	—	—	—	—	—	—	—
23—67	67—200	200—580	580—1700	1700—5000	5000—19000	6—10	10—23
66—107	66—107	66—107	80—121	80—121	80—121	15—52	15—52

[a] CB = cut back (gefluxt).

man nennt ihn das Abbinden des Teers. Die Abbindegeschwindigkeit ist von der Ausgangsviskosität und dem Pech-Anthracenöl-Verhältnis abhängig. Normal abbindende Teere haben ein Pech-Anthracenöl-Verhältnis von etwa 3,5:1. Durch Erhöhung des Verhältnisses von Anthracenöl II (über 350 °C siedend) zu Anthracenöl I (bis 350 °C siedend) können besonders *alterungsbeständige Straßenteere* (Wetterteere, WT-Teere) hergestellt werden. Die Erhöhung des Anteils von hochsiedendem Anthracenöl wirkt der Neigung des in der Straße als Bindemittel verbleibenden Weichpechs entgegen, durch Verdunstung zu verhärten.

Bei der Herstellung von Straßenteeren mit Bitumenzusatz (BT-Teere) mußte früher die begrenzte Mischbarkeit von Teer und Bitumen beachtet werden. BT-Teere enthalten normalerweise 15% asphaltbasisches Destillatbitumen mit niedrigem Ölgehalt entsprechend einem nicht zu niedrigen Erweichungspunkt bzw. einer nicht zu hohen Penetration, das im Gemisch mit Straßenteer in diesem Verhältnis nicht zu Ölabscheidungen und Ausflockungen neigt. Derartige Teere zeichnen sich vor allem durch eine erhöhte Abbindegeschwindigkeit aus.

Vor etwa einem Jahrzehnt ist es gelungen, unter Verwendung schonend destillierter Peche und durch Zusatz von besonders hochsiedenden Teerölen völlig *homogene Teer-Bitumen-Gemische* in beliebigen Mengenverhältnissen zu erhalten. In der Zwischenzeit sind auch spezielle Mischverfahren zur Erzeugung bitumenreicher Teere entwickelt worden. Zur Herstellung von Teer-Bitumen-Mischgut ist ferner die doppelte Umhüllung durch getrennte Zuführung beider Bindemittel in der Mischanlage möglich. Die bitumenreichen Teere (VT-Teere), die im allgemeinen 35 bis 40% Bitumen enthalten, vereinigen die Vorteile des Teers wie gutes Haftvermögen, Beständigkeit gegen Öl und Treibstoffe, leichte Verarbeitbarkeit und gute Griffigkeit der Straßenoberfläche mit den besonderen Eigenschaften des Bitumens. Auch Teer-Bitumen-Mischungen, bei denen der Bitumenanteil überwiegt, sind in neuerer Zeit entwickelt worden. Sie enthalten im allgemeinen 15 bis 30% Teer oder Pech und dienen insbesondere zur Herstellung von Teerasphaltbeton und Pechasphaltbeton (*hot rolled asphalt*).

Außer dem Erdölbitumen werden zur Modifizierung der Straßenteere *Kunststoffe* eingesetzt. Bemerkenswerte Änderungen der mechanischen Eigenschaften ergeben sich durch Zusatz von Natur- oder synthetischem Kautschuk; jedoch ist es schwierig, stabile Suspensionen zu erhalten. Um eine Änderung der Eigenschaften zu erreichen, muß das relativ teure Zusatzmittel in Mengen von mindestens 3% zugesetzt werden. Teer-Kautschuk-Kombinationen werden in den USA für treibstoffbeständige Teerbetonbeläge auf Flugplätzen verwendet. Relativ verträglich mit Steinkohlenteer sind *Polyvinylchlorid*, *Polystyrol* und *Epoxidharze*. Das Polyvinylchlorid bewirkt bereits in Mengen von 1 bis

2% eine Erhöhung der Duktilität und Zugfestigkeit des Teers und verbessert das Anhaften an dem Gestein. PVC-Straßenteere wurden in den letzten Jahren vor allem in Frankreich und Belgien eingesetzt. Ebenfalls in Frankreich entwickelt wurden Straßenteere mit etwa 5% Polystyrolzusatz; sie zeigen ähnliche Eigenschaften wie die PVC-Teere. Duroplastische Teer-Epoxidharz-Kombinationen können wegen ihrer Verschleißfestigkeit und Treibstoffbeständigkeit für besonders hoch beanspruchte Oberflächen eingesetzt werden; sie sind jedoch verhältnismäßig teuer. Entsprechendes gilt für Teer-Polyurethan-Kombinationen.

Ohne Erwärmen bei normaler Außentemperatur zu verarbeiten sind *Kaltteere*, Mischungen aus etwa 85% normalem Straßenteer und etwa 15% einer leichtflüchtigen technischen Benzolfraktion oder einem anderen leicht verdunstenden Lösungsmittel. Infolge der guten Gesteinshaftung lassen sich Spezialkaltteere auch für die Uferbefestigung im Unterwassereinbau einsetzen.

Ebenfalls kalt verarbeitbar sind *Straßenteer-Emulsionen* in Wasser, die mit organischen, vor allem anionischen Emulgatoren hergestellt werden. Die Emulsionen brechen durch allmähliche Verdunstung des Wassers (stabile Emulsionen) oder im wesentlichen bereits bei Berührung mit dem Gestein (unstabile Emulsionen).

Die Zahlentafeln 25, 26 und 27 geben einen Überblick über die Qualitätsanforderungen an die in der Bundesrepublik Deutschland, in Frankreich und in Großbritannien genormten Straßenteere. In Zahlentafel 28 sind die entsprechenden amerikanischen Normenvorschriften dargestellt. Die amerikanischen Straßenteere sind in den meisten Fällen direkt destilliert, also nicht durch Auflösen von Normalpech mit Teerölen (Fluxen) hergestellt.

2. Stahlwerksteer

Stahlwerksteer ist das Bindemittel bei Herstellung der für die Ausfütterung von Thomas- und Sauerstoff-Blaskonvertern und Siemens-Martin-Öfen verwendeten Dolomit- und Magnesitsteine. Aus dem Teer bildet sich beim Brennen ein Koksgerüst, das die Druckfestigkeit stark erhöht und einer Verschlackung des Gesteinsmaterials entgegenwirkt.

In der Bundesrepublik Deutschland werden jährlich etwa 20000 t Stahlwerksteer verbraucht.

Wichtige Analysenmerkmale eines Stahlwerksteers sind Pechgehalt und Erweichungspunkt, die je nach den Anforderungen verschieden hoch eingestellt werden. Spezial-Stahlwerksteere enthalten anstelle des Normalpechs Peche mit erhöhtem Verkokungsrückstand vom Typ der Elektrodenpeche.

3. Dachpappenteer

Tränk-, Deck- und Klebemassen für Teerdachpappen und -isolierpappen bestehen im allgemeinen aus Mischungen von Pech und filtriertem Anthracenöl. Durch Zusatz von Füllstoffen oder durch Verwendung plastifizierter Peche kann die Plastizität der Dachpappenteere erheblich verbessert werden. Die mit diesen Massen hergestellten Teer-Sonderdachpappen haben die gleiche Temperaturstabilität wie Bitumen-Dachpappe und zeichnen sich darüber hinaus durch hohe Wasserbeständigkeit und Widerstandsfähigkeit gegen Schädigung durch Mikroorganismen und Durchwurzelung aus.

Durch die Konkurrenz des Erdölbitumens ist der Einsatz des ursprünglich ausschließlich verwendeten Teers in der Dachpappenindustrie der Bundesrepublik Deutschland stark zurückgegangen. In den USA wird dagegen wegen der erwähnten Vorteile Dachpappenteer bevorzugt verwendet; der Jahresverbrauch lag 1964 bei 180000 t.

Zahlentafel 29 enthält die Beschaffenheitsdaten deutscher, Zahlentafel 30 die amerikanischer Dachpappenteere. Wichtigstes Kennzeichen für die Tränkmassen ist der Erweichungspunkt, der je nach Anforderung eingestellt wird. Der dünnflüssige Dachteer dient zum Auffrischen alter Dachpappeneindeckungen.

4. Teerpech-Lacke

Teerpech-Lacke sind Lösungen von Steinkohlenteerpech in leichtflüchtigen Lösungsmitteln, meist technischen Benzolfraktionen, wie Schwerbenzol, Lösungsbenzol oder Xylol, wobei zur Verbesserung der Plastizität Füllstoffe zugesetzt oder anstelle des Normalpechs plastifizierte Peche verwendet werden. Die Lacke sind für Anstriche im Freien,

Zahlentafel 29. *Anforderungen an deutsche Dachpappenteere*

	Dachteer	Tränkmasse	Klebemasse
Beschaffenheit bei 20 °C	flüssig, glatt und glänzend	—	fest, glatt und glänzend
Erweichungspunkt (K.-S.)	—	16—40 °C (nach Wahl)	30—50 °C (nach Wahl)
Wassergehalt	≦1%	≦1%	≦1%
Aschegehalt	≦1%	—	≦1%
Naphthalingehalt	≦5%	≦2,5%	≦3%
Siedeverhalten	bis 200 °C ≦2% bis 250 °C ≦25%	bis 250 °C ≦5%	250 °C ≦4%
Viskosität nach Rütgers	20—60 sec bei 50 °C	—	—

Zahlentafel 30. *Anforderungen an amerikanische Dachpappenteere*

	Nach ASTM D-450	Nach Federal Specification R-P-381
Dichte bei 25 °C	1,22—1,34	1,22—1,34
Erweichungspunkt (CiW)	60—68 °C 49—60 °C	60—66 °C 53—60 °C
Siedeverhalten	bis 300 °C ≦10%	bis 300 °C ≦12%
Dichte des Destillats bis 300 °C bei 38 °C	≧1,03	≧1,03
Erweichungspunkt des Rückstands >300 °C (CiW)	≦ 80 °C	—
Flammpunkt (CLEVELAND o.T.)	>120 °C	—
Duktilität bei 25 °C (5 cm/min)	≧50 cm	—
CS_2-Lösliches	72—85%	—
Asche	≦0,5%	—
Wasser	0	—

Zahlentafel 31. *Eigenschaften von Teerpechlacken nach amerikanischen Beschaffenheitsvorschriften*

	Ungefüllter Teerpech-lack (mit Lösungs-benzol) [a]	Ungefüllter Teer-pechlack (mit Xylol, für Trink-wassertanks, AWWA D 102-62)	Teerpech-lack mit Füllstoff	Thixotroper Teerpechlack aus plastifi-ziertem Pech mit Füllstoff [a]
Dichte bei 25 °C	1,07—1,12	1,04—1,17	1,26—1,38	1,2—1,5
Viskosität bei 25 °C	1—1,5 Poise	60—75 sec (Stormer)	≧40 Poise	—
Flammpunkt	≧35 °C	≧21 °C	≧35 °C	≧35 °C
Wasser	≦0,05%	—	≦1%	—
Asche	≦0,5%	—	15—25%	15—25%
Destillation:				
bis 140 °C	0%	—	—	0%
bis 200 °C	—	≦45%	—	—
bis 235 °C	≦43%	—	20—30%	18—30%
Erweichungspunkt des Destillationsrückstands (Ring u. Kugel)	55—65 °C	—	—	96—115 °C
Trockenzeit		nach 24 h bei 25 °C keine Geruchs- u. Geschmacksabgabe an Wasser		
Tupfprobe	1 h		über Nacht	6 h
durchgetrocknet	8 h			24 h

[a] Militärspezifikation.

Zahlentafel 32. *Anforderungen der Deutschen Bundesbahn*

	Tauchlack für Kleineisenteile u. Rundstahlketten	Steinkohlenteerpechlack mit Füllstoffen	Eisenlack
Steinkohlenteerpech	60—70% [a]	25—45%	50—70%
Lösungsmittel (DIN 1995)	<40%	<40%	<50%
Mineralische Füllstoffe		25—45%	—
Stabilisatoren	<5%	—	—
Benzol-Unlösliches	15%	—	—
Farbton	schwarz	schwarz	schwarz
Erweichungspunkt des Abdampfrückstands (K.-S.)	55—65 °C	>60 °C	60—85 °C
Flammpunkt des Lösungsmittels (nach ABEL)	>21 °C	>21 °C	>21 °C
Destillation des Lösungsmittels bis 220 °C (DIN 51751)	98%	98%	98%
Siedebeginn des Lösungsmittels (DIN 51751)	>120 °C	>120 °C	>120 °C
Auslaufzeit bei +20 °C (DIN 53211)	100—150 sec	nicht auslaufend	30—65 sec
Aschegehalt, bezogen auf Steinkohlenteerpech ohne Füllstoffe	<2%	<2%	<2%
Trockenzeit bis zur Staubtrockenheit	<2 h	<3 h	<2 h
Kältebeständigkeit bei +4 °C	keine Risse beim Biegen um den 4-mm-		
Verdünnungsmittel	höhersiedende Benzolkohlenwasserstoffe		

[a] Sonderteerpech einschließlich Weichmacher.
[b] 2% Aluminiumpulver.
[c] 20% Eisenoxidrot.

als Unterwasserschutz und Schutzanstrich im Erdreich auf Stahl, Beton und Mauerwerk geeignet und werden bei normaler Außentemperatur durch Streichen oder Spritzen aufgetragen. Bei einer Trockenschichtdicke von etwa 0,05 mm bei ungefüllten Lacken sind 2 bis 3 Anstriche nötig, um absolute Porenfreiheit des Überzugs zu gewährleisten. Die Schichtdicke bei gefüllten Lacken beträgt etwa 0,4 bis 0,5 mm bei einmaligem Anstrich. Wie bei den heiß zu verarbeitenden plastifizierten Pechen erweist sich auch hier das Steinkohlenteerpech als hervorragendes wasser-, bakterien- und chemikalienbeständiges Korrosions- und Bautenschutzmittel.

Zahlentafel 31 enthält eine Übersicht über verschiedene Lacktypen nach amerikanischen Spezifikationen. Zahlentafel 32 enthält Beschaffenheitsvorschriften der Deutschen Bundesbahn.

an Anstrichstoffe auf Steinkohlenteerpech-Grundlage

Steinkohlenteerpechlack für Stahlbauwerke	Steinkohlenteerpechlack mit Füllstoffen abgetönt für Stahlbauwerke		Steinkohlenteerpechlack mit Füllstoff für Stahlbauwerke
	alu	Eisenoxidrot	
50—70%	25—45%	25—45%	25—45%
<50%	<40%	<40%	<40%
—	23—43% [b]	5—25% [c]	25—45%
—	—	—	—
—	—	—	—
schwarz	aluminium abgetönt	rot abgetönt	schwarz
55—70 °C	60—100 °C	60—100 °C	60—100 °C
>21 °C	>21 °C	>21 °C	>21 °C
98%	98%	98%	98%
>120 °C	>120 °C	>120 °C	>120 °C
30—65 sec	nicht auslaufend	nicht auslaufend	nicht auslaufend
<2%	<2%	<2%	<2%
≦3 h	≦3 h	≦3 h	≦3 h
Dorn oder hydriertes Naphthalin			

5. Pech-Kunstharz-Kombinations-Lacke

Für besonders wirksame *Korrosions- und Bautenschutzanstriche* können die Teerpechlacke mit Kunststoffen kombiniert werden. In steigendem Umfang angewendet werden Kombinations-Lacke aus Steinkohlenteerpech oder speziell präparierten Steinkohlenteeren und Epoxidharzen.

Niedrigmolekulare Epoxidharze sind in jedem Verhältnis mit Teeren und Pechen mischbar. Das Anstrichmittel besteht aus zwei Komponenten, von denen die erste das noch nicht gehärtete Epoxidharz und den Teeranteil, die zweite ein Polyamid oder Polyamin als Härter oder die erste den Härter mit Teer und die zweite das Flüssigharz enthält. Kurz vor der Verarbeitung werden die beiden Komponenten gemischt. Die Beschichtung erhärtet bei normaler Temperatur durch chemische Reaktion des Epoxidharzes mit dem Härter unter Einbau der Teerkomponente

Zahlentafel 33. *Anforderungen der Deutschen Bundesbahn an Anstrichstoffe auf Epoxidharz-Teer-Grundlage*

	Lösungsmittelarme Lacke			Lösungsmittelhaltige Lacke	
	Schwarz	Rotbraun	Graugrün	Schwarz	Rotbraun
Bindemittelgehalt ohne Härtungskomponente	50—60%	50—60%	50—60%	≧35%	≧35%
Davon Anteil an Epoxidharz	40—50%	40—50%	40—50%	30—45%	30—45%
Füllstoff	30—40%	30—40% [a]	30—40%	≦50%	≦50% [a]
Lösungs- und Vorlaufmittelgehalt	≦10%	≦10%	≦10%	≦20%	≦20%
Verdünnungsmittel	Aromaten oder Gemisch von Aromaten, Ketonen und/oder Alkoholen			höhersiedende Benzolkohlenwasserstoffe, hydriertes Naphthalin, Gemisch von Aromaten mit Ketonen und/oder Alkoholen	
Härtungskomponente	Polyamine, Polyaminaddukte, Polyaminoamide (freie flüchtige Amine ≦0,5%) und spezielle für die Härtung und Verarbeitung notwendige Zusätze				
Verarbeitungseigenschaften	bei 20 °C streich- und mit höchstens 5% Verdünnungsmittel spritzfertig; muß bis zu 5 °C verarbeitet werden können				
Erreichbare Trockenschichtdicke bei einmaligem Auftrag an senkrechter Fläche	mindestens 130 μm				
dgl. an waagerechter Fläche	streichen mindestens 500 μm, spritzen mindestens 1000 μm				
Topfzeit bei 20 °C	mindestens 2 Std				
Staubtrockenzeit des Gemisches	bei 20 °C und 130 μm Trockenschichtdicke ≦10 h (lösungsmittelarm) ≦ 5 h (lösungsmittelhaltig)				
Überstreichbarkeit bei 15—20 °C	bei 130 μm nach 6 h, spätestens nach 3 Tagen (lösungsmittelarm) bei 130 μm nach 10 h, spätestens nach 5 Tagen (lösungsmittelhaltig)				
Erweichungspunkt (R. u. K.) des Gemisches nach 7tägiger Reaktion bei 20 °C	über 160 °C				
Narben- und Rißbildung	keine bei einer Trockenschichtdicke von 1000 μm bei Bewitterung				
Mineralölbeständigkeit	nach 8 Tagen natürlicher Alterung beständig				

[a] Eisenoxidrot als Tönungsmittel.

innerhalb von etwa 12 Std ohne Bildung von Nebenprodukten. Es können relativ dicke Anstrichfilme in einem Arbeitsgang aufgetragen und nach Abtrocknen farbig überstrichen werden, ohne daß ein Durchbluten auftritt.

In den *Pech-Epoxidharz-Lacken* sind das ausgezeichnete Haftvermögen, die große Härte, gute Widerstandsfähigkeit gegen Chemikalien und hohe Temperaturbeständigkeit des Epoxidharzes mit der Beständigkeit gegen anorganische Lösungsmittel und der wasserabweisenden Wirkung des Pechs kombiniert. Die Anstriche sind bis 100 °C temperaturbeständig und auch bei sehr tiefen Temperaturen noch nicht spröde. Sie sind resistent gegen Süß- und Seewasser, mittelstarke Mineralsäuren und Alkalien (außer Ammoniak), Salzlösungen, Schmieröle und nichtaromatische Treibstoffe.

Handelsprodukte der Pech-Epoxidharz-Lacke sind z. B. in den USA Tarset, in der Bundesrepublik Deutschland Krylon und Inertol-Typen.

Von sonstigen Kunststoffen, die mit Pechlacken kombiniert werden können, sind vor allem die *Polyurethan-Systeme* zu erwähnen. Sie bestehen ebenfalls aus zwei Komponenten, von denen z. B. die erste den Teerpechanteil und ein Di- oder Triisocyanat, die zweite einen Polyester oder einen Polyäther mit einer endständigen Hydroxylgruppe enthält. Nach Vereinigung der Komponenten unmittelbar vor der Verarbeitung erhärtet die Masse bei normaler Temperatur durch Polyaddition zu Polyurethanen unter Einbau der Teerpechkomponente. Der Anwendungsbereich ist ähnlich wie bei Pech-Epoxidharz-Lacken.

Die Zahlentafel 33 enthält die von der Deutschen Bundesbahn angegebenen Beschaffenheitsvorschriften für Pech-Epoxidharz-Lacke. Als Teerkomponente können die in Zahlentafel 18 angegebenen Typen unter Zugabe von aromatischem Lösungsmittel eingesetzt werden. In der

Zahlentafel 34. *Eigenschaften von Teerlösungen zur Modifizierung von Epoxid- und Polyurethanharzlacken*

	Ohne leichtflüchtiges Lösungsmittel	Mit leichtflüchtigem Lösungsmittel
Äußere Beschaffenheit	gleichmäßig	gleichmäßig
Absolute Viskosität bei 25 °C	12 Poise	3—4 Poise
Dichte bei 25 °C	$1{,}162 \pm 0{,}02$	$1{,}12 \pm 0{,}02$
Phenole	$<0{,}2\%$	$<0{,}2\%$
Wasser	$<0{,}1\%$	$<0{,}1\%$
Toluol-Unlösliches	8—9%	9—12%
Lösungsmittel	0% [a]	ca. 20% [b]

[a] Unter 260 °C siedend.
[b] Bis 170 °C siedend.

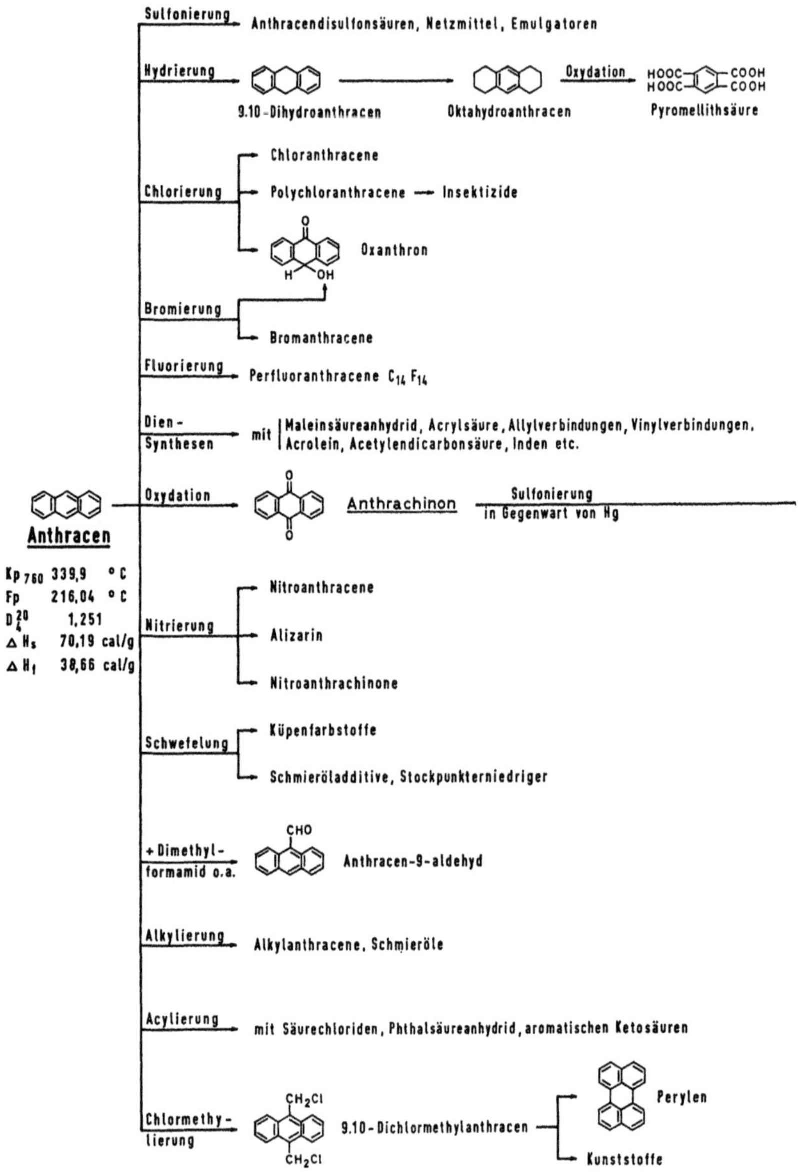

Abb. 31. Anthracen. Chemische Umsetzungen

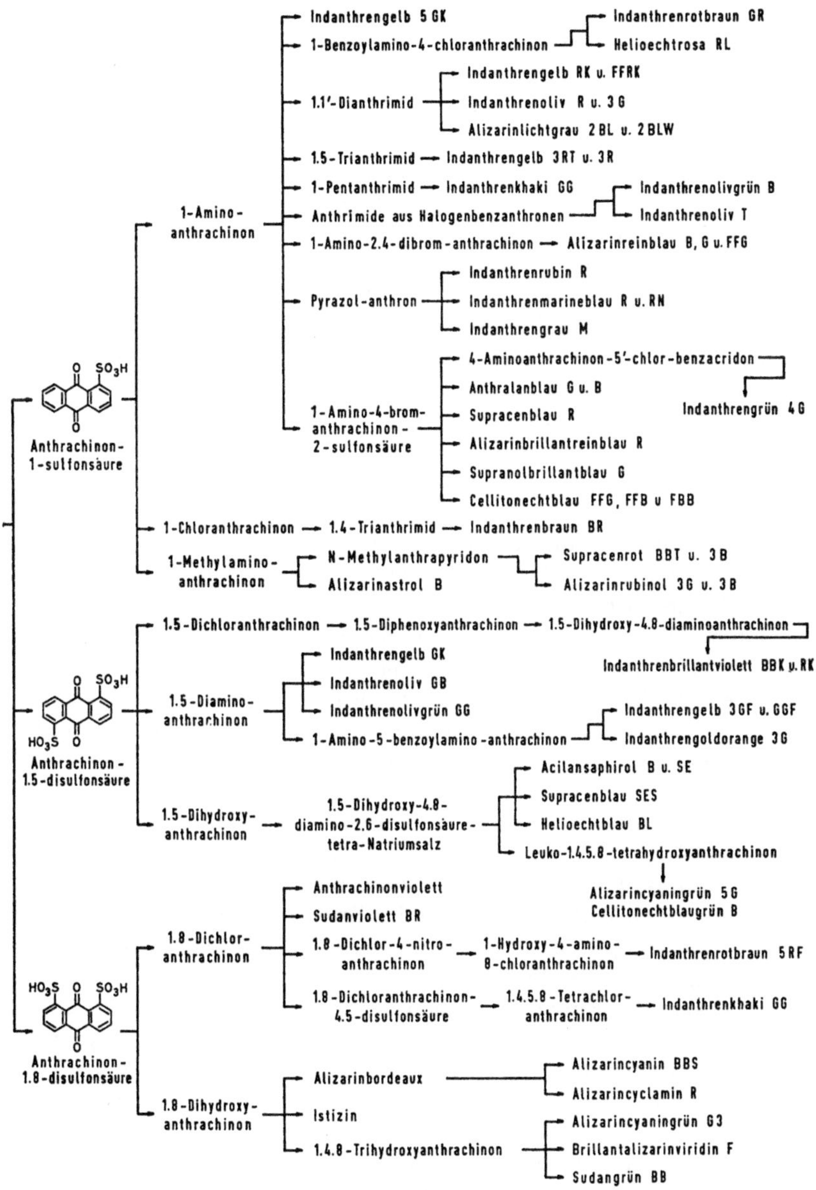
Indanthrengelb 5 GK
1-Benzoylamino-4-chloranthrachinon
Indanthrenrotbraun GR
Helioechtrosa RL
Indanthrengelb RK u. FFRK
1.1'-Dianthrimid
Indanthrenoliv R u. 3 G
Alizarinlichtgrau 2 BL u. 2 BLW
1.5-Trianthrimid
Indanthrengelb 3RT u. 3R
1-Pentanthrimid
Indanthrenkhaki GG
Indanthrenolivgrün B
1-Amino-anthrachinon
Anthrimide aus Halogenbenzanthronen
Indanthrenoliv T
1-Amino-2.4-dibrom-anthrachinon
Alizarinreinblau B, G u. FFG
Indanthrenrubin R
Pyrazol-anthron
Indanthrenmarineblau R u. RN
Indanthrengrau M
4-Aminoanthrachinon-5'-chlor-benzacridon
Anthralanblau G u. B
Indanthrengrün 4 G
1-Amino-4-brom-anthrachinon-2-sulfonsäure
Supracenblau R
Alizarinbrillantreinblau R
Supranolbrillantblau G
Cellitonechtblau FFG, FFB u FBB
Anthrachinon-1-sulfonsäure
1-Chloranthrachinon
1.4-Trianthrimid
Indanthrenbraun BR
1-Methylamino-anthrachinon
N-Methylanthrapyridon
Supracenrot BBT u. 3B
Alizarinastrol B
Alizarinrubinol 3G u. 3B
1.5-Dichloranthrachinon
1.5-Diphenoxyanthrachinon
1.5-Dihydroxy-4.8-diaminoanthrachinon
Indanthrenbrillantviolett BBK u. RK
Indanthrengelb GK
1.5-Diamino-anthrachinon
Indanthrenoliv GB
Indanthrenolivgrün GG
Indanthrengelb 3GF u. GGF
1-Amino-5-benzoylamino-anthrachinon
Indanthrengoldorange 3G
Anthrachinon-1.5-disulfonsäure
Acilansaphirol B u. SE
1.5-Dihydroxy-anthrachinon
1.5-Dihydroxy-4.8-diamino-2.6-disulfonsäure-tetra-Natriumsalz
Supracenblau SES
Helioechtblau BL
Leuko-1.4.5.8-tetrahydroxyanthrachinon
Alizarincyaningrün 5G
Cellitonechtblaugrün B
Anthrachinonviolett
Sudanviolett BR
1.8-Dichlor-anthrachinon
1.8-Dichlor-4-nitro-anthrachinon
1-Hydroxy-4-amino-8-chloranthrachinon
Indanthrenrotbraun 5RF
1.8-Dichloranthrachinon-4.5-disulfonsäure
1.4.5.8-Tetrachlor-anthrachinon
Indanthrenkhaki GG
Anthrachinon-1.8-disulfonsäure
Alizarinbordeaux
Alizarincyanin BBS
Alizarincyclamin R
1.8-Dihydroxy-anthrachinon
Istizin
Alizarincyaningrün G3
1.4.8-Trihydroxyanthrachinon
Brillantalizarinviridin F
Sudangrün BB

Bundesrepublik Deutschland zur Modifizierung von Epoxid- und Polyurethanharzlacken verwendete fertige Teerlösungen haben z. B. die in der Zahlentafel 34 angegebenen Beschaffenheitsdaten.

IV. Anthracen

Die aus dem Anthracenöl der primären Teerdestillation durch Kristallisation gewonnenen festen Anthracen-Rückstände sind wie das filtrierte Anthracenöl selbst als Rußanthracen Rohstoff zur *Erzeugung von Ruß* für die Gummiindustrie.

Vor allem in der Bundesrepublik Deutschland und in Japan wird jedoch ein erheblicher Teil der Anthracen-Rückstände über das 40er Anthracen — Rohanthracen mit einem Anthracen-Gehalt von etwa 40 bis 60% — zu technisch reinem Anthracen mit einem Reinheitsgrad von über 90%, möglichst über 95% aufgearbeitet. Der Verbrauch an 40er Rohanthracen für die Produktion von technischem Anthracen betrug 1965 in der Bundesrepublik Deutschland rund 19000 t, in Japan 15000 t.

Der Hauptverwendungszweck des Anthracens ist die Oxydation zu *Anthrachinon*, des wichtigsten Zwischenprodukts für die Herstellung der Anthrachinon-Farbstoffe.

Durch Synthese aus Phthalsäureanhydrid und Benzol wird das Anthrachinon nur in den USA gewonnen, wo kein Anthracen aus Steinkohlenteer isoliert wird. In Europa wird dagegen ausschließlich die Oxydation des Anthracens angewendet, die entweder auf nassem Wege mit Chromsäure oder katalytisch durch Luftoxydation durchgeführt wird.

Über die Anthrachinonsulfonsäuren sowie die Hydroxy-, Halogen-, Nitro- und Aminoderivate erhält man aus Anthrachinon eine Fülle wertvoller *Textilfarbstoffe*, u. a. die historisch bedeutungsvollen Beizenfarbstoffe und sauren Wollfarbstoffe auf der Grundlage des Alizarins und die Anthrachinon-Küpenfarbstoffe vom Typ des Indanthrens. Gerade in den letzten Jahren hat die Produktion organischer Farbstoffe aus Anthrachinon durch die Entwicklung von moderne Kunstfasern direkt anfärbenden Farbstoffen einen weiteren Aufschwung erlebt. Spezielle Anthrachinon-Farbstoffe dienen ferner zum Anfärben von Lacken, Gummi, Papier, eloxiertem Aluminium, Ölen, Fetten, Wachsen und Benzin.

Gegenüber der Oxydation zu Anthrachinon sind gegenwärtig die weiteren technischen Anwendungszwecke des Anthracens mengenmäßig unbedeutend. Durch chemische Umsetzung lassen sich Schmieröle, Weichmacher, Emulgatoren, Kunststoffe, Gerbstoffe und Schädlingsbekämpfungsmittel herstellen. Einen Überblick über die verschiedenen

Umsetzungsmöglichkeiten gibt die Abb. 31. Die aufgeführten Farbstoffe stellen nur einen kleinen Ausschnitt aus der gesamten Palette der Anthrachinonfarbstoffe dar.

Reinstes Anthracen selbst ist die meistbenutzte feste Szintillator-Substanz zum Nachweis energiereicher Strahlen bei kernphysikalischen Untersuchungen.

V. Naphthalin

Das Naphthalin ist die mengenmäßig wichtigste Einzelverbindung des Steinkohlenteers. Der Gehalt in Hochtemperaturteeren liegt im Mittel bei etwa 10%. Nach den modernen Verfahren der Teeraufarbeitung lassen sich davon etwa 90% in technisch reiner Qualität auf wirtschaftliche Weise gewinnen. Ohne Berücksichtigung der niedrigaromatischen Vertikalretortenteere beläuft sich das Steinkohlenteer-Naphthalinangebot in der Welt auf mehr als 1 Mill. t im Jahr. Die bedeutendsten Naphthalinproduzenten sind die USA mit einer Jahresproduktion 1965 von etwa 360000 t, die Bundesrepublik Deutschland mit etwa 165000 t, Großbritannien und Japan mit je etwa 80000 t, Frankreich mit etwa 60000 t, Polen mit etwa 30000 t sowie die Sowjetunion und die Tschechoslowakei.

Wegen des stark angestiegenen Naphthalinbedarfs wurden in den USA in den Jahren 1960 bis 1962 fünf Anlagen zur Erzeugung von Naphthalin durch Hydrodealkylierung von Alkylnaphthalin-Fraktionen errichtet, die bei Krackprozessen der Erdölverarbeitung anfallen. Der Anteil des petrochemischen Naphthalins an der Gesamtnaphthalinproduktion betrug 1965 etwa 150000 t. Zur Hydrodealkylierung lassen sich auch die Methylnaphthalin-Fraktionen aus Steinkohlenteer einsetzen.

Technisches Naphthalin aus Steinkohlenteer wird in verschiedenen *Handelsqualitäten* angeboten, die sich nach ihrem durch den Erstarrungspunkt charakterisierten Reinheitsgrad unterscheiden. Die technische Qualität mit einem Erstarrungspunkt von mindestens 79 °C hat einen Reingehalt von über 97,6% Naphthalin, diejenige mit einem Erstarrungspunkt von mindestens 78 °C enthält über 95,6%. Beide Typen sind unmittelbar zur Herstellung von Phthalsäureanhydrid geeignet. Technisch reine Qualitäten haben einen Erstarrungspunkt von mindestens 79,6 °C oder 79,8 °C, entsprechend einem Reinheitsgrad von 98,7% bzw. 99,1%. Die Hauptverunreinigung des Naphthalins aus Steinkohlenteer ist der Siedebegleiter Thionaphthen. Für Hydrierzwecke werden entschwefelte Spezialqualitäten hergestellt. Der Versand des Naphthalins erfolgt seit einigen Jahren in zunehmendem Maße in flüssiger Form in isolierten Tankwagen und beheizbaren Tankschiffen.

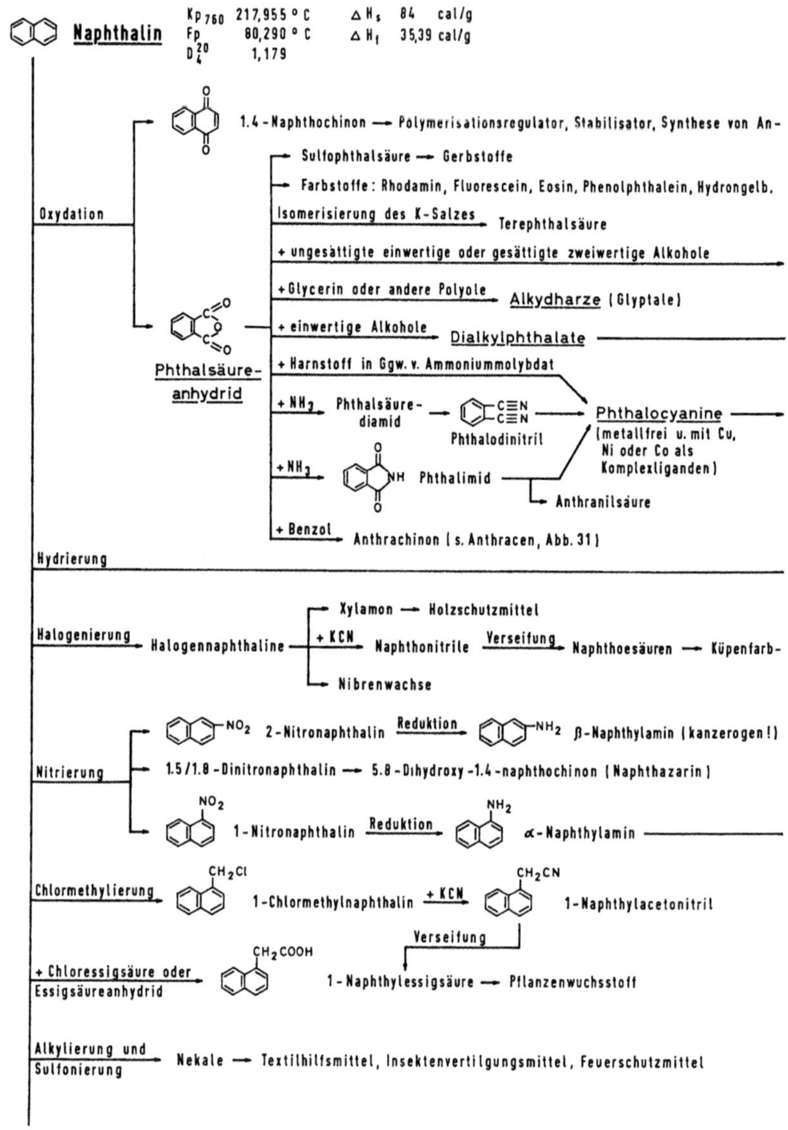

Forts. Abb. 32/II

Abb. 32/I. Naphthalin. Chemische Umsetzungen

thrachinonderivaten und Küpenfarbstoffen

Chinolingelb

Polyesterharze

- Dimethylphthalat → Insektenabwehrmittel
- Weichmacher für Kunststoffe (bes. PVC), Heizbadöle
  - Bis-(2-Äthylhexyl)phthalat (Dioctylphthalat, Palatinol AH, Vestinol AH)
  - Dibutylphthalat (Palatinol C, Vestinol C, Genoplast B)
  - Dinonylphthalat
  - Didodecylphthalat
  - Dicyclohexylphthalat

blaue und grüne Pigmentfarbstoffe,
durch Abwandlung substantive Baumwollfarbstoffe,
Phthalogenfarbstoffe

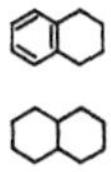

- Tetralin → Lösungsmittel
- Dekalin → Lösungsmittel

stoffe (aus β-Naphthoesäure)

- Sulfonierung
  - 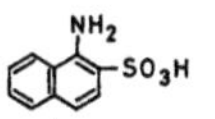 1-Naphthylamin-2-sulfonsäure → Azofarbstoffe
  - ↓
  - 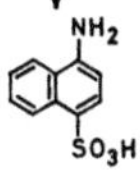 1-Naphthylamin-4-sulfonsäure → Azofarbstoffe
- Phenyl-α-naphthylamin → Kautschukstabilisator, Viktoriablau
- Naphthol AS BO
- Druckhydrolyse 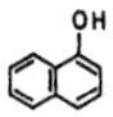 α-Naphthol
  - Azofarbstoffe
  - indigoide Farbstoffe
  - 4-Chlor-1-naphthol → Indanthrendruckblau R u. GG
  - Salicylsäure-α-naphthylester (Alphol)
  - Kolbe-Synthese → 1-Naphthol-2-carbonsäure → Farbstoffe für Photofilme
  - 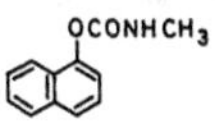 N-Methylcarbamidsäure-α-naphthylester → Insektizid (Menaphtham, Sevin)

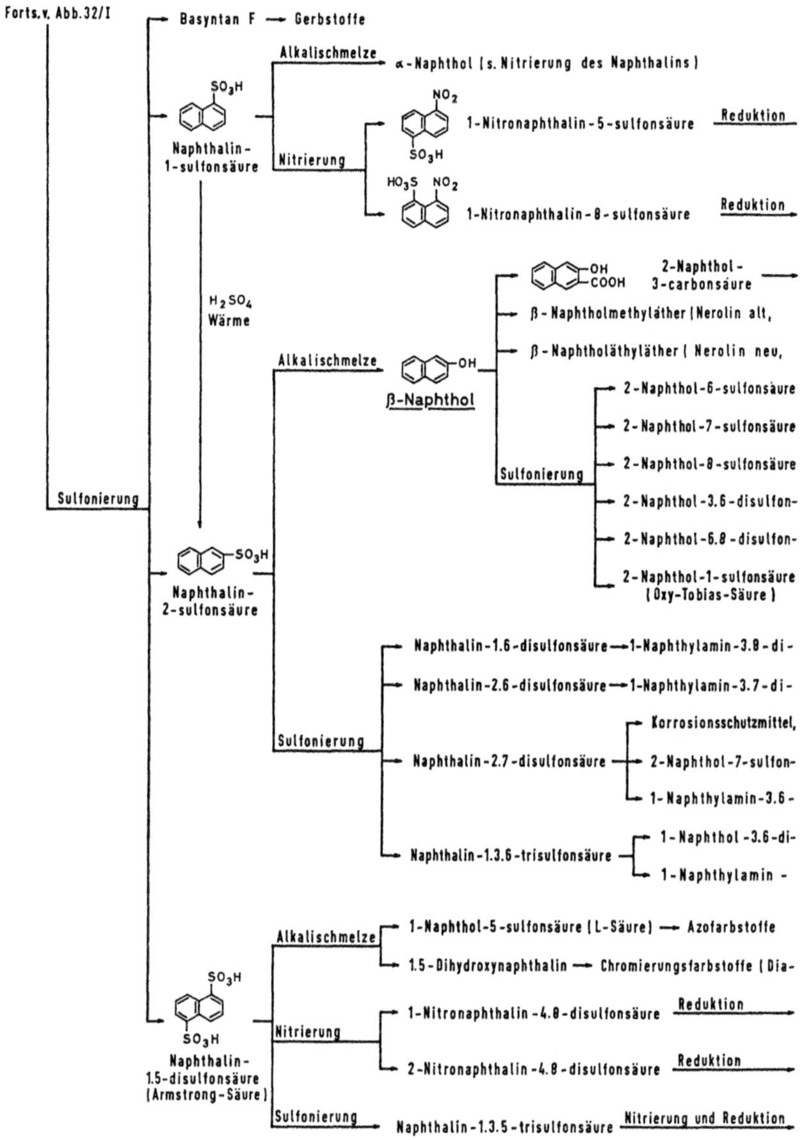
Forts. v. Abb. 32/I
Basyntan F → Gerbstoffe
Alkalischmelze
α-Naphthol (s. Nitrierung des Naphthalins)
Naphthalin-1-sulfonsäure
Nitrierung
1-Nitronaphthalin-5-sulfonsäure
Reduktion
1-Nitronaphthalin-8-sulfonsäure
Reduktion
H_2SO_4 Wärme
2-Naphthol-3-carbonsäure
β-Naphtholmethyläther (Nerolin alt,
β-Naphtholäthyläther (Nerolin neu,
Alkalischmelze
β-Naphthol
Sulfonierung
2-Naphthol-6-sulfonsäure
2-Naphthol-7-sulfonsäure
2-Naphthol-8-sulfonsäure
2-Naphthol-3.6-disulfon-
2-Naphthol-6.8-disulfon-
2-Naphthol-1-sulfonsäure (Oxy-Tobias-Säure)
Sulfonierung
Naphthalin-2-sulfonsäure
Naphthalin-1.6-disulfonsäure → 1-Naphthylamin-3.8-di-
Naphthalin-2.6-disulfonsäure → 1-Naphthylamin-3.7-di-
Korrosionsschutzmittel,
Naphthalin-2.7-disulfonsäure
2-Naphthol-7-sulfon-
1-Naphthylamin-3.6-
Sulfonierung
Naphthalin-1.3.6-trisulfonsäure
1-Naphthol-3.6-di-
1-Naphthylamin-
Alkalischmelze
1-Naphthol-5-sulfonsäure (L-Säure) → Azofarbstoffe
1.5-Dihydroxynaphthalin → Chromierungsfarbstoffe (Dia-
Nitrierung
1-Nitronaphthalin-4.8-disulfonsäure
Reduktion
2-Nitronaphthalin-4.8-disulfonsäure
Reduktion
Naphthalin-1.5-disulfonsäure (Armstrong-Säure)
Sulfonierung
Naphthalin-1.3.5-trisulfonsäure
Nitrierung und Reduktion

Abb. 32/II.

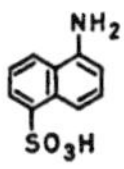

1-Naphthylamin-5-sulfonsäure (Laurentsche Säure) → Azofarbstoffe, Küpenfarbstoffe

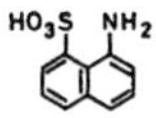

1-Naphthylamin-8-sulfonsäure (Peri-Säure)
→ Indanthrenbrillantorange RK
→ 1-Naphthylamin-2.4.8-trisulfonsäure (Chicago-Säure SS) → Azofarbstoffe
→ 1-Naphthol-8-sulfonsäure → Azofarbstoffe

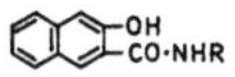

2.3-Hydroxynaphthoesäurearylide → Naphthol-AS-Azofarbstoffe

Jara Jara) → Parfümduftstoffe
Bromelia) → Parfümduftstoffe

(Schäffer-Säure) → Azofarbstoffe
→ Gerbstoffe

(Cassellasche Säure) → 2-Naphthol-3.7-disulfonsäure → Azofarbstoffe

(Croceinsäure, Bayersche Säure) → Azofarbstoffe

säure (R-Säure) → Azofarbstoffe

säure (G-Säure) → Azofarbstoffe, Triphenylmethanfarbstoffe

→ 2-Naphthylamin-1-sulfonsäure (Tobias-Säure)
→ 2-Naphthylamin-5-sulfonsäure (Dahlsche Säure)
→ Azofarbstoffe
→ 2-Naphthol-5-sulfonsäure (L-Säure) → Azofarbstoffe
→ 2-Naphthylamin-5.7-disulfonsäure → 2-Amino-5-naphthol-7-sulfonsäure (I-Säure) → Azofarbstoffe

sulfonsäure → 1-Naphthol-3-sulfonsäure → Azofarbstoffe

sulfonsäure (Freundsche Säure-1.3.7) → Azofarbstoffe

Naphthalingrün V

säure (F-Säure, Cassellasche Säure, s. β-Naphthol) → Azofarbstoffe

disulfonsäure (Freundsche Säure-1.3.6) → Azofarbstoffe

sulfonsäure (R.G.-Säure) → Azofarbstoffe

3.6.8-trisulfonsäure (Kochsche Säure)
→ 1.8-Dihydroxynaphthalin-3.6-disulfonsäure (Chromotropsäure) → Azofarbstoffe
→ (Alkalischmelze) 1-Amino-8-naphthol-3.6-disulfonsäure (H-Säure) → Azofarbstoffe

mantschwarz)

1-Naphthylamin-4.8-disulfonsäure
→ 1-Naphthol-4.8-disulfonsäure (Schöllkopfsche Säure) → Azofarbstoffe
→ 1-Amino-8-naphthol-4-sulfonsäure (Chicago-Säure S) → Azofarbstoffe

2-Naphthylamin-4.8-disulfonsäure (C-Säure) → Azofarbstoffe

1-Naphthylamin-4.6.8-trisulfonsäure (B-Säure)
→ 1-Amino-8-naphthol-4.6-disulfonsäure (K-Säure) → Azofarbstoffe
→ Germanin (Suramin)

Die überwiegende Menge des Naphthalins wird durch katalytische Oxydation zu *Phthalsäureanhydrid* weiterverarbeitet. Phthalsäureanhydrid ist Zwischenprodukt für die Herstellung von Phthalsäureestern. Die Veresterung mit einwertigen Alkoholen führt zu hochsiedenden, thermostabilen Dialkylphthalaten, die in großem Umfang als *Kunststoffweichmacher*, vor allem für Polyvinylchlorid, eingesetzt werden. Die Umsetzung des Phthalsäureanhydrids mit ungesättigten einwertigen oder gesättigten zweiwertigen Alkoholen ergibt Polyesterharze, mit Glycerin oder anderen mehrwertigen Alkoholen Alkydharze, beides vorzügliche Lackharze. Die Polyesterharze werden darüber hinaus in großen Mengen zur Herstellung von glasfaserverstärkten Kunststoffen und Preßmassen eingesetzt.

Das Phthalsäureanhydrid ist ferner Rohstoff für synthetische Farbstoffe, vor allem für die *Phthalocyanine*. In den USA wird aus Phthalsäureanhydrid und Benzol Anthrachinon synthetisiert, dem in Europa aus Anthracen gewonnenen Zwischenprodukt für die Anthrachinon-Farbstoffe.

Mit dem Naphthalin konkurrierender Ausgangsstoff für Phthalsäureanhydrid ist das *o-Xylol*. Es wird in der Hauptmenge durch Aromatisierung geeigneter Erdölfraktionen gewonnen und erweitert in sinnvoller Weise die Rohstoffbasis für das in steigendem Umfang benötigte PSA. Die Erzeugung an Phthalsäureanhydrid betrug 1965 in der Bundesrepublik Deutschland etwa 103000 t, in Frankreich 56000 t, in Italien 67000 t, in den USA 263000 t. Allein in den USA ist eine Kapazitätserweiterung auf etwa 600000 t pro Jahr bis 1970 geplant.

Von den sonstigen technisch wichtigen Weiterverarbeitungsprodukten des Naphthalins sind besonders zu erwähnen die über das β-Naphthol und die Naphthalinsulfonsäuren erhältlichen zahlreichen *Azofarbstoffe* sowie verschiedene Insektizide, insbesondere der in großem Umfang über das α-Naphthol synthetisierte N-Methylcarbamidsäure-α-naphthylester (Menaphtham, *Sevin*). Sevin wird in den USA seit 1962 in einer Menge von etwa 50000 t im Jahr produziert und ist damit nach dem DDT das wichtigste Einzelprodukt unter den amerikanischen Schädlingsbekämpfungsmitteln. Es ist wirksam gegen Gemüse- und Obstschädlinge und Geflügelungeziefer. Die Hydrierung des Naphthalins führt zu den Lösungsmitteln Tetralin und Dekalin, die Sulfonierung zu synthetischen Gerbstoffen, die Chlorierung zu Holzschutzmitteln und den Nibren-Wachsen. Weitere erwähnenswerte Naphthalinderivate sind der Pflanzenwuchsstoff 1-Naphthylessigsäure, das Heilmittel gegen die Schlafkrankheit Germanin, Indikator- und Photofarbstoffe, oberflächenaktive Textilhilfsmittel, Polymerisationsregulatoren, Kunststoff-Stabilisatoren und Korrosionsschutzmittel.

Einen Ausschnitt aus den zahlreichen chemischen Umsetzungsmöglichkeiten des Naphthalins gibt der schematische Überblick in Abb. 32.

VI. Phenole

Die Hauptbestandteile eines aus Steinkohlenteer gewonnenen Rohphenols sind Phenol, o-, m- und p-Kresol, 2.6-, 2.4-, 2.5-, 2.3- und 3.5-Dimethylphenol (Xylenole). Die Zusammensetzung schwankt aus bereits erwähnten Gründen (S. 79). Das Beispiel einer Rohphenolzusammensetzung zeigt das Gaschromatogramm der Abb. 5. Das Phenol selbst wird in der Hauptmenge heute synthetisch und zwar insbesondere aus Benzol hergestellt, nachdem das aus Teer gewonnene Phenol den steigenden Bedarf nicht mehr decken konnte. Die Synthese erfolgt durch Alkalischmelze von Benzolsulfonsäure (Bayer-Verfahren), Gasphasenchlorierung des Benzols mit Chlorwasserstoff und Luft und anschließende Wasserdampfhydrolyse des Chlorbenzols (Raschig-Verfahren, Hooker-Prozeß), Flüssigphasenchlorierung des Benzols mit Chlor und alkalische Druckverseifung des Chlorbenzols (Dow-Verfahren), nach dem Verfahren von Hock und Lang (Cumol-Verfahren) durch Luftoxydation von Isopropylbenzol zu Cumolhydroperoxid und Spaltung des Peroxids zu Phenol und Aceton, durch Oxydation von Toluol und oxydative Decarboxylierung der entstandenen Benzoesäure (Dow-California Res.-Verfahren), durch Luftoxydation von Cyclohexan (Scientific-Design) oder durch Direktoxydation von Benzol. Die größte technische Bedeutung hat zur Zeit das Syntheseverfahren nach Hock und Lang.

Neben dem Synthesephenol wird nach wie vor das *Phenol* des Steinkohlenteers *möglichst quantitativ* gewonnen. In der Bundesrepublik Deutschland wurden 1965 neben rund 141 000 t Synthesephenol 14000 t Reinphenol aus Steinkohlenteer und Kokereiabwässern erzeugt. In den USA belief sich die Kohlephenol-Produktion 1965 auf etwa 17000 t, in Großbritannien auf rund 19000 t. Die Gesamterzeugung der Welt an Kohlenphenol wird auf mehr als 100000 t im Jahr geschätzt. Die vorhandenen und projektierten Weltkapazitäten an Synthesephenol betrugen demgegenüber 1964 etwa 1,3 Mill. t.

Im Gegensatz zum Phenol begann die synthetische Herstellung der Kresole und Xylenole großtechnisch erst in den Jahren 1965 und 1966. Die Synthese beruht auf der katalytischen Methylierung des Phenols mit Methanol. Die installierten Kapazitäten betrugen Ende 1966 in den USA etwa 7000 t, in der Bundesrepublik Deutschland etwa 6000 t pro Jahr. Als Hauptprodukt wird o-Kresol gewonnen, Nebenprodukte sind p-Kresol, 2.6- und 2.4-Dimethylphenol. Die Produktion von *Kresolen und Xylenolen* auf Basis des Steinkohlenteers ist vorerst noch weit bedeutender als die der Syntheseprodukte. Im Jahre 1965 wurden in der

Zahlentafel 35. *Eigenschaften*

	Phenol 40 °C	o-Kresol 30 °C	p-Kresol rein	m-Kresol rein
Erstarrungspunkt (°C)	≧40	≧30	≧33	≧11
Reingehalt (%)	≧98,2	≧97,5	≧97	≧99
Siedegrenzen	bis 181,2 °C ≦5 % bis 183,0 °C ≧95 % 5—95 % <1,5 °C	bis 190 °C ≦5 % bis 193 °C ≧95 % 5—95 % ≦2 °C	um 202,3 °C	202,6 °C
Klarlöslichkeit	mit 15 Teilen H_2O	verd. NaOH	verd. NaOH	verd. NaOH
Farbe	farblos, an Licht und Luft rosa verfärbend	farblos, gelb oder rötlich verfärbend	farblos, gelb oder rötlich verfärbend	farblos, gelb oder rötlich verfärbend
Wassergehalt (%)	≦0,20	≦0,20	≦0,20	—
Pyridingehalt (%)	≦0,05	≦0,15	≦0,15	—

Vgl. H.-G. Franck u. G. Collin, in: C. Zerbe, Mineralöle und ver-

Bundesrepublik Deutschland etwa 26000 t, in den USA etwa 28000 t Kresole und Xylenole aller Art aus Steinkohlenteer und Kokereiabwässern erzeugt.

Die Phenolprodukte werden in verschiedenen Reinheitsgraden und Mischungen gehandelt. Phenol selbst hat in der Handelsqualität einen Erstarrungspunkt von über 40 °C, entsprechend einem Reinheitsgrad von über 98,2%. Die technischen Handelskresole sind wesentlich durch ihren Gehalt an m-Kresol gekennzeichnet. Die Beschaffenheitsdaten der verschiedenen Kresol- und Xylenol-Isomerengemische und einiger technisch reiner Einzelverbindungen sind in der Zahlentafel 35 wiedergegeben.

Phenol wird in der Hauptmenge zu *Phenol-Formaldehyd-Harzen* (Phenoplaste, Bakelite) weiterverarbeitet. Diese bereits vor dem ersten Weltkrieg großtechnisch hergestellten Kunstharze haben auch heute noch hohe Zuwachsraten. In der Bundesrepublik Deutschland wurden 1965 etwa 40000 t, in den USA 270000 t Phenol zur Verharzung eingesetzt, das entspricht etwa 30% bzw. 50% des gesamten Phenolverbrauchs. Die Phenoplaste dienen zur Erzeugung von Phenolharz-Preßmassen, Lackharzen, Elektroisolierharzen, säure- und lösungsmittelfesten Appa-

einiger Phenolerzeugnisse aus Steinkohlenteer

Kresol-Isomerengemische					Xylenol-fraktion	3,5-Dimethylphenol techn.	2,4/2,5-Dimethylphenolfraktion
Rohkresol	30	38	50	60			
flüssig	flüssig	flüssig	flüssig	flüssig	flüssig	≧60	flüssig
≧99,5 Phenole	≧30 m-Kresol	≧38 m-Kresol	≧50 m-Kresol	≧60 m-Kresol	≧98 Phenole	≧94	—
bis 192 °C ≦5 % bis 215 °C ≧95 %	bis 196 °C ≦5 % bis 212 °C ≧95 %	bis 197 °C ≦5 % bis 208 °C ≧95 %	5 % 200 bis 202 °C 95 % 205 bis 207 °C 5—95 % innerhalb 5 °C	bis 201,5 °C ≦5 % bis 204 °C ≧95 % 5—95 % ≦2 °C	bis 205 °C ≦5 % bis 225 °C ≧95 %	221—223 °C	209—213 °C
verd. NaOH	verd. NaOH	verd. NaOH	verd. NaOH	verd. NaOH	verd. NaOH höchstens trübe	verd. NaOH höchstens schwach trübe	verd. NaOH höchstens trübe
≦C-4	≦C-3	≦C-2	≦C-1	≦C-1	gelb bis dunkel- braun	—	—
≦0,20	≦0,20	≦0,20	≦0,20	≦0,20	≦1,0	≦0,20	≦0,20
≦0,20	≦0,20	≦0,20	≦0,15	≦0,15	≦0,5	≦0,5	≦0,5

wandte Produkte, 2. Aufl., z. Z. im Druck.

ratebeschichtungsstoffen, Holzleimen, Phenolharz-Schaumstoffen und Bindemitteln für Gießereiformsand, Faservliese, Schleifscheiben und Bremsbeläge.

Weitere Anwendungsgebiete des Phenols sind die Hydrierung zum Cyclohexanol, dem Zwischenprodukt zur Synthese der Polyamidfasern *Perlon und Nylon* über das ε-Caprolactam bzw. die Adipinsäure sowie des Dicyclohexylphthalats, einem Weichmacher für Polyvinylchlorid und andere Kunststoffe, ferner die Kondensation mit Aceton zum Bisphenol A, dem Zwischenprodukt zur Herstellung von Epoxid-, Phenoxy- und Polycarbonatharzen, die Alkylierung mit höheren Olefinen zu Alkylphenolen als Zwischenprodukten für nichtionogene Waschmittel, Antioxydantien und öllösliche Phenol-Formaldehyd-Harze sowie die Methylierung mit Methanol zu o- und p-substituierten Methyl- und Dimethylphenolen.

Eine große Bedeutung hat die *Chlorierung des Phenols* zur Herstellung von Unkrautbekämpfungsmitteln, Desinfektionsmitteln und pilzwidrigen Konservierungsstoffen, vor allem in den USA zur Synthese des selektiv wirkenden Unkrautvernichtungsmittels 2.4-Dichlorphenoxyessigsäure

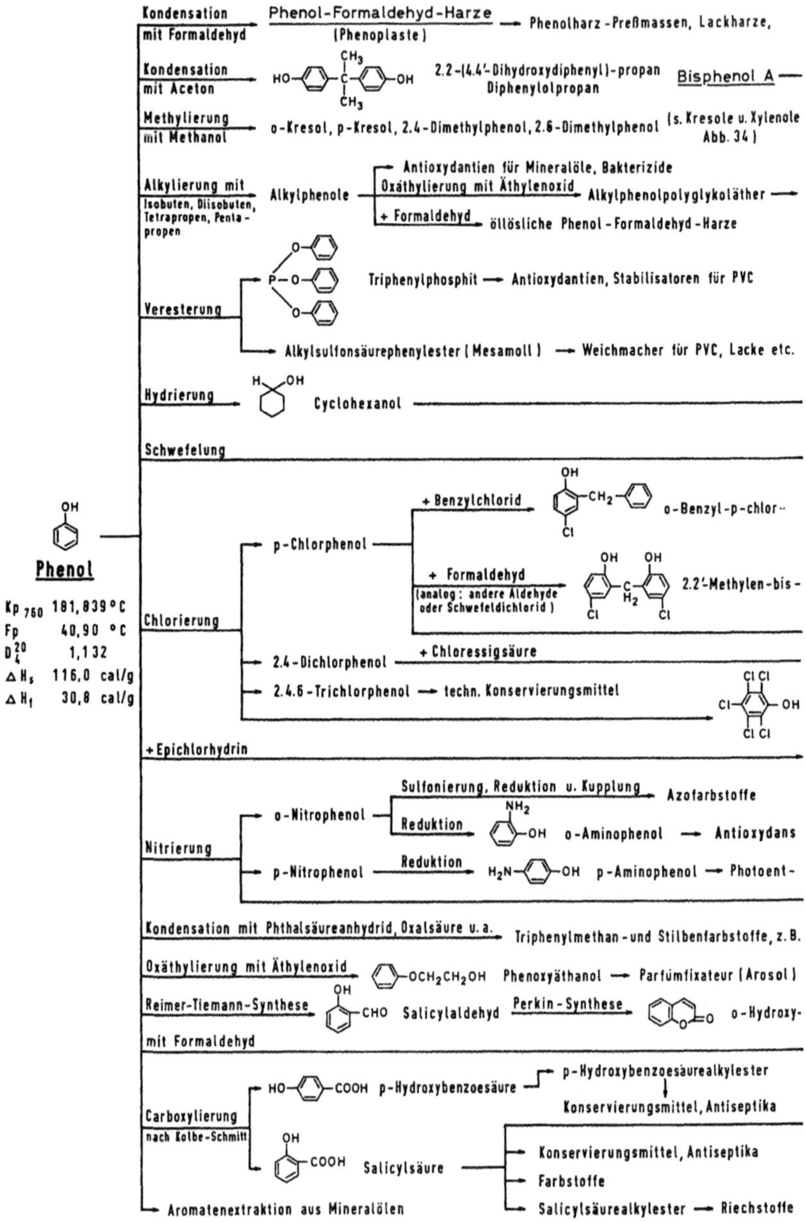

Abb. 33. Phenol. Chemische Umsetzungen

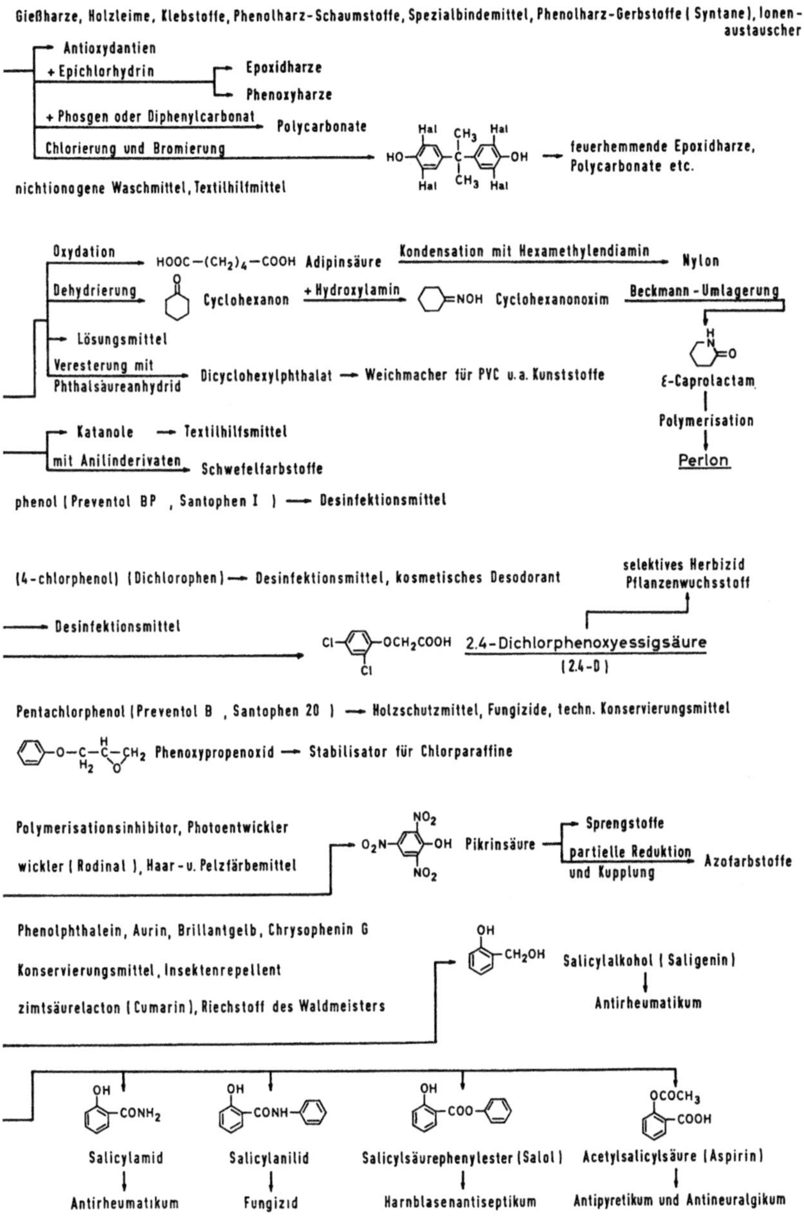
Gießharze, Holzleime, Klebstoffe, Phenolharz-Schaumstoffe, Spezialbindemittel, Phenolharz-Gerbstoffe (Syntane), Ionenaustauscher
Antioxydantien
+ Epichlorhydrin
Epoxidharze
Phenoxyharze
+ Phosgen oder Diphenylcarbonat
Polycarbonate
Chlorierung und Bromierung
feuerhemmende Epoxidharze, Polycarbonate etc.
nichtionogene Waschmittel, Textilhilfmittel
Oxydation
HOOC—(CH2)4—COOH Adipinsäure
Kondensation mit Hexamethylendiamin
Nylon
Dehydrierung
Cyclohexanon
+ Hydroxylamin
Cyclohexanonoxim
Beckmann-Umlagerung
Lösungsmittel
Veresterung mit Phthalsäureanhydrid
Dicyclohexylphthalat
Weichmacher für PVC u.a. Kunststoffe
ε-Caprolactam
Polymerisation
Perlon
Katanole
Textilhilfsmittel
mit Anilinderivaten
Schwefelfarbstoffe
phenol (Preventol BP, Santophen I) — Desinfektionsmittel
(4-chlorphenol) (Dichlorophen) — Desinfektionsmittel, kosmetisches Desodorant
selektives Herbizid
Pflanzenwuchsstoff
Desinfektionsmittel
2.4-Dichlorphenoxyessigsäure
(2.4-D)
Pentachlorphenol (Preventol B, Santophen 20) — Holzschutzmittel, Fungizide, techn. Konservierungsmittel
Phenoxypropenoxid — Stabilisator für Chlorparaffine
Polymerisationsinhibitor, Photoentwickler
wickler (Rodinal), Haar- u. Pelzfärbemittel
Pikrinsäure
Sprengstoffe
partielle Reduktion und Kupplung
Azofarbstoffe
Phenolphthalein, Aurin, Brillantgelb, Chrysophenin G
Konservierungsmittel, Insektenrepellent
zimtsäurelacton (Cumarin), Riechstoff des Waldmeisters
Salicylalkohol (Saligenin)
Antirheumatikum
Salicylamid
Antirheumatikum
Salicylanilid
Fungizid
Salicylsäurephenylester (Salol)
Harnblasenantiseptikum
Acetylsalicylsäure (Aspirin)
Antipyretikum und Antineuralgikum

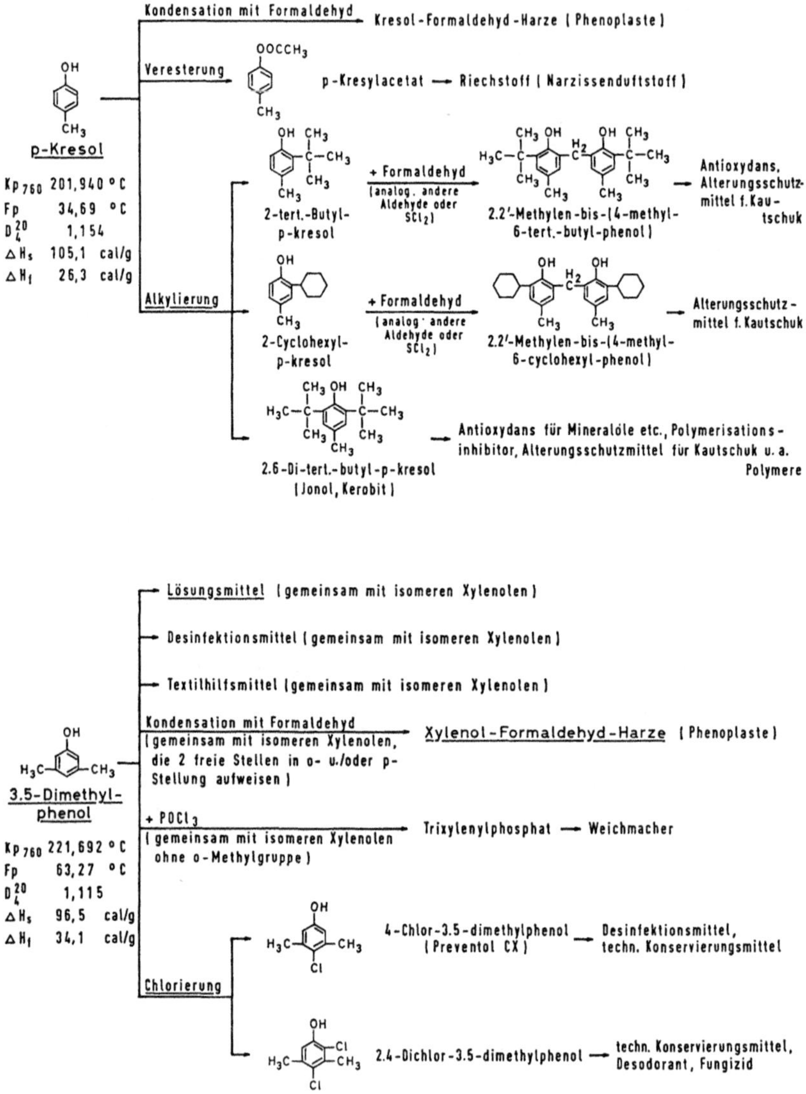

Abb. 34. Kresole und Xylenole. Chemische Umsetzungen und Verwendung

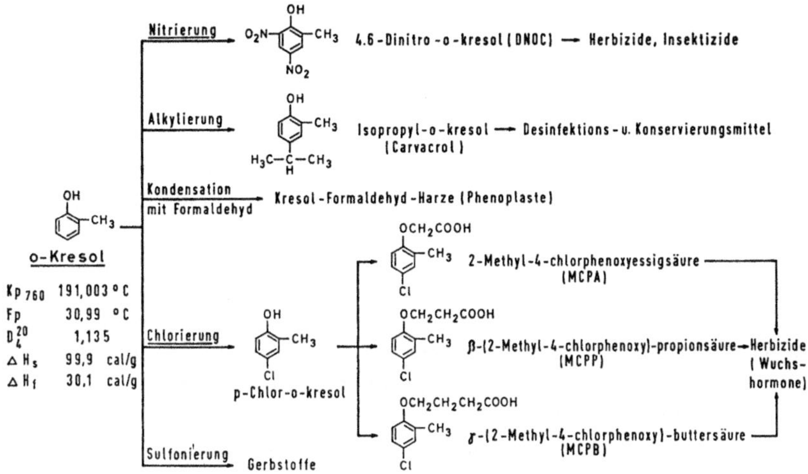
Nitrierung
OH
O_2N
CH_3
NO_2
4.6-Dinitro-o-kresol (DNOC) → Herbizide, Insektizide
Alkylierung
Isopropyl-o-kresol → Desinfektions- u. Konservierungsmittel
(Carvacrol)
$H_3C-C-CH_3$
H
Kondensation mit Formaldehyd
Kresol-Formaldehyd-Harze (Phenoplaste)
o-Kresol
Kp 760 191,003 °C
Fp 30,99 °C
D_4^{20} 1,135
ΔHs 99,9 cal/g
ΔHf 30,1 cal/g
Chlorierung
p-Chlor-o-kresol
OCH_2COOH
2-Methyl-4-chlorphenoxyessigsäure
(MCPA)
OCH_2CH_2COOH
β-(2-Methyl-4-chlorphenoxy)-propionsäure → Herbizide
(MCPP)
(Wuchs-
hormone)
$OCH_2CH_2CH_2COOH$
γ-(2-Methyl-4-chlorphenoxy)-buttersäure
(MCPB)
Cl
Sulfonierung
Gerbstoffe

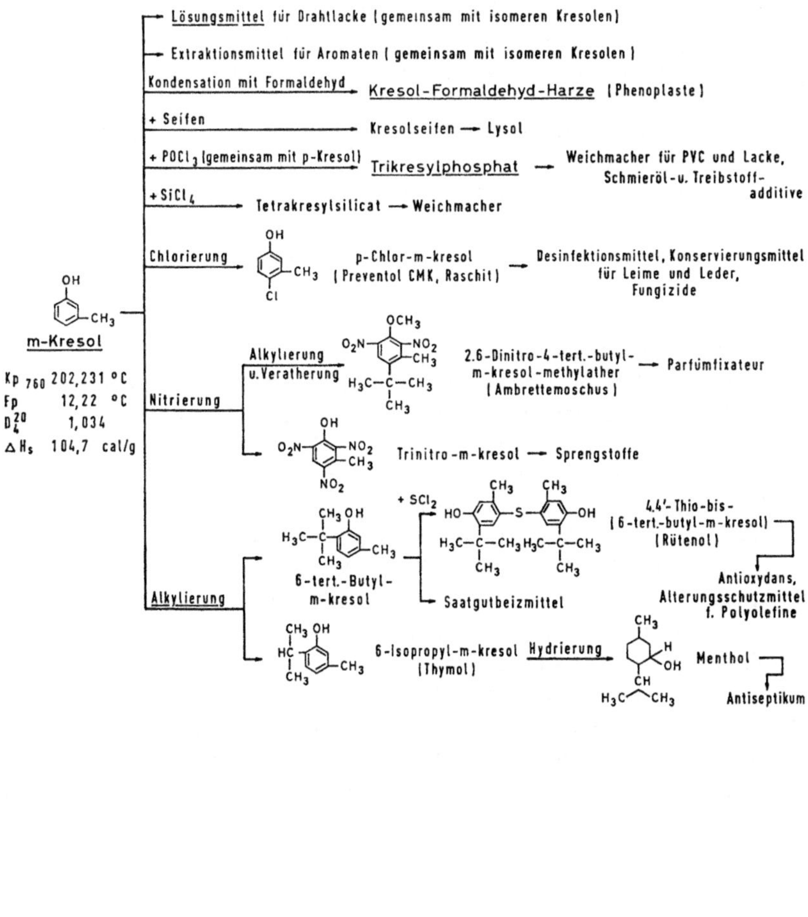
Lösungsmittel für Drahtlacke (gemeinsam mit isomeren Kresolen)
Extraktionsmittel für Aromaten (gemeinsam mit isomeren Kresolen)
Kondensation mit Formaldehyd
Kresol-Formaldehyd-Harze (Phenoplaste)
+ Seifen
Kresolseifen → Lysol
+ $POCl_3$ (gemeinsam mit p-Kresol)
Trikresylphosphat → Weichmacher für PVC und Lacke,
Schmieröl- u. Treibstoff-
additive
+ $SiCl_4$
Tetrakresylsilicat → Weichmacher
Chlorierung
p-Chlor-m-kresol
(Preventol CMK, Raschit) → Desinfektionsmittel, Konservierungsmittel
für Leime und Leder,
Fungizide
m-Kresol
Kp 760 202,231 °C
Fp 12,22 °C
D_4^{20} 1,034
ΔHs 104,7 cal/g
Nitrierung
Alkylierung
u. Verätherung
OCH_3
2.6-Dinitro-4-tert.-butyl-
m-kresol-methyläther
(Ambrettemoschus) → Parfümfixateur
Trinitro-m-kresol → Sprengstoffe
Alkylierung
6-tert.-Butyl-
m-kresol
+ SCl_2
4.4'-Thio-bis-
(6-tert.-butyl-m-kresol)
(Rütenol)
Antioxydans,
Alterungsschutzmittel
f. Polyolefine
Saatgutbeizmittel
6-Isopropyl-m-kresol
(Thymol)
Hydrierung
Menthol
Antiseptikum

(2.4-D) und des zum Holzschutz und zur technischen Konservierung verwendeten Fungizids Pentachlorphenol.

Die Veresterung des Phenols wird angewendet zur Erzeugung des Polyvinylchlorid-Stabilisators Triphenylphosphit und der Alkylsulfonsäurephenylester Mesamoll, Weichmacher für Polyvinylchlorid und Lackharze. Für die Arzneimittel-Synthese ist die Carboxylierung des Phenols zur Salicylsäure bedeutsam, der Muttersubstanz zahlreicher Medikamente, so z. B. des Rheumamittels Salicylamid und des allgemein anwendbaren Schmerzlinderungsmittels Acetylsalicylsäure (Aspirin).

Die Synthesen der erwähnten und anderer wichtiger Derivate des Phenols sind in Abb. 33 schematisch dargestellt.

Die Kresole und die Dimethylphenole (Xylenole) mit mindestens zwei freien Kernstellen in o- oder p-Stellung zur Hydroxylgruppe sind wie das Phenol Ausgangsstoffe für Phenoplaste. Sie können hierzu in Mischung eingesetzt werden, wobei für die Phenolhomologen aus Steinkohlenteer bedeutsam ist, daß im Gegensatz zu den synthetisch durch Methylierung des Phenols hergestellten Kresolen und Xylenolen die m-Isomeren in überwiegender Menge vorliegen (vgl. Abb. 5). Neben der Verharzung ist mengenmäßig die Verwendung der Phenolhomologengemische als Lösungsmittel insbesondere für Drahtlacke von Bedeutung.

Reines *o-Kresol* ist Rohstoff zur Synthese wichtiger Unkrautvernichtungsmittel, wie des 4.6-Dinitro-o-kresols (DNOC) und über p-Chlor-o-kresol als Zwischenprodukt der 2-Methyl-4-chlorphenoxyessigsäure (MCPA) und der γ-(2-Methyl-4-chlorphenoxy)-propionsäure (MCPP). In Westeuropa wurden 1966 allein von diesen drei Herbiziden etwa 10000 t produziert.

Das *m-Kresol* wird gemeinsam mit dem in der gleichen Siedefraktion vorliegenden p-Kresol zu Trikresylphosphat verestert. Das früher mit umgesetzte o-Kresol wird wegen der Giftigkeit seines Phosphorsäureesters heute nicht mehr verwendet. Das Trikresylphosphat ist ein wichtiger Lackweichmacher. Reines m-Kresol wird vornehmlich durch Alkylierung zu 6-tert.-Butyl-m-kresol und 6-Isopropyl-m-kresol (Thymol) weiterverarbeitet. Die Hydrierung des Thymols führt zu dem für Antiseptika verwendeten Menthol. 6-tert.-Butyl-m-kresol ergibt durch Kondensation mit Schwefeldichlorid das 4.4′-Thio-bis-(6-tert.-butyl-m-kresol), ein wichtiges Antioxydans und Alterungsschutzmittel für Polyäthylen und Polypropylen (Rütenol, Santonox, Santowhite).

Ausgangsstoff für weitere Antioxydantien und Alterungsschutzmittel für Mineralöle und Polymere ist das *p-Kresol*, das durch Alkylierung z.B. zu 2-tert.-Butyl-p-kresol, 2-Cyclohexyl-p-kresol und 2.6-Di-tert.-butyl-p-kresol (Jonol, Kerobit) umgesetzt wird. 2-tert.-Butyl- und 2-Cyclohexyl-p-kresol werden mit Aldehyden oder Schwefeldichlorid zu den entsprechenden 2.2'-Methylen- und 2.2'-Thio-bis-phenolen kondensiert, die besonders wirksame Antioxydantien darstellen.

Die *Dimethylphenole* (Xylenole) werden in der Isomerenmischung außer zur Verharzung vor allem als Lösungsmittel und wie bei den Kresolen ohne die o-Isomeren zur Herstellung der als Weichmacher verwendeten Phosphorsäureester (Trixylenylphosphat) eingesetzt. 3.5-Dimethylphenol wird zu 4-Chlor- und 2.4-Dichlor-3.5-dimethylphenol chloriert. Beide Derivate sind Desinfektions- und technische Konservierungsmittel. Auch die anderen isomeren Xylenole sind Ausgangsstoffe für Desinfektionsmittel, ferner für Textilhilfsmittel, Riechstoffe und Farbstoffe (Indikatorfarbstoff p-Xylenolblau aus 2.5-Dimethylphenol). 2.6-Dimethylphenol ist Ausgangsprodukt für den neuen Kunststoff Polyphenylenoxid.

Weitere wichtige chemische Umsetzungen und Verwendungen der Kresole und Xylenole sind in der Abb. 34 schematisch zusammengefaßt.

Die hochsiedenden Phenolhomologen des Steinkohlenteers, zu denen z. B. die Methyläthylphenole und die Trimethylphenole Pseudocumenol (2.4.5-), Isopseudocumenol (2.3.5-), vic. Hemellitenol (2.3.4-) und Hemellitenol (3.4.5-) zählen, gehören zu den fungiziden, bakteriziden und insektiziden Wirkstoffen der zum Holzschutz verwendeten Imprägnieröle (S. 112).

VII. Pyridin- und Chinolinbasen

Die Pyridin- und Chinolinbasen zählen zu den *spezifisch wertvollsten* Steinkohlenteer-Inhaltsstoffen. Der Gesamtgehalt im Teer liegt in der Größenordnung von 1%, davon sind etwa 0,1% Pyridinbasen. Die Erzeugung an Pyridinbasen aller Typen in der Bundesrepublik Deutschland lag 1965 bei etwa 2000 t, davon rund 200 t Reinpyridin; reines Chinolin wurde in einer Menge von mehr als 1000 t gewonnen.

Wegen des steigenden Bedarfs wurden seit etwa 1950 vor allem in den USA und Großbritannien zusätzlich Syntheseanlagen für Pyridin und Homologe in Betrieb genommen. Besonders leicht durch Synthese zugänglich ist das z. B. aus Paraldehyd und Ammoniak erhältliche 2-Methyl-5-äthylpyridin, das für die Herstellung von Nicotinsäure β-Picolin und Chinolin ersetzen kann. Es ist gleichzeitig Ausgangsstoff für das polymerisierbare 2-Methyl-5-vinylpyridin. Aus Acetaldehyd und Ammoniak läßt sich Pyridin gemeinsam mit β-Picolin herstellen, aus Acetaldehyd, Formaldehyd, Ammoniak und Methanol das γ- und α-Picolin. Die Kapazität der Syntheseanlagen lag 1965 bei etwa 11000 t pro Jahr.

Ein Rohpyridin-Basengemisch aus Steinkohlenteer enthält folgende Verbindungen als Hauptbestandteile: Pyridin, α-, β-, γ-Picolin, 2-Äthylpyridin, 2.6-, 2.5-, 2.4-. 2.3- und 3.5-Lutidin, 2.4.6-, 2.3.6-Kollidin,

Anilin, o-, p- und m-Toluidin. Ein Beispiel für die mengenmäßige Verteilung der einzelnen Verbindungen gibt das Gaschromatogramm der Abb. 6.

Die in der Hauptsache als Lösungsmittel eingesetzten handelsüblichen technischen Pyridinbasengemische werden nach ihrem Siedebereich eingeteilt in:

Pyridinbasen NT (neuer Test):	bis 140 °C >50%,	bis 160 °C >90%
Spezial-Pyridinbasen 140/160:	Beginn >140 °C,	bis 160 °C >90%
Spezial-Pyridinbasen 150/170:	Beginn >150 °C,	bis 170 °C >90%
Spezial-Pyridinbasen 160/180:	Beginn >160 °C,	bis 180 °C >90%
Pyridinbasen hochsiedend:	bis 160 °C <10%,	bis 200 °C >90%

Die „Pyridinbasen NT", die aus einem Gemisch von Picolinen und Lutidinen bestehen, werden zum Vergällen von Äthanol verwendet.

Das reine *Pyridin* ist Ausgangsstoff vor allem zur Synthese zahlreicher pharmazeutischer Präparate. Die Hydrierung führt zum Piperidin, dem Bestandteil einer Vielzahl verschiedenartig wirkender Arzneimittel. Durch Reaktion mit Schwefelkohlenstoff läßt sich aus Piperidin das Piperidin-pentamethylen-dithiocarbamat herstellen, dessen Salze als Vulkanisationsbeschleuniger für Kautschuk Verwendung finden. Die Quarternierung des Pyridins mit langkettigen Alkylhalogeniden führt zu oberflächenaktiven, desinfizierend wirkenden Verbindungen, so z. B. zu dem Haut- und Schleimhautdesinfektionsmittel Cetylpyridiniumchlorid (Ceepryn). Aus den durch Alkylierung mit Benzylchlorid erhältlichen Benzylpyridinen werden Antihistamine und Psychotherapeutika synthetisiert. Ebenfalls Zwischenprodukt für Antihistamine ist das durch Aminierung von Pyridin gewonnene 2-Aminopyridin. Die oxydative Dimerisierung des Pyridins führt zu 2.2'- und 4.4'-Dipyridyl, Zwischenprodukte zur Synthese der Herbizide Diquat und Paraquat. Das zur Textilimprägnierung verwendete Hydrophobierungsmittel Zelan wird durch Umsetzung von Pyridinhydrochlorid mit Stearoylchlorid und Formaldehyd hergestellt. Das Pyridin ist ferner säurebindendes Agens bei der Synthese von Sulfapyridin-Analoga, Heilmitteln gegen die Lungenentzündung. Die Synthesewege der wichtigsten Pyridinderivate enthält die Abb. 35 in schematischer Übersicht.

α-Picolin ist in der Hauptmenge Rohstoff zur Gewinnung von 2-Vinylpyridin, das durch Copolymerisation mit Butadien und Styrol Adhäsionsverbesserer für Autoreifencord ergibt. Die Chlorierung führt zum 2-Chlor-6-(trichlormethyl)-pyridin (N-Serve), einem Düngemittelzusatz zur Hemmung des Stickstoffverlustes durch gewisse Bodenbakterien. Die Synthesen von Präparaten gegen Viehparasiten, Geflügelkrankheiten, Organophosphorvergiftungen, zur Lokalanaesthesie und als Abführmittel aus α-Picolin ergeben sich aus Abb. 36.

β-Picolin ist neben Chinolin und 2-Methyl-5-äthylpyridin der Hauptrohstoff zur Synthese der Nicotinsäure und ihrer Derivate, wichtiger Vitamin-B-Präparate und Pharmazeutika. Nähere Einzelheiten enthält die Abb. 36.

γ-Picolin ergibt durch Oxydation Isonicotinsäure, deren Derivate, vor allem das Isonicotinsäurehydrazid, wichtige Heilmittel gegen die Tuberkulose darstellen. Sonstige Verwendungszwecke des γ-Picolins sowie Synthesen weiterer medizinischer Präparate aus γ-Picolin enthält das Schema in Abb. 36. Eine Komplexverbindung aus γ-Picolin und Nickelrhodanid bildet mit p-Xylol ein Clathrat, das zur technischen Abtrennung des zur Synthese von Terephthalsäure benötigten p-Xylols aus dem Gemisch mit dem gleichsiedenden m-Xylol dienen kann.

2-Äthylpyridin kann zu 2-Vinylpyridin dehydriert werden. Es ist ferner Zwischenprodukt zur Herstellung des Tuberkuloseheilmittels 2-Äthyl-4-thiocarbamidopyridin (Ethionamid).

2.6-Dimethylpyridin (2.6-Lutidin) ist Rohstoff zur Darstellung von Dipicolinsäure, einem Stabilisator für Wasserstoffperoxid und Peressigsäure, sowie zur synthetischen Gewinnung des Alkaloids Lobelin (vgl. Abb. 36).

2.4- und 2.5-Dimethylpyridin (-Lutidin) werden als Lösungsmittel in der Papierchromatographie und zur Synthese von Arzneimitteln verwendet, ebenso das *2.4.6-Trimethylpyridin* (2.4.6-Kollidin).

Nachdem in den letzten Jahren auch zahlreiche Halogenpyridine, Aminopyridine, Pyridinaldehyde und vor allem die zu vielerlei Reaktionen einsetzbaren Pyridin- und Methylpyridin-N-oxide in technischen Mengen erzeugt werden, sind auch für die Zukunft zahlreiche neue Synthesen technisch interessanter Folgeprodukte des Pyridins und seiner Homologen zu erwarten.

Die höhersiedenden Dimethylpyridine (Lutidine) und Trimethylpyridine (Kollidine) finden ihren Hauptabsatz im *Lösungsmittelsektor*, ebenso die hochsiedenden Basen, die zu einem großen Teil aus primären Aminen, nämlich Anilin, Methylanilinen (Toluidinen) und Dimethylanilinen (Xylidinen) bestehen. Ein Anwendungsbeispiel ist die Gewinnung von reinem Anthracen aus Rohanthracen durch Umlösen oder Extraktion mit Pyridinbasen. Die Basen sind ferner als Korrosionsinhibitoren von Bedeutung. Durch Einspritzen der Spezial-Pyridinbasen 160/180, gehandelt z. B. unter dem Namen Teramin, in die Heizgase aus stark schwefelhaltigen Brennstoffen wird die korrosive Wirkung dieser Gase stark herabgesetzt.

Das Gemisch der Lutidine und Kollidine ist ferner von Bedeutung zur Erweiterung der Rohstoffgrundlage für Pyridin und die Picoline. In Gegenwart von Wasserstoff lassen sich die Pyridinhomologen bei höherer

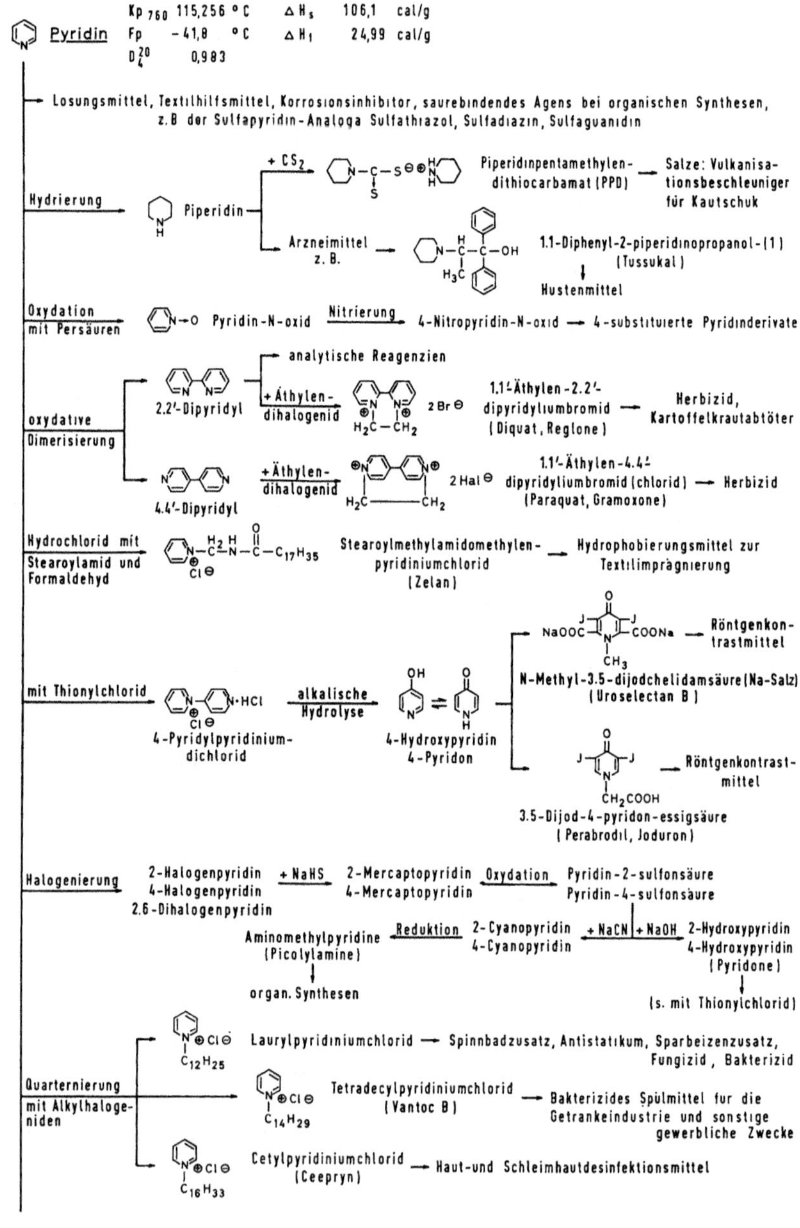

Abb. 35. Pyridin. Chemische Umsetzungen

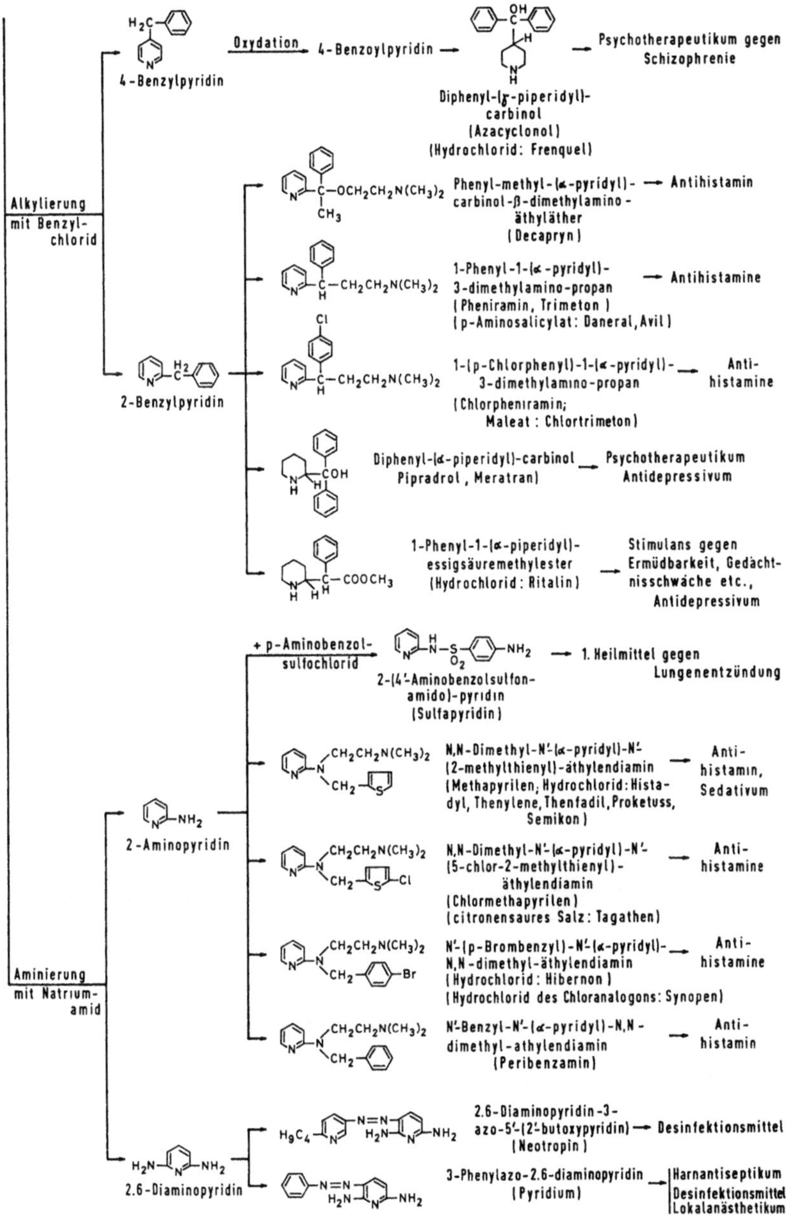
Alkylierung mit Benzylchlorid
4-Benzylpyridin
Oxydation
4-Benzoylpyridin
Diphenyl-(γ-piperidyl)-carbinol (Azacyclonol) (Hydrochlorid: Frenquel)
Psychotherapeutikum gegen Schizophrenie
2-Benzylpyridin
Phenyl-methyl-(α-pyridyl)-carbinol-β-dimethylamino-äthyläther (Decapryn)
Antihistamin
1-Phenyl-1-(α-pyridyl)-3-dimethylamino-propan (Pheniramin, Trimeton) (p-Aminosalicylat: Daneral, Avil)
Antihistamine
1-(p-Chlorphenyl)-1-(α-pyridyl)-3-dimethylamino-propan (Chlorpheniramin; Maleat: Chlortrimeton)
Antihistamine
Diphenyl-(α-piperidyl)-carbinol Pipradrol, Meratran)
Psychotherapeutikum Antidepressivum
1-Phenyl-1-(α-piperidyl)-essigsäuremethylester (Hydrochlorid: Ritalin)
Stimulans gegen Ermüdbarkeit, Gedächtnisschwäche etc., Antidepressivum
Aminierung mit Natriumamid
2-Aminopyridin
+ p-Aminobenzolsulfochlorid
2-(4'-Aminobenzolsulfonamido)-pyridin (Sulfapyridin)
1. Heilmittel gegen Lungenentzündung
N,N-Dimethyl-N'-(α-pyridyl)-N'-(2-methylthienyl)-äthylendiamin (Methapyrilen; Hydrochlorid: Histadyl, Thenylene, Thenfadil, Proketuss, Semikon)
Antihistamin, Sedativum
N,N-Dimethyl-N'-(α-pyridyl)-N'-(5-chlor-2-methylthienyl)-äthylendiamin (Chlormethapyrilen) (citronensaures Salz: Tagathen)
Antihistamine
N'-(p-Brombenzyl)-N'-(α-pyridyl)-N,N-dimethyl-äthylendiamin (Hydrochlorid: Hibernon) (Hydrochlorid des Chloranalogons: Synopen)
Antihistamine
N'-Benzyl-N'-(α-pyridyl)-N,N-dimethyl-athylendiamin (Peribenzamin)
Antihistamin
2.6-Diaminopyridin
2.6-Diaminopyridin-3-azo-5'-(2'-butoxypyridin) (Neotropin)
Desinfektionsmittel
3-Phenylazo-2.6-diaminopyridin (Pyridium)
Harnantiseptikum
Desinfektionsmittel
Lokalanästhetikum

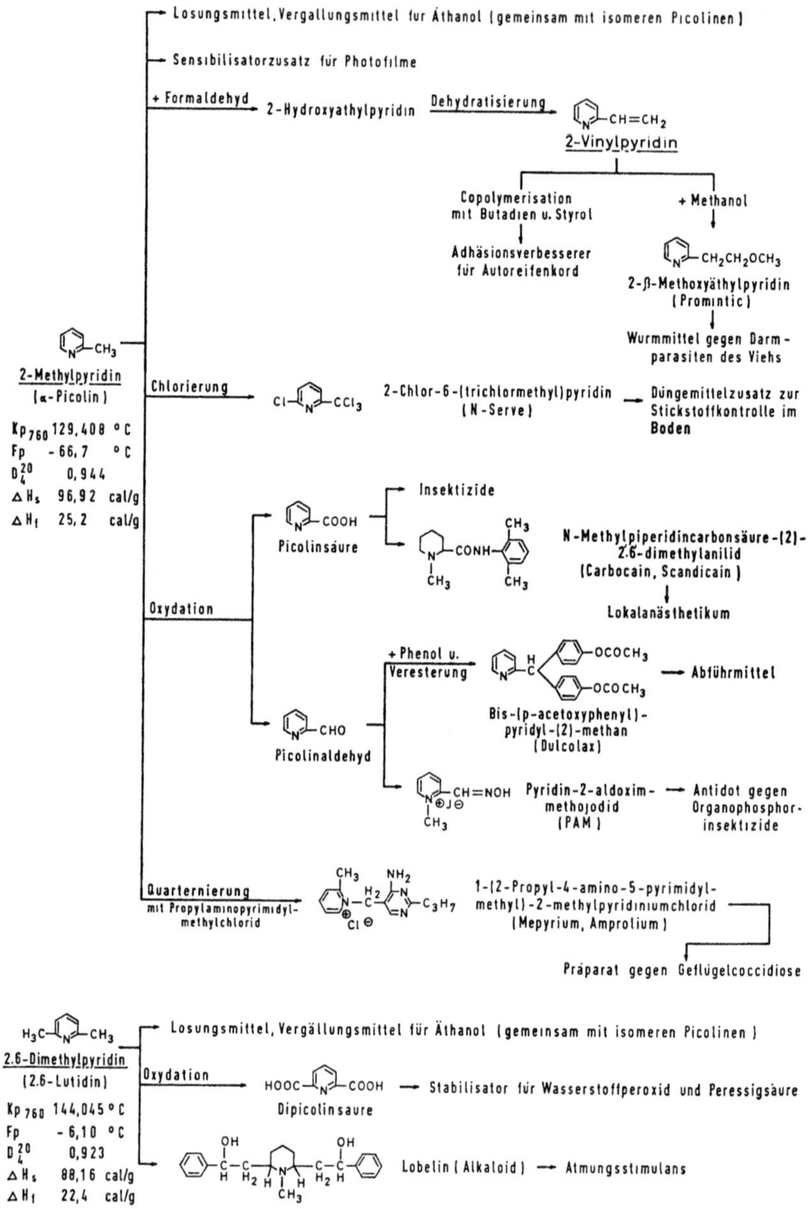

Abb. 36. Pyridinhomologe. Chemische Umsetzungen und Verwendung

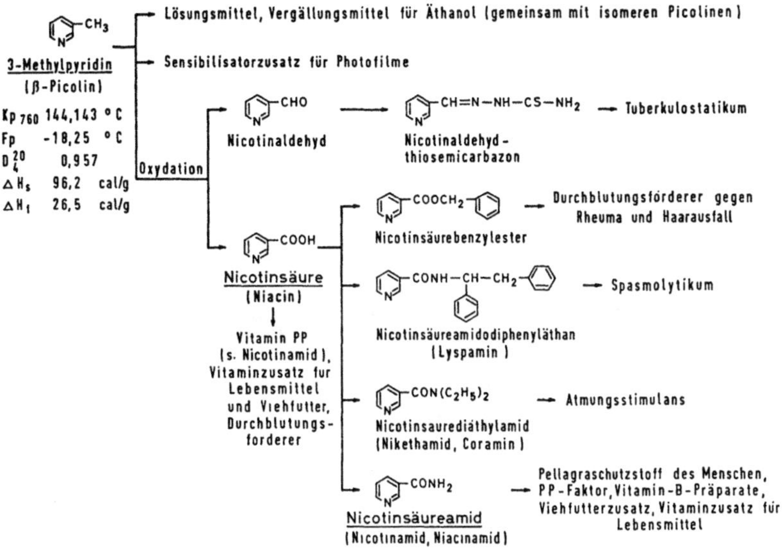

CH3
3-Methylpyridin
(β-Picolin)
Kp760 144,143 °C
Fp -18,25 °C
D20/4 0,957
ΔHs 96,2 cal/g
ΔHf 26,5 cal/g
Lösungsmittel, Vergällungsmittel für Äthanol (gemeinsam mit isomeren Picolinen)
Sensibilisatorzusatz für Photofilme
Oxydation
CHO
Nicotinaldehyd
CH=N—NH—CS—NH2
Nicotinaldehyd-thiosemicarbazon
Tuberkulostatikum
COOH
Nicotinsäure
(Niacin)
Vitamin PP (s. Nicotinamid), Vitaminzusatz für Lebensmittel und Viehfutter, Durchblutungsförderer
COOCH2
Nicotinsäurebenzylester
Durchblutungsförderer gegen Rheuma und Haarausfall
CONH—CH—CH2
Nicotinsäureamidodiphenyläthan
(Lyspamin)
Spasmolytikum
CON(C2H5)2
Nicotinsaurediäthylamid
(Nikethamid, Coramin)
Atmungsstimulans
CONH2
Nicotinsäureamid
(Nicotinamid, Niacinamid)
Pellagraschutzstoff des Menschen, PP-Faktor, Vitamin-B-Präparate, Viehfutterzusatz, Vitaminzusatz für Lebensmittel

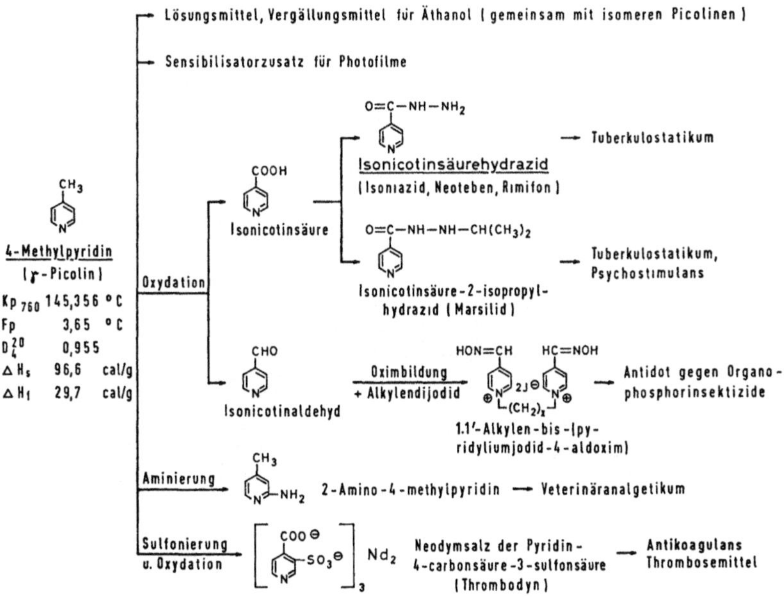

CH3
4-Methylpyridin
(γ-Picolin)
Kp760 145,356 °C
Fp 3,65 °C
D20/4 0,955
ΔHs 96,6 cal/g
ΔHf 29,7 cal/g
Lösungsmittel, Vergällungsmittel für Äthanol (gemeinsam mit isomeren Picolinen)
Sensibilisatorzusatz für Photofilme
Oxydation
COOH
Isonicotinsäure
O=C—NH—NH2
Isonicotinsäurehydrazid
(Isoniazid, Neoteben, Rimifon)
Tuberkulostatikum
O=C—NH—NH—CH(CH3)2
Isonicotinsäure-2-isopropyl-hydrazid (Marsilid)
Tuberkulostatikum, Psychostimulans
CHO
Isonicotinaldehyd
Oximbildung
+ Alkylendijodid
HON=CH
HC=NOH
2J⊖
(CH2)x
1.1'-Alkylen-bis-(pyridyliumjodid-4-aldoxim)
Antidot gegen Organophosphorinsektizide
Aminierung
NH2
2-Amino-4-methylpyridin
Veterinäranalgetikum
Sulfonierung u. Oxydation
COO⊖
SO3⊖
Nd2
Neodymsalz der Pyridin-4-carbonsäure-3-sulfonsäure
(Thrombodyn)
Antikoagulans
Thrombosemittel

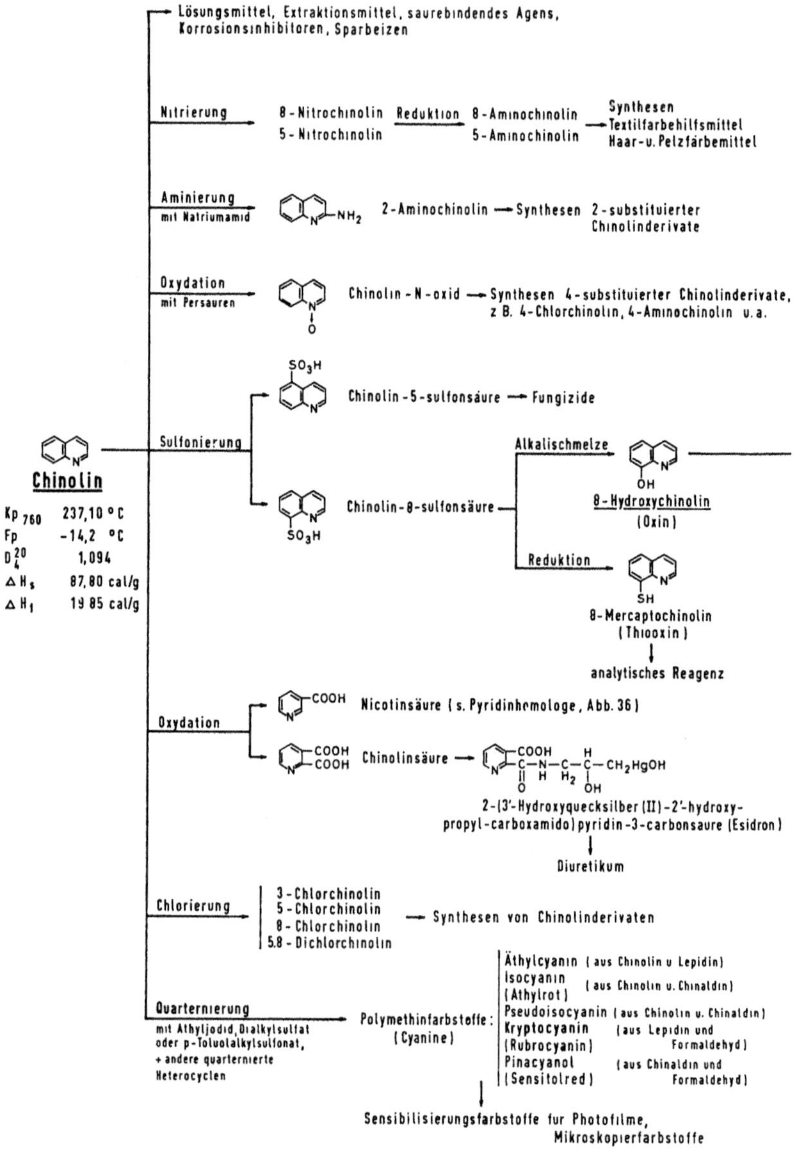

Abb. 37. Chinolin. Chemische Umsetzungen und Verwendung

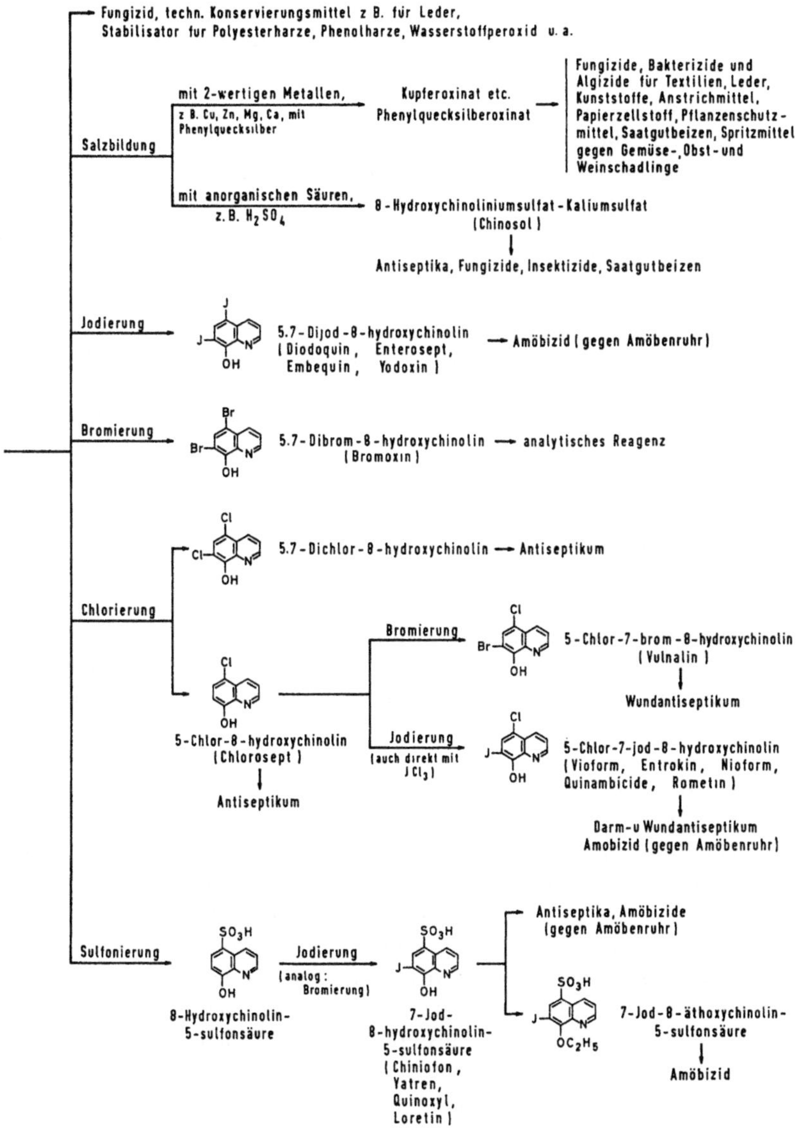
Fungizid, techn. Konservierungsmittel z B. für Leder,
Stabilisator fur Polyesterharze, Phenolharze, Wasserstoffperoxid u. a.
Salzbildung
mit 2-wertigen Metallen,
z B. Cu, Zn, Mg, Ca, mit Phenylquecksilber
Kupferoxinat etc.
Phenylquecksilberoxinat
Fungizide, Bakterizide und Algizide für Textilien, Leder, Kunststoffe, Anstrichmittel, Papierzellstoff, Pflanzenschutzmittel, Saatgutbeizen, Spritzmittel gegen Gemüse-, Obst- und Weinschadlinge
mit anorganischen Säuren,
z.B. H_2SO_4
8-Hydroxychinoliniumsulfat-Kaliumsulfat
(Chinosol)
Antiseptika, Fungizide, Insektizide, Saatgutbeizen
Jodierung
5.7-Dijod-8-hydroxychinolin
(Diodoquin, Enterosept, Embequin, Yodoxin)
Amöbizid (gegen Amöbenruhr)
Bromierung
5.7-Dibrom-8-hydroxychinolin
(Bromoxin)
analytisches Reagenz
Chlorierung
5.7-Dichlor-8-hydroxychinolin
Antiseptikum
5-Chlor-8-hydroxychinolin
(Chlorosept)
Antiseptikum
Bromierung
5-Chlor-7-brom-8-hydroxychinolin
(Vulnalin)
Wundantiseptikum
Jodierung
(auch direkt mit JCl_3)
5-Chlor-7-jod-8-hydroxychinolin
(Vioform, Entrokin, Nioform, Quinambicide, Rometin)
Darm- u Wundantiseptikum
Amobizid (gegen Amöbenruhr)
Sulfonierung
8-Hydroxychinolin-5-sulfonsäure
Jodierung
(analog: Bromierung)
7-Jod-8-hydroxychinolin-5-sulfonsäure
(Chiniofon, Yatren, Quinoxyl, Loretin)
Antiseptika, Amöbizide
(gegen Amöbenruhr)
7-Jod-8-äthoxychinolin-5-sulfonsäure
Amöbizid

Temperatur katalytisch zu den niederen Homologen und zu Pyridin selbst demethylieren.

Aus den höhersiedenden Basenfraktionen gewonnenes reines *Anilin* kann grundsätzlich den gleichen Verwendungszwecken wie das synthetisch durch Reduktion von Nitrobenzol hergestellte Anilin zugeführt werden. Die aufwendige Abtrennung der Begleitbasen bedingt jedoch einen höheren Preis für das Steinkohlenteer-Anilin, so daß sich dessen Verwendung auf Sonderfälle beschränkt. Der Vorzug des Steinkohlenteer-Anilins gegenüber dem Syntheseprodukt ist die Abwesenheit von Nitroverbindungen und sonstigen Neutralstoffen und die Möglichkeit zur relativ einfachen Herstellung von Reinstanilin mit einem Erstarrungspunkt von —5,8 °C.

Größere technische Verwendung findet das Gemisch der drei isomeren *Methylaniline*, des o-, m- und p-Toluidins. Es ist ein gutes Absorptionsmittel für Schwefeldioxid und wird als solches im Sulfidinverfahren eingesetzt. Die Toluidine werden ferner zur Herstellung von Vulkanisationsbeschleunigern und Textilhilfsmitteln verwendet und wirken in Treibstoffen als Antiklopfmittel. Die Isolierung der für die Farbstoffsynthese benötigten einzelnen Isomeren aus dem Gemisch ist gegenüber der Toluidinsynthese durch Reduktion der entsprechenden Nitrotoluole nicht wirtschaftlich.

Die *Xylidin-Isomeren* sind wie die Toluidine gute Antiklopfmittel. Die reinen Verbindungen als Rohstoffe für Azofarbstoffe, Arzneimittel (z. B. Lokalanaesthetikum Lignocain [Xylocain] aus 2.6-Dimethylanilin) und Vitamin-Präparate (Vitamin B_2 [Riboflavin] aus 3.4-Dimethylanilin) werden vorteilhaft durch Synthese gewonnen.

Von den aus dem Waschöl extrahierten Chinolinbasen hat das Chinolin selbst die größte technische Bedeutung.

Wichtigstes Derivat des *Chinolins* ist das durch Alkalischmelze der Chinolin-8-sulfonsäure gewonnene *8-Hydroxychinolin* (Oxin). Das 8-Hydroxychinolin ist als solches und in Form seiner Salze mit zweiwertigen Metallen oder anorganischen Säuren der fungizide, bakterizide, insektizide und algizide Wirkstoff in technischen Konservierungsmitteln für Leder, Textilien, Kunststoffe, Anstrichmittel, Papierzellstoff und Saatgut sowie in Pflanzenschutzmitteln, Spritzmitteln gegen Gemüse-, Obst- und Weinschädlinge und in Antiseptika. Verschiedene Halogenderivate des 8-Hydroxychinolins besitzen neben einer guten allgemeinen antiseptischen eine spezifische Wirksamkeit gegen die Erreger der Amöbenruhr. Oxin, das Dibromderivat Bromoxin und das Sulfhydrylanalogon Thiooxin haben außerdem Bedeutung als analytische Reagenzien zur Bestimmung zahlreicher Metalle.

Die Oxydation des Chinolins führt zur Chinolinsäure und schließlich zur Nicotinsäure, deren Bedeutung für die Pharmazie und als Bestand-

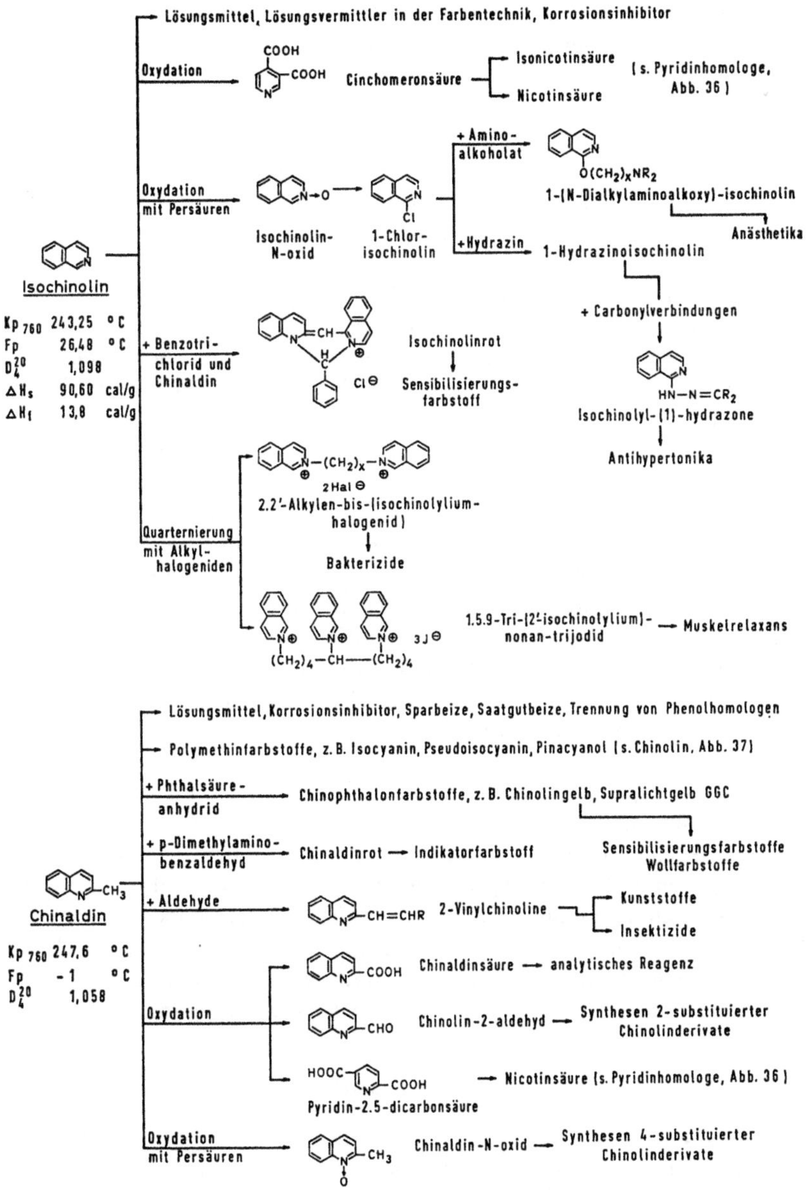

Abb. 38. Isochinolin und Chinaldin. Chemische Umsetzungen und Verwendung

teil des Vitamin-B-Komplexes bei den chemischen Umsetzungen des β-Picolins bereits erwähnt wurde. Weitere wichtige Chinolinderivate sind die zur Sensibilisierung von Photofilmschichten verwendeten Polymethinfarbstoffe (Cyanine). Zahlreiche Abkömmlinge des Chinolins werden allerdings durch Ringschlußsynthesen gewonnen. Über die Chlorierung, die Aminierung, die Nitrierung und vor allem über das Chinolin-N-oxid sind jedoch die verschiedensten Chinolinderivate, auch direkt vom Chinolin ausgehend, zugänglich geworden. Die wichtigsten Umsetzungs- und Verwendungsmöglichkeiten des Chinolins sind in Abb. 37 schematisch skizziert.

Chinolin, das Isochinolin und die Chinolinhomologen sind einzeln oder in Mischung hervorragende Lösungs- und Extraktionsmittel, vor allem auch für kondensierte aromatische Verbindungen. Sie werden ferner als säurebindende Agenzien, Korrosionsinhibitoren und für Sparbeizen eingesetzt.

Isochinolin ist, wie das Chinolin, Ausgangsmaterial für die Herstellung von Sensibilisierungsfarbstoffen (z. B. Isochinolinrot) und Arzneimitteln.

Chinaldin (2-Methylchinolin) dient ebenfalls zur Synthese von Polymethinfarbstoffen, z. B. von Äthylrot (Isocyanin), Pseudoisocyanin, Pinacyanol (Sensitolred). Die Kondensation mit Phthalsäureanhydrid ergibt das Chinophthalon, die Muttersubstanz der Chinolingelb-Farbstoffe und des lichtechten Wollfarbstoffs Supralichtgelb GGL. Milde Oxydation des Chinaldins führt zur Chinolin-2-carbonsäure (Chinaldinsäure), die in der anorganischen Analytik als Fällungsreagenz und zur Kolorimetrie verwendet wird.

Lepidin (4-Methylchinolin) ist Ausgangsmaterial zur Synthese der Sensibilisierungsfarbstoffe Kryptocyanin (Rubrocyanin), Chinolinblau, Äthylcyanin T(M) und anderen.

Für Isochinolin und Chinaldin sind in Abb. 38 einige chemische Umsetzungen und Verwendungsmöglichkeiten schematisch dargestellt. Im Gegensatz zum Chinolin selbst werden diese Basen jedoch bisher noch nicht in dem Umfang genutzt, in dem sie als Koppelprodukte des Chinolins gewonnen werden können. Für weitere Verwendungszwecke steht daher noch eine beachtliche Rohstoffquelle zur Verfügung.

VIII. Cumaron-Inden-Harze

Die Cumaron-Inden-Harze sind die ältesten großtechnisch hergestellten Kunstharze. Nach ihrer Entdeckung 1890 durch Krämer und Spilker, die sie als Ersatz für Kolophonium vorschlugen, gewannen die Cumaronharze im ersten Weltkrieg in Deutschland besondere technische Bedeutung als Lackrohstoffe. Trotz und gerade durch das Aufkommen der modernen Kunststoffe haben die Cumaron-Inden-Harze in den letzten Jahrzehnten stetig an Bedeutung gewonnen, da sie infolge ihrer guten Verträglichkeit mit vielen anderen Kunststofftypen vielseitige und preiswerte Zwischenprodukte zur Modifizierung und Verbesserung der verschiedenartigsten Kunststoffe darstellen. Die Erzeugung an Cumaron-Inden-Harz betrug 1965 in der Bundesrepublik Deutschland etwa 8800 t und befindet sich in ständigem Anstieg. Die Haupteinsatzgebiete der Cumaron-Inden-Harze sind heute technische Gummiwaren, Klebstoffe, Lacke und Druckfarben, Fußbodenbeläge, Elektroisolierung, Papierbeschichtung sowie die Modifizierung von duroplastischen Kunststoffen.

Die Eigenschaften der Cumaron-Inden-Harze sind vielseitig zu variieren. Allgemein sind sie unverseifbar, wasserabstoßend, widerstandsfähig gegen Säuren, Alkalien und Salzlösungen, indifferent gegenüber Pigmenten und Füllstoffen, ungiftig und thermisch relativ beständig.

Die chemische Neutralität und Unverseifbarkeit unterscheidet die Cumaron-Inden-Harze von den meisten Naturharzen und von vielen anderen Kunstharzen. Sie lassen sich daher auch mit sauer oder alkalisch reagierenden Pigmenten verarbeiten und sind im pH-Bereich 4—11 praktisch unangreifbar. Der stark hydrophobe Charakter der Harze ist mit dem der Paraffine und Wachse vergleichbar.

Die Cumaron-Inden-Harze sind als Polymerisatharze mit verhältnismäßig niedrigem Molekulargewicht thermoplastisch. Die Skala der einstellbaren Erweichungspunkte reicht vom Flüssigharz bis etwa 145 °C (K.-S.). Oberhalb ihres Erweichungspunkts sind die Harze leicht fließbar und eindringfähig. Sie sind nicht hitzereaktiv, d. h. sie können lange milder Hitze ausgesetzt werden, ohne ihre Eigenschaften, vor allem die Viskosität, zu ändern. Erst bei 280—300 °C beginnt bei längerer Wärmeeinwirkung eine endotherme Depolymerisation, die bei Abkühlung wieder zum Stillstand kommt.

In allen gebräuchlichen organischen Lösungsmitteln, wie in Aromaten, Terpenen, Chlorkohlenwasserstoffen, Ketonen, Aldehyden, Estern, Äthern, Pyridin, Phenolen, außer in Alkohol und Benzin sind die normalen Cumaron-Inden-Harze vollständig löslich. Modifizierte Harze sind auch in Alkohol und Testbenzin löslich. Cumaron-Inden-Harze sind ferner in bestimmten Verhältnissen verträglich mit pflanzlichen und tierischen Ölen, Mineralölen, polymerisierten Mineralölen, flüssigen Weichmachern, Tallölen, Naturharzen, Phenoplasten, Polyvinylchlorid, Polyvinylacetat, Polyvinylbutyral, Acrylharzen, Epoxidharzen, Polyäthylen und bituminösen Stoffen. Von besonderer Bedeutung für die Gummiindustrie ist die Verträglichkeit der Cumaron-Inden-Harze im Mischwalz- oder Knetverfahren mit Elastomeren wie Naturkautschuk, Buna, Nitrilkautschuk, Polychloropren, Cyclokautschuk, Chlorkautschuk und Thiokol.

Mit niedrigschmelzenden und flüssigen Cumaron-Inden-Harzen lassen sich wäßrige *Emulsionen* herstellen. Die höherschmelzenden Harze sind nach Mahlen unter Zusatz von Suspensionsmitteln in Wasser suspendierbar. Emulsionen in Verbindung mit Mineralölen, Paraffinen, Wachsen und dergleichen sind besonders einfach herzustellen und von Bedeutung für die Erzeugung von Kaugummi, Fußbodenpflegemitteln und knetbaren Massen. Niedrigschmelzende Harztypen haben gute Klebeeigenschaften, die durch Zusatz hochschmelzender Sorten modifiziert werden können. Physiologisch sind die normalen, hellen Cumaron-Inden-Harze unbedenklich und daher z. B. für die Kaugummiherstellung zugelassen.

Die elektrischen Eigenschaften sind für die Verwendung z. B. in *Kabelisoliermassen* günstig: der spezifische Widerstand liegt bei 10^{12} bis 10^{18} Ohm/cm, der dielektrische Verlustfaktor tg δ (20°) bei 0,008, die Durchschlagfestigkeit bei 1200 bis 1400 Volt/mm.

Bei der Verarbeitung von Cumaron-Inden-Harzen ist zu berücksichtigen, daß sie nicht völlig lichtecht sind. Auch die hellsten Harze haben im allgemeinen die Neigung, insbesondere bei Bestrahlung mit Sonnen- und UV-Licht zu vergilben. Die Ursache liegt in der autoxydativen Veränderung speziell der Polyindene unter Bildung von Fulvenen. Maßnahmen zur Verbesserung der Lichtbeständigkeit wurden bei der Herstellung der Cumaron-Inden-Harze erwähnt (S. 95). Neben dem Erweichungspunkt bzw. der Viskosität bei Flüssigharzen und den speziellen Löslichkeitseigenschaften ist die Helligkeit das wichtigste Unterscheidungsmerkmal der verschiedenen Cumaron-Inden-Harz-Typen. Exakt läßt sich die Helligkeit photometrisch ermitteln; konventionell ist der visuelle Vergleich mit geeigneten Farblösungen. Für die Umrechnung der Helligkeitswerte nach der international gebräuchlichen Steinkohlenteerskala (Barrett, Coal Tar), der Gardner-Skala, der DIN-Jodfarbzahl, der Bichromat-Skala und der ungefähren mittleren prozentualen Absorption gilt etwa folgender Schlüssel:

Steinkohlenteerskala (Barrett, Coal Tar)	$^1/_2$	1	2	3	4
Gardner-Skala	5—8	8—10	10—12	12—14	14—18
Jodfarbzahl (DIN 6112)	7—15	15—30	30—60	60—130	130—400
Bichromat-Skala	701-601	501/401	301	201	101
%-Absorption (Lange-Kolorimeter)	25	44	53	59	65

Eine Übersicht über die in der Bundesrepublik Deutschland zur Zeit handelsüblichen Cumaron-Inden-Harz-Typen und artverwandte Produkte sowie deren Hauptanwendungsbereiche gibt die Zahlentafel 36.

Neuentwicklungen der letzten Jahre sind hierbei insbesondere die testbenzinlöslichen, hellen *Kohlenwasserstoffharze* (KW-10), spezielle KW-Harze mit erweiterter Öl-Nitrocellulose- und Alkydharzverträglichkeit (KW-20), KW-Harze mit guter Wachsverträglichkeit (KW-30) sowie KW-Harze mit sehr guter Lichtbeständigkeit (KW-40). Im Bereich der dunklen Harze sind die besonders preiswerten WR-Harze zu erwähnen, die in ihrer Alkali- und Säureresistenz und ihrer Verträglichkeit mit Natur- und Synthesekautschuk, Polyvinylmischpolymerisaten und bituminösen Stoffen den hellen Cumaron-Inden-Harzen gleichen. Diese dunklen Harze eignen sich z. B. für die Herstellung von Schiffsbodenfarben, Rostschutzgrundierungen, Isolierlacken (Unterbodenschutz von Kraftfahrzeugen), technischen Druckfarben, Aluminiumbronzefarben und Kombinationen mit Kautschuk, Steinkohlenteerpech und Bitumen.

Die phenolmodifizierten, alkohollöslichen Cumaron-Inden-Harze gewinnen in jüngster Zeit auf dem *Klebstoffsektor* immer mehr an Bedeutung. Die gebräuchlichen Phenol-Terpen-Harze lassen sich bei bedeutendem Preisvorteil durch diese modifizierten Cumaron-Inden-Harze ersetzen. Gegenüber alkohollöslichen Naturharzen haben sie den Vorteil einer gleichmäßigeren Beschaffenheit, einer niedrigeren Säurezahl und einer höheren Alterungsbeständigkeit; die Neigung zur Aufnahme von Weichmachern aus verklebten Kunststoffen ist wesentlich geringer.

Die jüngste Neuentwicklung auf dem Gebiet der Cumaron-Inden-Harze sind die Spezial-Flüssig-Harze (z. B. PH 3) zur *Modifizierung von Epoxidharzen und Polyurethankombinationen*. Sie entsprechen in ihrer Anwendung den Spezialteeren zur Modifizierung dieser Duroplastsysteme (vgl. Zahlentafeln 18 und 34), sind jedoch hellfarben und daher im Gegensatz zu den Teeren auch für Kombinationen mit hellsten Farbtönen geeignet. Diese Flüssigharze haben eine niedrige Viskosität ohne Lösungsmittelzusatz, eine Säurezahl unter 0,2, sind phenol- und wasserfrei, chemisch resistent und unverseifbar. Das Flüssigharz fördert die Benetzung von Pigmenten und Füllstoffen sowie die Elastizität und Haftfestigkeit des Duroplasten. Die niedrige Viskosität ohne Vorreaktivität gegenüber den übrigen Komponenten ermöglicht die Herstellung lösungsmittelarmer und lösungsmittelfreier Kombinationen. Für höhere Flüssigharzzusätze wurden reaktive Spezialtypen entwickelt, um die Aushärtezeit des modifizierten duroplastischen Systems nicht zu verlängern.

Für den derzeitigen Hauptabnehmer der Cumaron-Inden-Harze, die *Gummiindustrie*, sind die im folgenden genannten besonderen Eigenschaften der Harze für den Einsatz maßgebend. Das Harz erleichtert wesentlich die Verarbeitung von Natur- und Synthesekautschuk und ermöglicht eine erhöhte Aufnahme von Füllstoffen und Verstärkerstoffen. Für die Vulkanisation ist von Bedeutung, daß Schwefel mit Cumaron-Inden-Harz bis zu 50% mischbar und darin klar löslich ist. Das Harz bewirkt eine geschmeidige, lederartige Beschaffenheit der Oberfläche, womit gleichzeitig eine leichte Entfernung aus der Form ermöglicht wird. Die

Zahlentafel 36. *Cumaron-Inden- und artverwandte Harze in der Bundesrepublik Deutschland*

Harztypen	Erweichungspunkt KS (°C)	Helligkeit (Barrett)	Säurezahl	Verseifungszahl	Jodzahl	Dichte bei 20 °C	Flammpunkt (°C)	Dielektrizitätskonstante
Cumaron-Inden-Harze unmodifiziert Artengruppe I (helle Harze)	flüssig	1/2—3	≦0,3	2—3	~75	1,08—1,15	160—180	2,42—3,5
	15	1/2—3	≦0,3	2—3	~70	1,08—1,15	160—180	2,42—3,5
	25—55	1/2—4	≦0,3	2—3	~60	1,08—1,15	170—200	2,42—3,5
	65—145	1—4	≦0,3	2—3	45—60	1,08—1,15	200—280	2,45—3,5
Cumaron-Inden-Harze, unmodifiziert, Artengruppe II (dunkle Harze	15—105	5, 12, 16	≦0,5	2—3	45—75	~1,1	160—250	~3,0
Testbenzinlösliche Cumaron-Inden-Harze (TN-Sorten)	55—135	1—3	≦0,2	2—3	~55	1,1—1,15	220—270	2,4—3,0
Phenolmodifizierte alkohollösliche Cumaron-Inden-Harze (A-Sorten)	25—75	1—3	1—2	2—3	~55	~1,1	240—250	2,7
Inden-Harze (Gebaganharze) (I-Sorten)	80—100 135	1/2	neutral	1—2	~55	1,1	270—300	2,3
Testbenzinlösliche Inden-Harze (Gebaganharze) (I-T-Sorten)	80—100	1/2	neutral	1—2	~55	1,1	~275	2,3
Physiologisch unbedenkliches Inden-Harz (Gebaganharz I/80 LG)	80	1/2—1	neutral	1—2	~55	1,1	~275	2,3

Bezeichnung der Harze nach Helligkeit und Härte: z. B. B1/65 ist ein Harz mit der Helligkeit 1 (Barrett) und dem Erweichungspunkt (KS) 65 °C.

(Verkaufsvereinigung für Teererzeugnisse [VfT] AG) — Eigenschaften und Anwendung

Anwendungen	Hierfür besonders zu empfehlende Sorten
Weichmacherharz für Chlorkautschuk, Cyclokautschuk, Polyvinylharze, Natur- und Kunstkautschuk	B 1/fl, B 1/15
Temporärer Metallschutz für Eisen- und Nichteisenmetalle (abwaschbare, mit Transparentfarben gefärbte Rostschutzlacke)	B 1/65—/75
Hitze- und wetterbeständige Aluminiumbronzefarben; Natur- und Synthesekautschukmischungen	B 1/75—/85
Schiffsbodenfarben	B 4/75, B 4/135
Druckfarben	B 1/75, B 1/135
Öl-Cumaron-Inden-Harz-Kombinationslacke, Chlorkautschuk- und Cyclokautschuk-Kombinationen, Alkydharz-Kombinationen, Faßfarben, Klebstoffe	B 1—B 2/85 B 1—B 3/65—/135
Teerpech- und Bitumen-Kombinationen (leicht emulgierbar)	B 12/15, B 12/65
Schiffsbodenfarben (Grundanstrichfarben)	B 5/75—/85, B 12/75—/85
Rostschutzfarben, Natur- und Synthesekautschukmischungen	B 5/65—/75, B 12/75—/85
Fußbodenfarben	B 1—B 3/85-TN
Standöl- und Alkydharz-Kombinationslacke	B 1—B 2/75—/85-TN
Leder- und Textilimprägnierungen	B 1—B 2/75—/85-TN
Druckfarben	B 2/135—TN
Holzlacke, Isolierlacke, Imprägnierlacke, nicht durchschlagende Straßenmarkierungsfarben auf Asphalt- bzw. Bitumendecken, Klebstoffe	B 1—B 2/65/—75-A
Nitrocelluloselack-Kombinationen	B 1/65-A
Aluminiumbronzefarben (auch hochhitzebeständig), Zinkstaubfarben, Chlorkautschuk-Kombinationen, transparente Natur- und Synthesekautschukmischungen	I/80—I/100
Öl-Alkydharz-Kombinationen mit gesteigerter Alkaliresistenz, Polyvinyl-Kombinationen, Holzlacke, Leder- und Textilimprägnierungen, Druckfarben, Kabelisolieröle	I/80-T—I/100-T
Kaugummi, Klebstoffe für Nahrungs- und Genußmittelsektor	I/80 LG

Bezeichnung der Härte: Erweichungspunkt 15 °C zähflüssig, 25° C weich, 35 °C mittelhart, 45 °C hart, 55—95 °C springhart, 105—145 °C überhart.

Zahlentafel 36 (Fortsetzung)

Harztypen	Erweichungspunkt KS (°C)	Helligkeit (Barrett)	Säurezahl	Verseifungszahl	Jodzahl	Dichte bei 20 °C	Flammpunkt (°C)	Dielektrizitätskonstante
Niedrigpolymeres Styrol-Harz (Gebaganharz flüssig) in verschiedenen Viskositäten (50—5000 Centipoise bei 50 °C)								
Kohlenwasserstoff-Harze KW-10 testbenzinlöslich	65—105	1—3	0,1	1—3	95—115	1,08—1,1	280—300	2,2—2,3
Kohlenwasserstoff-Harze KW-20 testbenzinlöslich u. mit erweiterter Öl- u. Alkydharzverträglichkeit	65—105	1—3	0,1	1—3	95—115	1,08—1,1	280—300	2,2—2,3
Kohlenwasserstoff-Harze KW-30 wachsverträglich	85	1—3	0,1	1—3	~95	1,09	290	2,3
Dunkle Kohlenwasserstoff-Harze (WR-Harze)	55—85	14—16	≦0,3	2—13	75—85	1,08—1,15	200—280	3,5
Spezialflüssigharz PH 3	flüssig	1—2	Viskosität: 70 cP bei 50 °C; 2800 cP bei 20 °C					

Bezeichnung der Harze nach Helligkeit und Härte: z. B. B 1/65 ist ein Harz mit der Helligkeit 1 (Barrett) und dem Erweichungspunkt (KS) 65 °C.

Resistenz des Kautschuks gegen Alkalien, Säuren und Salzwasser wird gesteigert, dem Synthesekautschuk wird die innere Kleberwirkung des Naturkautschuks verliehen. Das fertige Gummierzeugnis besitzt bei Mitverarbeitung von Cumaron-Inden-Harz einen verbesserten Glanz, einen stärker hydrophoben Charakter, eine höhere Kriechstrom-, Reiß- und Bruchdehnungsfestigkeit. Die Harze können mit allen technisch verwendeten Natur- und Synthesekautschuktypen, wie Butadien-Styrol, Butadien-Acrylnitril, Polychloropren, Butylkautschuk und Thiokol gemeinsam verarbeitet werden. Der Harzanteil beträgt meist 8 bis 12%, bezogen auf den Rohkautschuk. Höhere Gehalte an überharten Harzen sind zur Härte- und Abriebverbesserung z. B. für Schuhsohlenabsätze und Fußmatten erforderlich. Helle, springharte Harztypen dienen als Verstärker bei der Herstellung ungefüllter, transparenter Gummierzeugnisse.

Zahlentafel 36 (Fortsetzung)

Anwendungen	Hierfür besonders zu empfehlende Sorten
Weichmacher für Elastomere	
Industrielacke, Maschinen- und Rostschutzfarben, Straßenmarkierungsfarben, Schiffsfarben, für Öl- und Alkydharz-Kombinationen, Druckfarben, Austauschprodukt für helle Naturharze, Fußbodenplatten, Epoxidkombinationen, Kombinationen mit Elastomeren, Kabelöle, Elektroisoliermassen, als Dispersion in der Schwerappretur, Druckfarben, Natur- und Synthesekautschukmischungen	KW–10 B 1/85 KW–20 B 1/95 KW–1 a Dispersion
Hot-Melts wie z. B. Heißschmelzkleber, Papierbeschichtungen, Kaschierwachse, Klebstoffe	KW–30 B2/85
Alkali- und säureresistente Rostschutzfarben, Schiffsfarben und andere Unterwasserfarben auch in Kombinationen mit Chlorkautschuk, Polyvinylmischpolymerisaten, Steinkohlenteerpechen und Bitumen; Natur- und Synthesekautschukmischungen	WR/85 WR/75
Phenol-, wasser- und lösungsmittelfreies, einfärbbares Spezialprodukt zur Modifizierung von Epoxidharz- und Polyurethankombinationen	Spezialflüssigharz PH 3

Bezeichnung der Härte: Erweichungspunkt 15 °C zähflüssig, 25 °C weich, 35 °C mittelhart, 45 °C hart, 55—95 °C springhart, 105—145 °C überhart.

Über weitere Anwendungsgebiete der Cumaron-Inden-Harze gibt die Zahlentafel 36 Auskunft. Die Entwicklung ist gegenwärtig jedoch so im Fluß, daß die genannten Anwendungen nur als Beispiele gelten können.

IX. Benzolerzeugnisse

Zum Gesamtmarkt der Benzolerzeugnisse trägt der Steinkohlenteer selbst nur in geringem Umfang bei. Der größte Teil der Benzolkohlenwasserstoffe wird bereits auf den Kokereien vom höher siedenden Steinkohlenteer getrennt gewonnen. Die Weiterverarbeitung auf Handelsprodukte wird normalerweise wieder gemeinsam vorgenommen. Zu den Benzolerzeugnissen auf Steinkohlebasis treten ergänzend in zunehmendem Maß die durch Aromatisierung von Erdölfraktionen hergestellten Benzolkohlenwasserstoffe.

Zahlentafel 37. *Anforderungen an*

	Reinbenzol	Reintoluol	Reinxylol
Farbe	wasserhell, klar	wasserhell, klar	wasserhell, klar
Dichte bei 15 °C	0,883	0,870	0,860—0,870
Brechungsindex n_D^{20}	1,5005	1,4960	—
Kristallisationspunkt (°C)	+5,30	—	—
Trübungspunkt (°C)[a]	+15	+15	+15
Flammpunkt (°C)[b]	—	—	<21
Siedebereich[c] vom Siedebeginn bis 5 Vol.-% (°C)	0,1	0,1	—
von 5—95 Vol.-% (°C)	0,2	0,2	—
von 95 Vol.-% bis zum Trockenpunkt (°C)	0,1	0,1	—
Gesamtsiedebereich (°C)	0,4	0,4	—
Siedebeginn (°C)	—	—	135
Einzelangaben zum Siedeverlauf	—	—	—
95% bei (°C)	—	—	145
Trockenpunkt °C	—	—	—
Bromverbrauch (g/100 ml)[d]	0,01	0,05	—
Schwefelsäure-Reaktion (g/l)[e]	0,1	0,1	0,5
Gesamtschwefelgehalt (mg/kg)[f]	10	50	—
Aktiver Schwefel (α-Schwefel) (mg/100 ml)[g]	frei	frei	frei
Schwefelwasserstoff[h]	frei	frei	frei
Schwefeldioxid	frei	frei	frei
Mercaptane	frei	frei	frei
Filterprobe	—	—	—

[a] DIN 51 583.
[b] DIN 51 755.
[c] DIN 51 761.
[d] DIN 51 763.

In der Bundesrepublik Deutschland wurden 1965 etwa 575000 t Benzolerzeugnisse auf Kohlebasis gewonnen, davon 255000 t Reinbenzol, 165000 t Motorenbenzol, 133000 t Homologenmischungen und etwa 19000 t Lösungsbenzole. Demgegenüber wurden an Benzolprodukten auf Erdölbasis 77000 t Reinbenzol, 102000 t Reintoluol und rund 47000 t Reinxylol erzeugt. Der Marktanteil der Kohleerzeugnisse betrug demnach 1965 noch etwa 70%, wird jedoch in Zukunft bei etwa gleichbleibender absoluter Menge relativ abnehmen. In den USA betrug der Anteil der Kohlebenzolerzeugnisse 1965 nur noch etwa 7%.

Benzolerzeugnisse auf Kohlebasis (Aral AG)

Benzolhomologe-Raffinat	Arsol I	Arsol II	Arsol II E	Schwerbenzol
wasserhell, klar	wasserhell	wasserhell	wasserhell	—
0,878	0,860	0,890	0,890	—
—	—	—	—	—
—	—	—	—	—
+15	+15	+15	+15	+15
—	<21	<21	<21	<21
—	—	—	—	—
—	—	—	—	—
—	—	—	—	—
—	—	—	—	—
80 bis 100 °C 87 Vol.-%	150 bis 180 °C 90 Vol.-%	165 bis 200 °C 90 Vol.-%	165 —	160 bis 200 °C 90 Vol.-%
—	—	—	—	—
—	—	—	200	Geringe Verunreinigungen durch Basen zulässig; bei der Destillation bei 15 °C Kühlwassertemperatur keine Naphthalinausscheidungen; entphenolt
—	—	—	—	
3	2	2	2	
—	—	—	—	
frei	0,5	0,5	0,5	
frei	frei	frei	frei	
frei	frei	frei	frei	
frei	frei	frei	frei	
—	—	beim Verdunsten auf Filterpapier darf kein Rand hinterbleiben		

[e] DIN 51762.
[f] DIN 51771.
[g] DIN 51764.
[h] DIN 51766.

Eine Übersicht über die Benzolerzeugnisse auf Kohlebasis in der Bundesrepublik Deutschland enthält die Zahlentafel 37.

Wie bereits aus den genannten Wirtschaftsdaten zu ersehen ist, gehen die Erzeugnisse in der Bundesrepublik Deutschland zu einem Teil in den *Treibstoff- und Lösungsmittelsektor*. Maßgebend für den Einsatz als Mischkomponente für Otto-Kraftstoffe ist die hervorragende Oktanzahl (über 100) des Benzols und seiner Homologen, die die Herstellung von Superkraftstoffen mit ausgezeichneter Klopffestigkeit in Mischung mit aliphatischen Benzinen ohne Zusatz von Antiklopfmitteln erlaubt. Die höher siedenden Benzolhomologen sind indifferente Lösungsmittel vor allem für Farben und Lacke, ferner zur Extraktion von Fetten und Wachsen.

Das reine *Benzol* selbst wird fast ausschließlich chemisch weiterverarbeitet. Die wichtigsten Folgeprodukte sind Äthylbenzol, Phenol (S. 143), Cyclohexan, Alkylbenzolsulfonate, Chlorbenzole, Maleinsäureanhydrid, Nitrobenzol und Anilin, Zwischenprodukte u. a. zur Herstellung von Polystyrol, Polyamidfasern (Nylon, Perlon), Kunstharzen, Waschmitteln, Farbstoffen und Schädlingsbekämpfungsmitteln wie p.p'-Dichlor-diphenyl-(trichlormethyl)-methan (DDT), Hexachlorcyclohexan (Gammexan), Hexachlorbenzol und 2.2'-Methylen-bis-(3.4.6-trichlorphenol) (Hexachlorophen).

Die technisch wichtigsten Umsetzungen des *Toluols* sind die Nitrierung zu Nitrotoluolen, die Oxydation zu Benzaldehyd, Benzoesäure oder Phenol sowie die Chlorsulfonierung zu o- und p-Toluolsulfochlorid, Zwischenprodukte zur Herstellung von Sprengstoff (Trinitrotoluol, TNT), zahlreichen Farbstoffen, Riechstoffen, Konservierungsmitteln, Süßstoffen (Saccharin), Desinfektionsmitteln (Chloramin T) und Arzneimitteln (Codein, Cortison).

Die Oxydation der *Xylole* führt zu den Kunstharz- und Kunstfaserrohstoffen Phthalsäure (aus o-Xylol), Isophthalsäure (aus m-Xylol) und Terephthalsäure (aus p-Xylol). Die Auftrennung des Xylolisomerengemisches auf Kohlebasis ist jedoch gegenüber der Gewinnung aus aromatisierten Erdölfraktionen weniger wirtschaftlich, da nicht die technisch besonders wichtigen Isomeren o- und p-Xylol, sondern das m-Xylol in höherer Konzentration vorliegt. Das Isomerengemisch wird vor allem als *Lösungsmittel* u. a. für Lacke, Druckfarben, Öle und Fette verwendet. Durch Kondensation mit Formaldehyd entstehen die Xylol-Formaldehyd-Harze, die in der Lackindustrie eingesetzt werden. Durch Isobutylierung von m-Xylol und anschließende Nitrierung synthetisiert man das 1.3-Dimethyl-5-tert.-butyl-2.4.6-trinitrobenzol (Xylolmoschus), das billigste Moschuspräparat der Parfümerie.

Je nach Marktlage können die Benzolhomologen in Mischung durch Hydrodealkylierung in Benzol übergeführt werden.

X. Sonstige Reinerzeugnisse

Aus der großen Zahl der bisher nicht beschriebenen Steinkohlenteerinhaltsstoffe werden im folgenden nur die wichtigsten kurz erwähnt. Ganz allgemein werden diese Verbindungen in reiner Form noch bei weitem nicht in dem Umfang in der organisch-chemischen Industrie als Rohstoffe genutzt, wie ihrem Mengenangebot im Steinkohlenteer entspricht.

Ein typisches Beispiel hierfür ist das Phenanthren, mit einem Gehalt von etwa 5 % nächst dem Naphthalin der mengenmäßig wichtigste Inhaltsstoff des Steinkohlenteers.

1. Phenanthren

Das Phenanthren hat als Reinsubstanz bisher noch keine größere technische Bedeutung gewonnen, obwohl sein Molekülskelett zahlreichen hydroaromatischen Verbindungen zugrunde liegt, die in der Natur sehr verbreitet und von großer physiologischer Bedeutung sind. Zu den wichtigsten Vertretern dieser Gruppe gehören: Harzsäuren, Morphin, Sterine, Gallensäuren, Digitalis-Glykoside, Sexualhormone und antirachitische Vitamine. Das Phenanthren wurde ferner zur Herstellung von Kunstharzen, Farbstoffen, Arzneimitteln, Weichmachern sowie in Form fester Chlorierungsprodukte für nichtbrennbare elektrische Isolier- und Tränkmittel vorgeschlagen. Eine wichtige Reaktion des Phenanthrens, die bisher noch nicht zur Entwicklung eines wirtschaftlichen technischen Verfahrens geführt hat, ist die Oxydation zur Diphensäure bzw. zum Diphensäureanhydrid, das, ähnlich dem Phthalsäureanhydrid, zur Herstellung von Kunstharzen und Weichmachern eingesetzt werden kann. In begrenztem Umfang hat Phenanthren über sein Chinon Bedeutung zur Herstellung von Schädlingsbekämpfungsmitteln gewonnen. Weitere Umsetzungsmöglichkeiten enthält die Abb. 39.

2. Fluoranthen

Ähnlich wie das Phenanthren hat auch der mengenmäßig drittwichtigste Steinkohlenteerinhaltsstoff, das Fluoranthen, bisher kaum technische Verwendung gefunden. Vorgeschlagen wurde das Fluoranthen zur Synthese von Farbstoffen und Heilmitteln. Einige Beispiele enthält die Abb. 39.

3. Pyren

Das Pyren, ebenfalls zu den Hauptinhaltsstoffen des Steinkohlenteers zählend, ist einer Vielzahl chemischer Umsetzungen zugänglich, von denen in der Abb. 39 einige aufgeführt sind. Technische Anwendung hat das Pyren bisher zur Synthese von Farbstoffen gewonnen. Die Oxydation des Pyrens führt zu mehrwertigen Carbonsäuren, wie der Phenanthren-4.5-dicarbonsäure und der Naphthalin-1.4.5.8-tetracarbonsäure, Zwischenprodukte für Kunstharze und Farbstoffe.

4. Acenaphthen

Acenaphthen wird während der Teerdestillation durch Hydrierung des zu den Hauptinhaltsstoffen zählenden Acenaphthylens zusätzlich gebildet, so daß die gewinnbare Menge den Acenaphthengehalt des Rohteers um ein Mehrfaches übersteigt. Durch Dehydrierung läßt sich Acenaphthen wieder in Acenaphthylen überführen, das als olefinisch ungesättigte Verbindung durch Polymerisation und Copolymerisation zu verharzen ist. Polyacenaphthylenharze zeichnen sich durch gute elek-

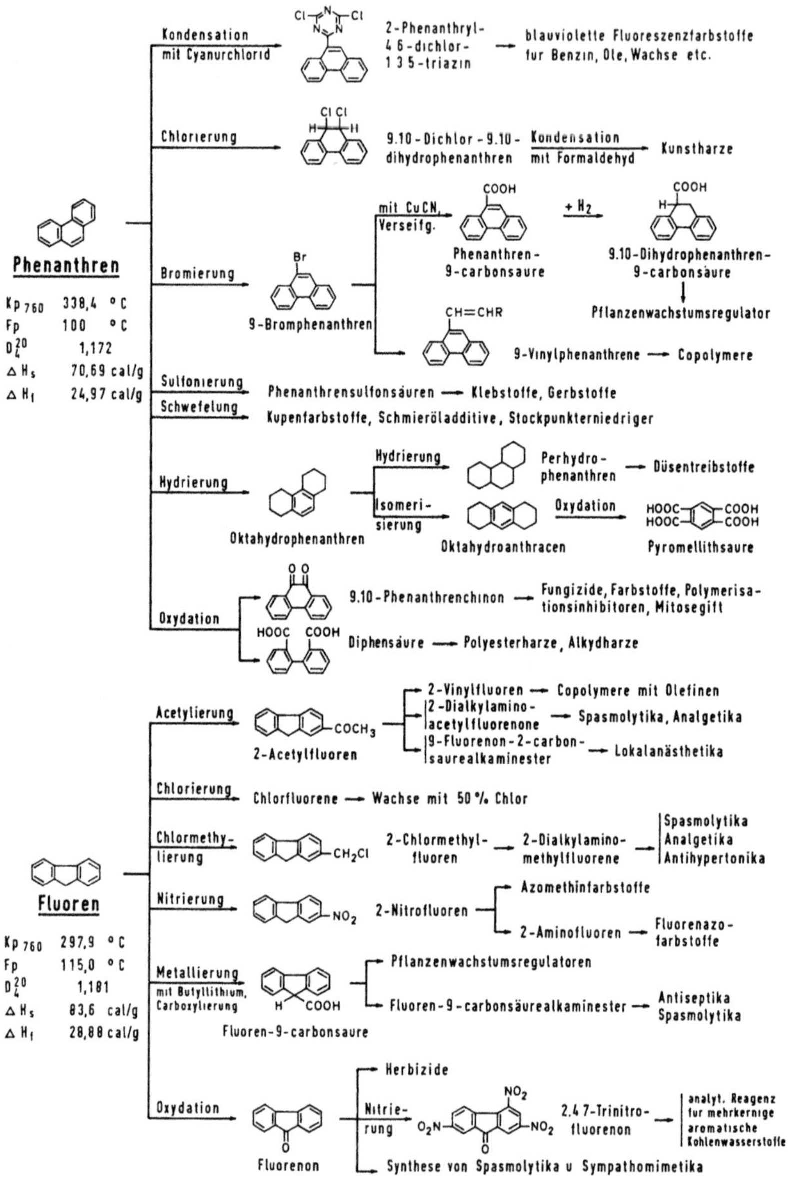

Abb. 39. Einige Umsetzungsmöglichkeiten mehrkerniger aromatischer Kohlenwasserstoffe

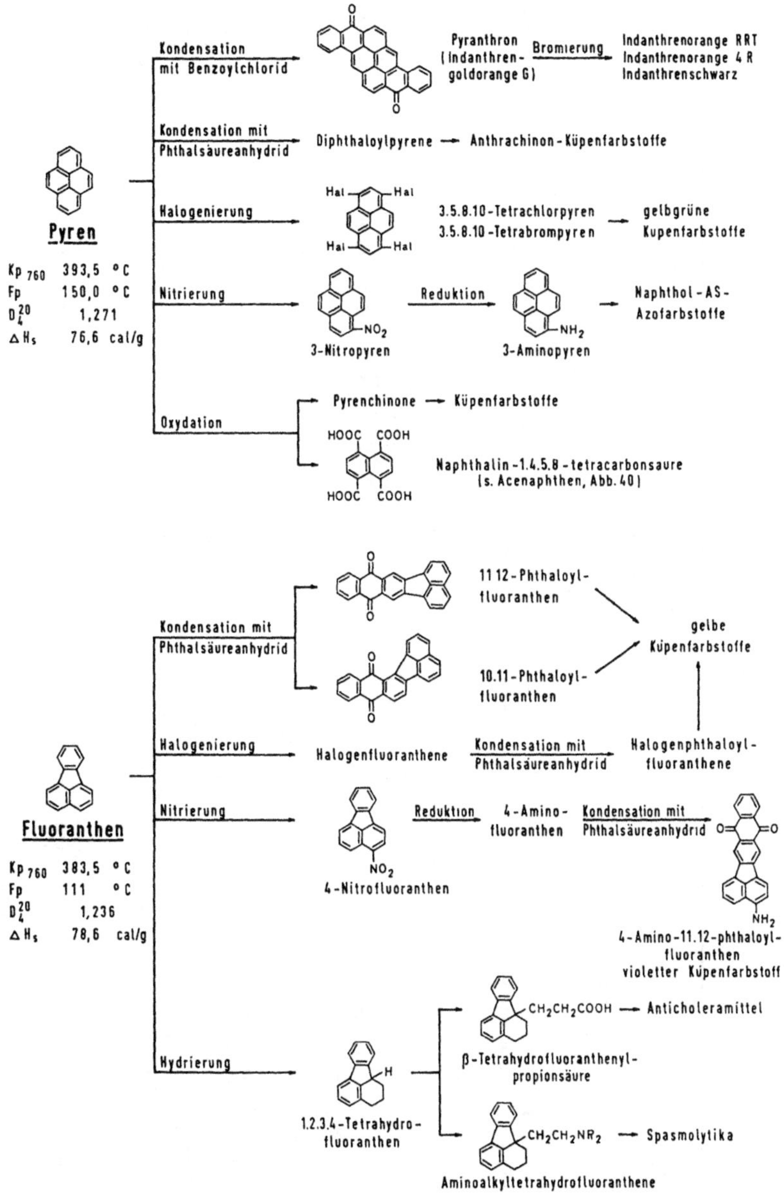
Kondensation mit Benzoylchlorid
Pyranthron (Indanthrengoldorange G)
Bromierung
Indanthrenorange RRT
Indanthrenorange 4 R
Indanthrenschwarz
Kondensation mit Phthalsäureanhydrid
Diphthaloylpyrene
Anthrachinon-Küpenfarbstoffe
Pyren
Kp 760 393,5 °C
Fp 150,0 °C
D 4 20 1,271
ΔHs 76,6 cal/g
Halogenierung
Hal
3.5.8.10-Tetrachlorpyren
3.5.8.10-Tetrabrompyren
gelbgrüne Küpenfarbstoffe
Nitrierung
NO2
3-Nitropyren
Reduktion
NH2
3-Aminopyren
Naphthol-AS-Azofarbstoffe
Oxydation
Pyrenchinone
Küpenfarbstoffe
HOOC COOH
Naphthalin-1.4.5.8-tetracarbonsäure (s. Acenaphthen, Abb. 40)
Kondensation mit Phthalsäureanhydrid
11.12-Phthaloylfluoranthen
10.11-Phthaloylfluoranthen
gelbe Küpenfarbstoffe
Fluoranthen
Kp 760 383,5 °C
Fp 111 °C
D 4 20 1,236
ΔHs 78,6 cal/g
Halogenierung
Halogenfluoranthene
Kondensation mit Phthalsäureanhydrid
Halogenphthaloylfluoranthene
Nitrierung
4-Nitrofluoranthen
Reduktion
4-Aminofluoranthen
Kondensation mit Phthalsäureanhydrid
4-Amino-11.12-phthaloylfluoranthen
violetter Küpenfarbstoff
Hydrierung
1.2.3.4-Tetrahydrofluoranthen
CH2CH2COOH
Anticholeramittel
β-Tetrahydrofluoranthenylpropionsäure
CH2CH2NR2
Spasmolytika
Aminoalkyltetrahydrofluoranthene

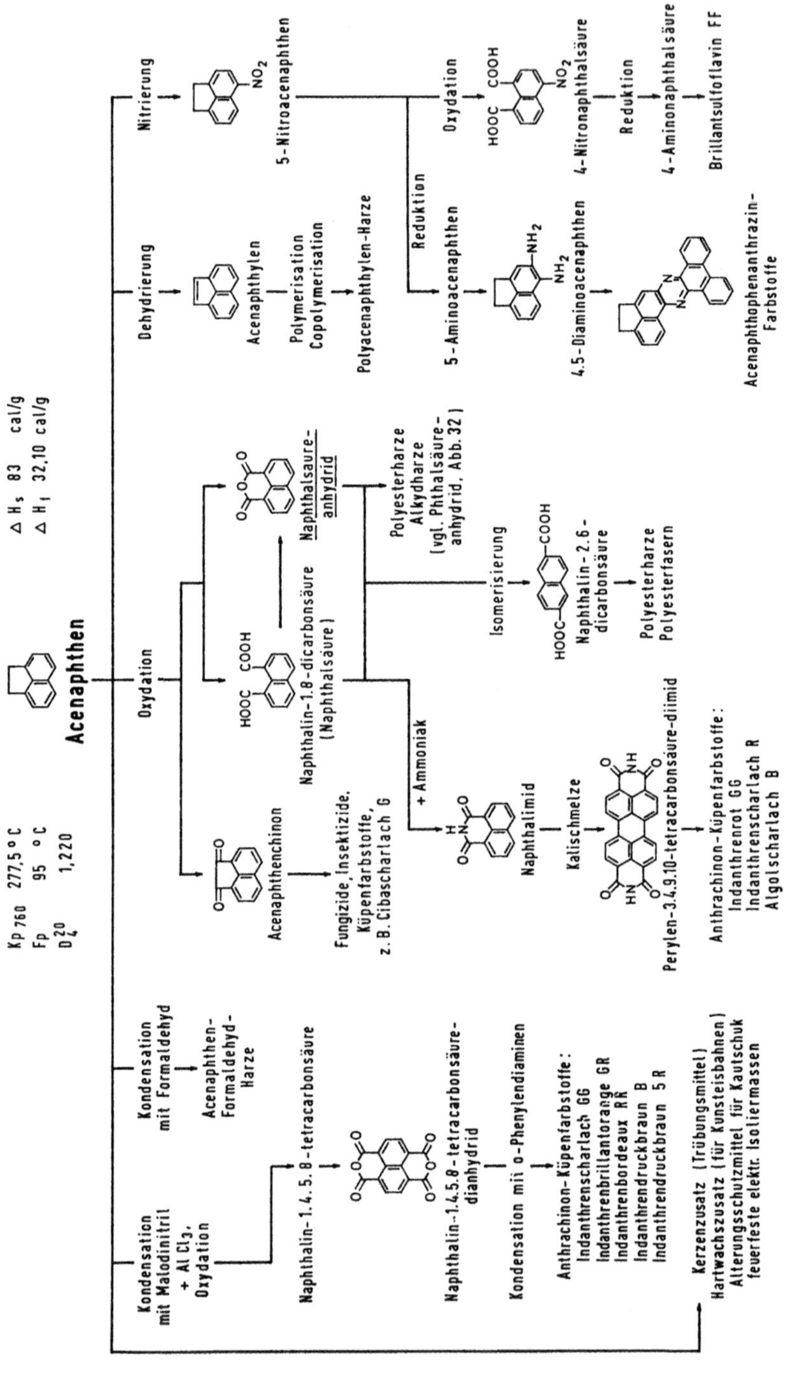

Abb. 40. Acenaphthen. Chemische Umsetzungen und Verwendungsmöglichkeiten

trische Eigenschaften und hohe Schmelzpunkte aus. Die technisch durchgeführte Gasphasenoxydation von Acenaphthen ergibt in guter Ausbeute Naphthalsäureanhydrid, Zwischenprodukt zur Synthese von Anthrachinonfarbstoffen. Naphthalsäureanhydrid ist wie Phthalsäureanhydrid auch zur Herstellung von Polyesterharzen und Alkydharzen geeignet. Aus Acenaphthen läßt sich ferner die auch aus Pyren zugängliche Naphthalin-1.4.5.8-tetracarbonsäure synthetisieren, die durch Kondensation mit o-Phenylendiaminen ebenfalls Anthrachinonfarbstoffe ergibt. Weitere Umsetzungs- und Verwendungsmöglichkeiten für Acenaphthen ergeben sich aus Abb. 40.

5. 1- und 2-Methylnaphthalin

Die beiden isomeren Methylnaphthaline werden wie das Acenaphthen bereits großtechnisch genutzt. Im Gemisch sind sie tiefschmelzende, hochsiedende Wärmeübertragungsflüssigkeiten und Lösungsmittel z. B. für Schädlingsbekämpfungsmittel, Schwefel und die bei der Wasserstoffperoxid-Herstellung nach dem Anthrachinonverfahren verwendeten Alkylanthrachinone. Die beiden Isomeren bilden ein Eutektikum mit einem Erstarrungspunkt von etwa —44 °C mit 80% 1-Methylnaphthalin und 20% 2-Methylnaphthalin.

Das 1-Methylnaphthalin selbst hat einen Erstarrungspunkt von —30,5 °C und ist daher auch isoliert als Lösungsmittel verwendbar. Es ist Teststoff zur Bestimmung der Cetanzahl von Dieselkraftstoffen sowie Carrier zur Farbvertiefung bei der Einfärbung von Polyesterfasern. Über die Seitenkettenchlorierung läßt sich aus 1-Methylnaphthalin die auch aus Naphthalin zugängliche 1-Naphthylessigsäure herstellen, die als Wachstumsregulator für Pflanzen und als Keimhemmstoff für Kartoffeln, ferner zur Synthese von Arzneimitteln dient.

2-Methylnaphthalin ist chemisch vor allem Rohstoff für die Herstellung von Vitamin-K-Präparaten. Die Oxydation ergibt das 2-Methyl-1.4-naphthochinon (Menadion, Vitamin K_3), das selbst und in Form des wasserlöslichen Natriumhydrogensulfit-Addukts ähnliche antihämorrhagische Wirkungen zeigt wie das natürliche und über das Menadion ebenfalls synthetisch zugängliche Vitamin K_1. Weitere aus Menadion erhältliche Verbindungen der Vitamin-K-Reihe sind das Menadiol-dibutyrat (Vitamin K_4) und das Menadiol-Natriumdiphosphat (Vitamin K_4 wasserlöslich). Die Vitamin-K-Verbindungen dienen zur Herstellung von koagulativ wirkenden Arzneimitteln und als Vitaminzusatz für Geflügelfutter.

Wie am Beispiel der 1-Naphthylessigsäure bereits gezeigt, überschneiden sich zahlreiche Synthesemöglichkeiten aus den Methylnaphthalinen mit denen aus Naphthalin. Auch das Phthalsäureanhydrid läßt sich durch Oxydation der Methylnaphthaline herstellen, allerdings in geringeren

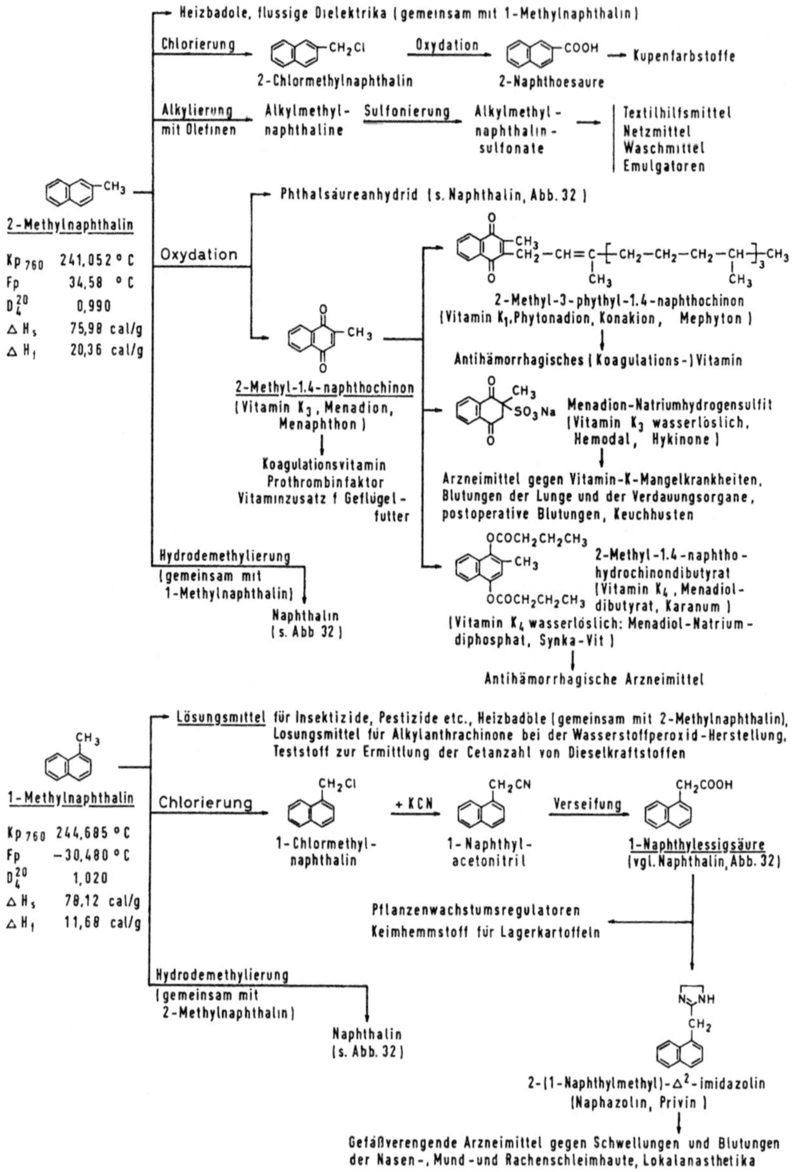

Abb. 41. Methylnaphthaline. Chemische Umsetzungen und Verwendung

Ausbeuten. Vorteilhafter ist die zweistufige Herstellung über Naphthalin, das durch hydrierende Demethylierung von Methylnaphthalingemischen vor allem in den USA großtechnisch gewonnen wird. Die Methylnaphthaline sind somit eine willkommene Verbreiterung der Rohstoffgrundlage für Naphthalin.

Eine Auswahl der chemischen Umsetzungen und Verwendungszwecke der beiden Methylnaphthaline enthält die Abb. 41.

6. Dimethylnaphthaline

Von den im Steinkohlenteer nachgewiesenen 9 isomeren Dimethylnaphthalinen sind vor allem das 1.6- und das 2.6-Dimethylnaphthalin verhältnismäßig leicht zu gewinnen. Die Dimethylnaphthaline sind zahlreichen organischen Synthesen zugänglich. So führt z. B. die milde Oxydation zu Naphthalindicarbonsäuren, drastischere Oxydation zu Benzoltricarbonsäuren, wie der Naphthalin-2.6-dicarbonsäure und der Trimellithsäure aus 2.6-Dimethylnaphthalin. Die Säuren sind Zwischenprodukte für Polyesterharze, Weichmacher und Farbstoffe. Durch Kondensation mit Säurechloriden und Säureanhydriden lassen sich aus den Dimethylnaphthalinen Chinone darstellen, die als Zwischenprodukte für Chinon-Küpenfarbstoffe dienen können. Das Isomerengemisch der Dimethylnaphthaline läßt sich wie die Methylnaphthaline als Lösungsmittel verwenden oder der Hydrodemethylierung zu Naphthalin unterwerfen. Auch eine Isomerisierung zu einem bestimmten Isomeren, wie dem 2.6-Dimethylnaphthalin, ist möglich.

7. Diphenyl

Diphenyl ist gemeinsam mit Diphenyloxid Bestandteil von thermostabilen Wärmeübertragungsmitteln (Diphyl, Dowtherm A). Rein dient Diphenyl zur Konservierung von Zitrusfrüchten. Neben der Isolierung aus Steinkohlenteer spielt die Gewinnung des Diphenyls durch Dehydrierung von Benzol eine Rolle.

8. Fluoren

Fluoren ist durch seine reaktive Methylengruppe zu zahlreichen chemischen Umsetzungen befähigt. Sehr leicht durch Oxydation erhältlich ist das Fluorenon, ein Zwischenprodukt zur Synthese von Arzneimitteln und Unkrautvernichtungsmitteln. Auch andere Derivate des Fluorens lassen sich in physiologisch aktive Verbindungen überführen. Die technisch verarbeiteten Fluorenmengen sind jedoch im Verhältnis zur Rohstoffgrundlage noch unbedeutend. Einige Umsetzungsmöglichkeiten sind in Abb. 39 skizziert.

9. Diphenylenoxid

Das Diphenylenoxid ist der mengenmäßig wichtigste Sauerstoffheterocyclus des Steinkohlenteers. Es wird technisch in geringem Umfang zur Synthese von Farbstoffen verwendet. Wegen seiner hohen Temperaturbeständigkeit ist es als Wärmeübertragungsmittel z. B. für Kernreaktoren und als Hochtemperatur-Schmiermittel vorgeschlagen worden. Seine fungiziden, bakteriziden und insektiziden Eigenschaften ergeben Einsatzmöglichkeiten als technisches Konservierungsmittel und Spritzmittel gegen Schädlinge. Durch Alkalihydroxidschmelze erhält man aus Diphenylenoxid das 2.2'-Dihydroxydiphenyl, ein Zwischenprodukt zur Herstellung von Desinfektions- und Schädlingsbekämpfungsmitteln. Einige weitere Umsetzungsmöglichkeiten enthält die Abb. 42.

10. Indol

Das Indol gehört neben den Pyridin- und Chinolinbasen zu den bemerkenswertesten Stickstoffheterocyclen des Steinkohlenteers. Entsprechend seinem natürlichen Vorkommen als Bestandteil des Jasmin- und Orangeblütenöls dient die Verbindung schon seit langem in der Parfümindustrie zur Fixierung von Duftstoffen. Daß es gelungen ist, Indol aus dem Steinkohlenteer in einer Reinheit zu gewinnen, die den hohen Ansprüchen der Parfümeure genügt, ist eine beachtliche Leistung, da schon die geringsten Spuren einer Verunreinigung den Geruch des Indols verfälschen. Neben dem Einsatz in der Parfümindustrie findet Indol als Ausgangsmaterial zur Synthese von Pflanzenwuchsstoffen, Aminosäuren, Farbstoffen und Heilmitteln Verwendung. Ein wichtiges Derivat ist der Pflanzenwuchsstoff 3-Indolylessigsäure (Heteroauxin). Durch Mannich-Reaktion von Indol mit Formaldehyd und Dimethylamin erhält man das Gramin, ein Zwischenprodukt zur Synthese von Tryptophan, lebenswichtige Aminosäure und integrierender Bestandteil zahlreicher Eiweißarten. Weitere Umsetzungsmöglichkeiten des Indols enthält die Abb. 42.

11. Carbazol

Carbazol, der mengenmäßig wichtigste heterocyclische Inhaltsstoff des Steinkohlenteers, ist Ausgangsmaterial zur Synthese von Farbstoffen und Schädlingsbekämpfungsmitteln, wobei allerdings der Absatz auf diesen Gebieten in den letzten Jahrzehnten rückläufig war. Farbstoffe aus Carbazol sind z. B. der Schwefelfarbstoff Hydronblau und der Naphthol-AS-Farbstoff 2-Hydroxycarbazol-3-carbonsäure-p-chloranilid (Naphthol AS-LB). Ein wirksames Insektizid ist das 1.3.6.8-Tetranitrocarbazol (Nirosan). Durch Umsetzung mit Äthylenoxid und anschließende Wasserabspaltung erhält man aus Carbazol das N-Vinylcarbazol, das

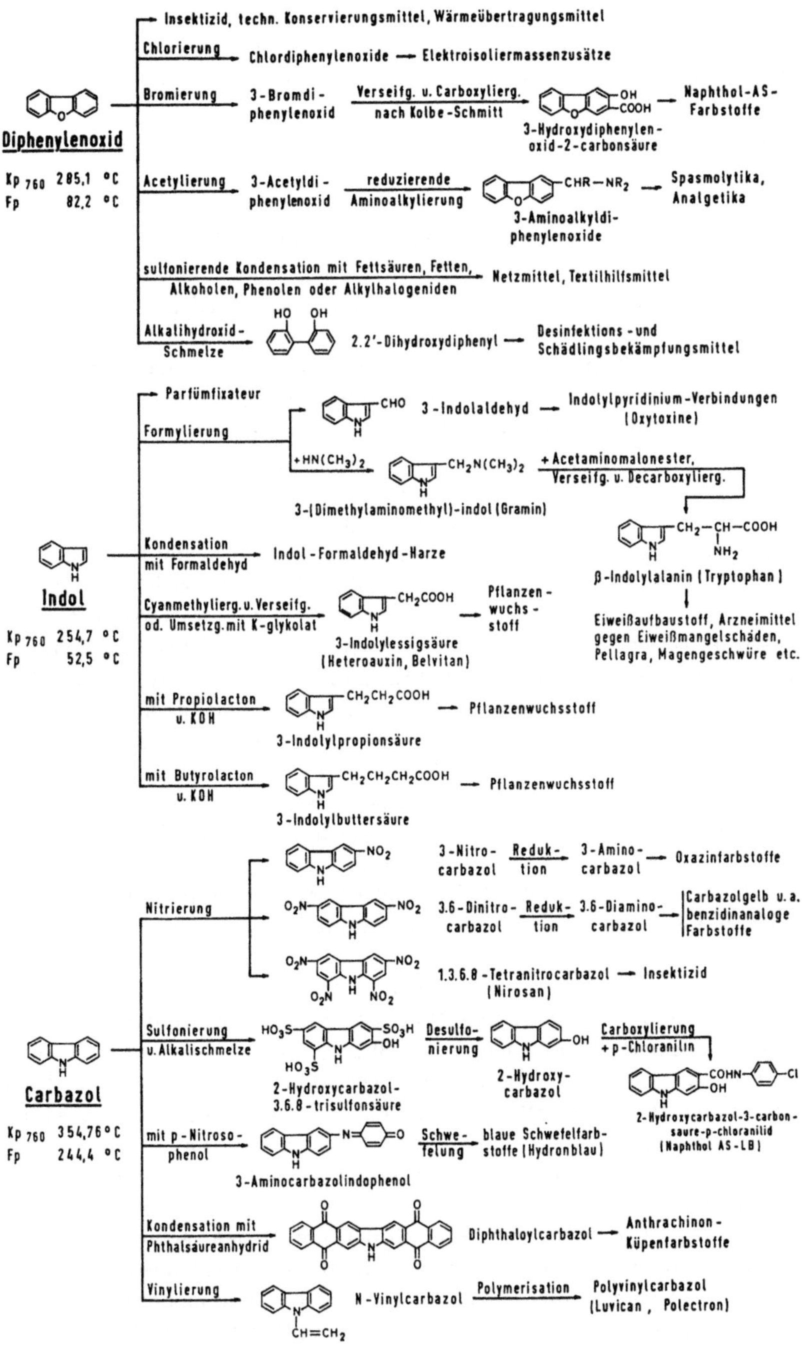

Abb. 42. Einige Umsetzungen und Verwendungen mehrkerniger Heterocyclen

zum Polyvinylcarbazol (Luvican, Polectron) polymerisiert werden kann, einem Kunststoff, der wegen seiner guten dielektrischen Eigenschaften, Chemikalienbeständigkeit, hohen Erweichungstemperatur und thermischen Beständigkeit besonders in der Elektroindustrie Verwendung gefunden hat. Einen Ausschnitt aus der Palette der Carbazol-Umsetzungen zeigt die Abb. 42.

12. Sonstige Steinkohlenteer-Inhaltsstoffe

Unter den hochsiedenden Inhaltsstoffen des Steinkohlenteers ist noch das *Chrysen* zu erwähnen, ein Ausgangsmaterial zur Herstellung von UV-Filtern, Sensibilisatoren und anderen Farbstoffen. Die übrigen hochsiedenden Kohlenwasserstoffe des Steinkohlenteers haben in reiner Form bisher keine technische Verwendung gefunden.

Von den niedrigsiedenden Kohlenwasserstoffen sind die *Tri- und Tetramethylbenzole* Ausgangsstoffe zur Herstellung der durch Oxydation entstehenden Benzolcarbonsäuren und ihrer Anhydride, so der Trimellithsäure aus Pseudocumol, Trimesinsäure aus Mesitylen, Hemimellithsäure aus Hemellitol, Pyromellithsäure aus Durol, Mellophansäure aus Isodurol und Prehnitsäure aus Prehnitol. Die mehrbasischen Säuren bzw. ihre Anhydride sind Zwischenprodukte u. a. zur Herstellung von Polyesterharzen und Weichmachern. Technische Bedeutung haben die Trimellithsäure und die Pyromellithsäure. Pyromellithsäuredianhydrid ist ein Härter für Epoxidharze, ferner wie das Trimellithsäureanhydrid Zwischenprodukt zur Herstellung hochtemperaturbeständiger Polyimidharze. Die durch Hydrolyse von Bischlormethylderivaten der Benzolhomologen erhältlichen Bishydroxymethylverbindungen sind ebenfalls Zwischenprodukte für Polyester und Weichmacher. Die Tri- und Tetramethylbenzole sind außerdem Rohstoffe zur Synthese von Farbstoffen, Riechstoffen, Netzmitteln, Schädlingsbekämpfungsmitteln und Arzneimitteln. Die Synthese des Fertilitätsvitamins E (α-Tocopherol) geht vom Pseudocumol aus.

Weitere Inhaltsstoffe des Steinkohlenteerleichtöls von technischem Interesse sind *Hydrinden und Dicyclopentadien*. Aus Hydrinden lassen sich substituierte Hydrinden-Sulfonylharnstoffe darstellen, die als orale Antidiabetica erprobt worden sind. Dicyclopentadien bzw. sein durch Depolymerisation erhältliches Monomeres Cyclopentadien ist Ausgangsstoff zur Synthese der Insektizide Hexachlor-hexahydro-dimethanonaphthalin (Aldrin) und Hexachlorepoxyoctahydrodimethanonaphthalin (Dieldrin).

Zu den hochsiedenden Stickstoff-Heterocyclen gehören *Acridin, 7.8-Benzochinolin und Phenanthridin*. Acridin ist die Grundsubstanz zahlreicher Farbstoffe, die jedoch meist aus 1.3-Diaminobenzol und aliphatischen oder aromatischen Aldehyden synthetisiert werden. Auch als

Heilmittel verwendete Acridinderivate, wie 3.6-Diamino-10-methylacridiniumchlorid (Trypaflavin) oder 2-Äthoxy-6.9-diaminoacridin (Rivanol), werden im allgemeinen nicht direkt aus Acridin hergestellt. 7.8-Benzochinolin dient in der Gaschromatographie als stationäre Phase zur Trennung von m- und p-Xylol. Vom Phenanthridin leiten sich in Analogie zum Acridin einige Heilmittel ab. So zeigen quartäre Salze der Diaminophenanthridiniumreihe gute trypanocide Eigenschaften.

Die Schwefel-Heterocyclen des Steinkohlenteers haben in *Thionaphthen und Diphenylensulfid* ihre mengenmäßig wichtigsten Vertreter. Thionaphthen dient in begrenztem Umfang zur Synthese von Arzneimitteln. Die Herstellung von Thioindigofarbstoffen und Herbiciden aus Thionaphthen hat bisher keine technische Bedeutung, ebenso ist die Möglichkeit zur Gewinnung von Konservierungsmitteln mit fungizider und bakterizider Wirksamkeit aus Diphenylensulfid sowie von Naphthol-AS-Farbstoffen aus dessen Derivat 3-Hydroxydiphenylensulfid-2-carbonsäure bis jetzt nur von theoretischem Interesse.

Die im Abschnitt X genannten und zahlreiche weitere Inhaltsstoffe des Steinkohlenteers, die als Einzelverbindungen eine größere technische Bedeutung noch nicht erlangt haben, sondern vorläufig in der Hauptmenge als Mischkomponenten technischer Öle und Pech-Öl-Mischungen Verwendung finden, sind dennoch aufgrund ihrer größtenteils kondensierten aromatischen Struktur Ausgangsstoffe sowohl zur Synthese komplex aufgebauter substituierter Derivate als auch zum oxydativen Abbau zu mehrwertigen Carbonsäuren. Bei entsprechendem Bedarf lassen sich diese aromatischen Rohstoffe jederzeit nach den bei der Aufarbeitung der Steinkohlenteerfraktionen beschriebenen Verfahren in technischen Mengen gewinnen. Der auf dem Gebiet der Aromaten und ihrer Abkömmlinge forschende Chemiker sollte nicht vergessen, daß ihm für viele Produkte im Steinkohlenteer eine Rohstoffquelle großen Ausmaßes zur Verfügung steht.

Literatur

Herkunft des Steinkohlenteers

I. Ursprung und Einteilung der verschiedenen Steinkohlenteere

1. Collin, G., u. G. Mauhs: Steinkohlenteere und Steinkohlenteerpeche. In: Ullmanns Encyklopädie der technischen Chemie, 3. Aufl., Bd. 16, S. 668—697. München u. Berlin: Urban & Schwarzenberg 1965.
2. Coal Tar Research Association: The coal tar data book, 2. ed. Gomersal 1965.
3. Abraham, H.: Asphalts and allied substances, 6. ed., 5 vol. Princetown: Nostrand 1960—1963.
4. Hoiberg, A. J.: Bituminous materials: asphalts, tars, and pitches, vol. 3: Coal tars and pitches. New York-London-Sydney: Interscience Publ. 1966.
5. Deutsche Normen: DIN 55946: Bituminöse Stoffe. September 1957.
6. McNeil, D.: Coal carbonization products. Oxford-London-Edinburgh-New York-Toronto-Paris-Braunschweig: Pergamon Press 1966.
7. Thau, A.: Die Schwelung der Braun- und Steinkohle, 2. Aufl. Halle a. d. Saale: Knapp 1950.
8. Eisenlohr, H., u. W. Obenaus: Eigenschaften verschiedener Steinkohlen-Schwelteere. Erdöl u. Kohle **4**, 557—561 (1951).
9. Herbert, W., u. H. Tamm: Fischer-Tropsch-Synthese in Südafrika. Erdöl u. Kohle **9**, 363—367 (1956).
10. Terres, E., u. H. H. Hahn: Untersuchung eines Druckvergasungsteers aus südafrikanischer Steinkohle unter Anwendung neuer Verfahrensweisen. Erdöl u. Kohle **12**, 734—739 (1959).
11. Reerink, W., u. W. Peters: Leitgedanken für die Entwicklung neuer Verfahren zur thermischen Kohlenveredlung. Brennstoff-Chem. **46**, 330—343 (1965).
12. Grosskinsky, O.: Handbuch des Kokereiwesens, Bd. 1. Düsseldorf: Knapp 1955.
13. Schneider, G., u. H. Winter: Handbuch der Kokerei. Halle a. d. Saale: Knapp 1951.
14. Jäppelt, A., T. Kretz, W. Gollmer, F. Blecher, E. H. Becker-Boost, F. Thiersch, A. Volk, H. W. v. Gratkowsky, K. Hedden u. F. Wehrmann: Kohleveredlung. In: Ullmanns Encyklopädie der technischen Chemie, 3. Aufl., Bd. 10, S. 216—230, 241—346, 360—476. München u. Berlin: Urban & Schwarzenberg 1958.

II. Wirtschaftliche Daten

[1, 4, 6]

15. Fachverband Kohlechemie e.V.: Wichtige Zahlen. Essen 1966.
16. Jahrbuch des deutschen Bergbaus, Bd. 59. Essen: Glückauf 1966.

17. Wirtschaftsteile der Zeitschriften: Brennstoff-Chem.; Erdöl Kohle-Erdgas-Petrochem.; Bitumen, Teere, Asphalte, Peche, verwandte Stoffe.
18. Anonym: Coke makers rebuild for better days ahead. Chem. Engng. News **45**, No. 8, 28—30 (1967).

Zusammensetzung des Steinkohlenteers

I. Methoden zur Untersuchung

Klassische Methoden

19. Franck, H.-G., u. G. Collin: Steinkohlenteer und Zwischenprodukte. In: C. Zerbe, Mineralöle und verwandte Produkte, 2. Aufl. Berlin-Heidelberg-New York: Springer (z. Z. im Druck).
20. Deutsche Normen: DIN 1995: Bituminöse Bindemittel für den Straßenbau. Februar 1960.
21. Standard methods for testing tar and its products, 5. ed. Standardization of Tar Products Tests Committee, Gomersal 1962.
22. Winkler, H. J. V.: Der Steinkohlenteer und seine Aufarbeitung. Essen: Glückauf 1951.
23. Rappen, L.: Neue Wege zur einfachen quantitativen Bestimmung der Hauptbestandteile von technischen Phenolgemischen. Brennstoff-Chem. **39**, 65—74 (1958).

Moderne Methoden

Gaschromatographie

24. Sauerland, H. D.: Neuere Entwicklungen bei der Gaschromatographie von Steinkohlenteerprodukten. Brennstoff-Chem. **44**, 37—43 (1963).
25. —, u. M. Zander: Neuere Entwicklungen in der Gaschromatographie und Spektroskopie mehrkerniger aromatischer Kohlenwasserstoffe und Heterocyclen. Erdöl Kohle-Erdgas-Petrochem. **19**, 502—505 (1966).

Papier- und Dünnschichtchromatographie

26. Zander, M.: Isolierung und Identifizierung aromatischer Kohlenwasserstoffe. In: Houben-Weyl, Methoden der organischen Chemie, 4. Aufl. Stuttgart: Georg Thieme (z. Z. im Druck).
27. Berthold, P. H.: Über Beziehungen zwischen Adsorptionsverhalten und Ringgehalt bei mehrkernigen aromatischen Kohlenwasserstoffen. Erdöl Kohle-Erdgas-Petrochem. **19**, 21—27, 114—117 (1966).
28. Petrowitz, H.-J.: Über den Nachweis mehrkerniger aromatischer Kohlenwasserstoffe mit Hilfe chromatographischer Verfahren. Chemiker-Ztg. **88**, 235—241 (1964).

UV-Spektroskopie

[26]

29. Clar, E.: Polycyclic hydrocarbons, 2 vol. London-New York-Berlin-Göttingen-Heidelberg: Academic Press/Springer 1964.
30. Platt, J. R.: Classification of spectra of cata-condensed hydrocarbons. J. Chem. Phys. **17**, 484—495 (1949).
31. — Isoconjugate spectra and variconjugate sequences. J. Chem. Phys. **19**, 101—118 (1951).
32. Friedel and Orchin: Ultraviolet spectra of aromatic compounds, 1951.

Fluoreszenz- und Phosphoreszenz-Spektroskopie

[25, 26]

33. ZANDER, M.: Phosphorimetry. London and New York: Academic Press (z. Z. im Druck).
34. — Die Anwendung der Phosphoreszenzspektroskopie bei der Analyse von Steinkohlenteerfraktionen. Erdöl Kohle-Erdgas-Petrochem. **19**, 278—281 (1966).
35. — Phosphoreszenzspektroskopie als analytische Methode für aromatische und heterocyclische Verbindungen. Chem.-Ingr.-Tech. **37**, 1010—1021 (1965).

Sonstige Methoden

[26]

36. FRANCK, H.-G.: Die wahre Natur des Steinkohlenteerpechs. Brennstoff-Chem. **36**, 12—20 (1955).
37. WOOD, L. J., and G. PHILLIPS: The constitution and structure of coal-tar pitch. J. Appl. Chem. (London) **5**, 326—338 (1955).
38. GREENHOW, E. J., and J. W. SMITH: The molecular size of coal tar pitch fractions. Fuel **40**, 69—71 (1961).
39. VOLKMANN, E. W.: The structure of coke oven tar. Fuel **38**, 445—468 (1959).
40. KARR jr., C.: Note on determing the arrangement of rings in the polynuclear aromatic compounds of coal tar pitch fractions. Fuel **39**, 119—123 (1960).
41. WOOD, L. J.: Chemical constitution of road tars and coal tar pitches. J. Appl. Chem. (London) **11**, 130—136 (1961).
42. SHULTZ, J. L., R. A. FRIEDEL, and A. G. SHARKEY jr.: Analyses of coal tar pitch by mass spectrometry. Fuel **44**, 55—61 (1965).
43. LAUTERBUR, P. C.: C^{13} nuclear magnetic resonance spectroscopy. I. Aromatic hydrocarbons. J. Am. Chem. Soc. **83**, 1838—1846 (1961).
44. DEWALT jr., C. W., and M. S. MORGAN: Proton magnetic resonance spectrometry in the characterization of coal-tar pitches. Am. Chem. Soc., Div. Fuel Chemistry, Preprints **1962** (Sept.), 33—45.
45. RUITER, E. DE: Experimentelle Beweise für den Polymer-Charakter von Steinkohlenteerpech. Erdöl Kohle-Erdgas-Petrochem. **18**, 625—629 (1965).

II. Eigenschaften und Zusammensetzung der verschiedenen Steinkohlenteere

[1, 2, 4, 8, 10, 14, 24, 25, 36, 37, 38, 39, 40, 42, 44]

46. WESKAMP, W., W. DRESSLER u. E. SCHIERHOLZ: Der Einfluß der Heizzugtemperatur auf die Hochtemperaturverkokung im Horizontalkammerofen bei Schüttbetrieb. Glückauf **98**, 567—577 (1962).
47. — Der Einfluß der rohstofflichen Eigenschaften der Kokskohle auf die Hochtemperaturverkokung im Horizontalkammerofen bei Schüttbetrieb. Glückauf **103**, 215—225 (1967).
48. KRUBER, O., A. RAEITHEL u. G. GRIGOLEIT: Die im Steinkohlenteer mit Sicherheit nachgewiesenen Verbindungen. Erdöl u. Kohle **8**, 637—643 (1955).

49. McNeil, D.: The composition of high temperature coke oven tars. Am. Chem. Soc., 143rd Meeting 13.—18. 1. 1963, Div. Fuel Chemistry, Preprints **7**, No 1, 94—111.
50. Franck, H.-G.: The challenge in coal tar chemicals. Ind. Eng. Chem. **55**, 38—44 (1963).
51. — Entwicklungsmöglichkeiten des Steinkohlenteers als chemische Rohstoffquelle. Brennstoff-Chem. **45**, 1—8 (1964).
52. Lang, K. F.: Neue Verbindungen im Steinkohlenteer. Fortschr. chem. Forsch. **7**, Nr. 1, 172—195 (1966).
53. —, u. I. Eigen: Im Steinkohlenteer nachgewiesene organische Verbindungen. Fortschr. chem. Forsch. **8**, Nr. 1, 91—170 (1967).
54. Kruber, O.: Über die chemische Zusammensetzung der Straßenteer-Ausgangsstoffe Anthracenöl und Pech. Bitumen, Teere, Asphalte, Peche **1**, 177—179 (1950).
55. Lissner, A., u. H.-G. Schäfer: Die Untersuchung des Steinkohlenteerpechs. J. prakt. Chem. **273**, 230—236 (1955).
56. Schäfer, H.-G.: Beiträge zur Kenntnis des Steinkohlenteerpeches. Freiberger Forschungsh. A **51**, 35—66 (1956).
57. Hugel, G.: Untersuchungen an Steinkohlenteerpech. Brennstoff-Chem. **39**, 213—217 (1958).
58. Hotowicka, J., u. A. Lissner: Beziehungen zwischen den Stoffgruppen und Eigenschaften der Steinkohlenteerpeche. Freiberger Forschungsh. A **131**, 54—63 (1960).
59. Volkmann, E. W.: A graphical densimetric method for the structural analysis of polynuclear aromatic hydrocarbons and its application to high-temperature coal-tar pitches and pitch fractions. Fuel **39**, 455—462 (1960).
60. Smith, J. W., and G. Sugowdz: New evidence on molecular size of coal-tar pitch fractions. Fuel **40**, 143—145 (1961).
61. Chistyakov, A. N.: The formation of polycyclic hydrocarbons of coal tar pitch. Koks i Khim. **1965**, No. 6, 55—58.
62. Greenhow, E. J., and G. Sugowdz: The distribution of oxygen-containing functional groups in pitch from a high-temperature coal tar. Australian J. Appl. Sci. **12**, 246—254 (1961).
63. Ferrand, R.: Applications of gas chromatography to the study of coal tar. Chim. anal. **45**, 133—134 (1963).

Verarbeitung des Steinkohlenteers

I. Destillation des Teers

[1, 4, 6, 22]

64. Eisler, O., Z. Zamrzla u. M. Weinkopf: Ununterbrochene Teerdestillation mit Röhrenofen der Bauart Koppers. Glückauf **72**, 184—188 (1936).
65. Gesellschaft für Teerverwertung mbH: Stetige Trennung von Teeren. D.R.P. 767001 vom 4. 2. 1942/2. 4. 1951.
66. Fischer, W.: Stetige Destillation des Vielstoffgemisches Steinkohlenteer. Verfahrenstechnik, Beih. Z. Ver. deut. Ingr. **1**, 13—20 (1944).
67. — Teerdestillation. Tech. Mitt. **48**, 213—222 (1955).

68. Gesellschaft für Teerverwertung mbH: Kontinuierliche Destillation von ammoniumchloridhaltigen Teeren. D.B.P. 956308 vom 10. 12. 1952/ 17. 1. 1957.
69. Rütgerswerke AG: Kontinuierliche Rektifikation von Steinkohlenteeren. DBP 940165 vom 15. 5. 1949/6. 5. 1959.
70. — Kontinuierliche Gewinnung von weitgehend angereicherten Bestandteilen des Steinkohlenteers durch fraktionierte Destillation in Rektifizierkolonnen. DBP 948243 vom 17. 1. 1950/30. 8. 1956.
71. Wilson jr., P. J., and J. H. Wells: Coal, coke, and coal chemicals. New York 1950.
72. Anonym: Continuous tar distillation with the new Wilton pipe still. Gas J. **286**, 277—278 (1956).
73. Thomas, B. E. A., and J. G. D. Molinari: The chemical engineering of tar works. Gas J. **304**, 19—30 (1960).
74. Privalov, V. E., J. P. Isaenko, V. N. Novikov, M. G. Gaisarov, F. A. Mustafin, and G. V. Khomutinkin: Distillation of coal tar on a single-column unit. Koks i Khim. **1964**, No. 12, 34—38.
75. Société pour l'Exploitation des procédés Ab-der-Halden: Improvements in or relating to a process of continually distilling tars. Brit. P. 961237 vom 28. 3. 1962/17. 6. 1964. Franz. P. 876795 vom 23. 10. 1961.
76. Mayoh, L. B.: Preparation of crude tar for sale. Gas Times **84**, 141—144 (1955).
77. Turnbull, H. S.: Fractionation of crude coal tar through modern processing plant. Blast Furnace Steel Plant **50**, 411—414 (1962).
78. Anonym: Beckton's by-products. Gas World **149**, 734—737 (1959).
79. Fritz, W.: Das Hüttenwerk Rourkela der Hindustan Steel Ltd. im Rahmen der Industrialisierung Indiens. Gas- u. Wasserfach, Ausg. Gas **100**, 1217—1225 (1959).
80. Anonym: Canada's first continuous tar distilling plant. Gas World **151**, 323—324 (1960).
81. Loyen, P. v., u. O. M. Stührmann: Steinkohlenteer-Destillation und -Weiterverarbeitung in Linz. Erdöl Kohle-Erdgas-Petrochem. **13**, 758—760 (1960).
82. Ermolov, L. N.: Tar distillation without live steam. Koks i Khim. **1966**, No. 8, 36—38.

II. Verarbeitung des Pechs

[1, 4]

Pechauskühlung

83. Gelsenkirchener Bergwerks-AG: Überführen von geschmolzenem Pech in den festen kleinstückigen Zustand. D.R.P. 743678 vom 6. 9. 1941/ 30. 5. 1944.
84. Rütgerswerke AG: Überführen von geschmolzenem Pech aus dem flüssigen in den festen Zustand. D.B.P. 976913 vom 2. 6. 1954/ 11. 2. 1965.
85. Gesellschaft für Teerverwertung mbH: Bildung von festen Kügelchen aus Schmelzen von bei gewöhnlicher Temperatur festen Stoffen durch Einlaufenlassen der Schmelze in ein Kühlmittel. D.B.P. 1108669 vom 28. 7. 1958/18. 6. 1964.

86. Rütgerswerke und Teerverwertung AG: Granulierung schmelzbarer, bei gewöhnlicher Temperatur fester Stoffe. D.B.P. 1157202 vom 18. 4. 1961/13. 1. 1966.
87. Koppers Company Inc.: Converting fusible materials, solid at ordinary temperatures, into spherical granules. U.S.P. 3060510 vom 12. 6. 1961/30. 10. 1962.
88. Anonym: The use of steel band cooling conveyors in pitch production. Coke and Gas **1959**, 336—340.

Herstellung von Elektrodenpech

Thermische Verfahren

89. Rütgerswerke und Teerverwertung AG: Herstellung von Pechen mit hohem Verkokungsrückstand aus Steinkohlenteeren. D.B.P. 1182247 vom 27. 4. 1959/25. 11. 1965.
90. Rütgerswerke AG: Preparation of coal tar pitches. Brit. P. 858132 vom 16. 10. 1957/4. 1. 1961.
91. Rütgerswerke und Teerverwertung AG: Manufacture of hard pitches. Brit. P. 979507 vom 18. 1. 1961/6. 1. 1965.
92. Koppers Company Inc.: Improvements in or relating to process and apparatus for upgrading tars and pitches. Brit. P. 828116 vom 19. 11. 1957/17. 2. 1960.
93. Société pour l'Exploitation des Procédés Ab-der-Halden: Method of preparing pitch used in the manufacture of electrodes. Brit. P. 957578 vom 17. 4. 1962/6. 5. 1964.
94. Stepanenko, M. A., N. I. Matusyak, A. T. Movchan, and P. L. Saltan: Electrode pitch manufacture by thermal treatment. Koks i Khim. **1965**, No. 12, 20—23.
95. Chemical Engineering Wiltons Ltd.: Thermal treatment of pitch and similar binders. Brit. P. 898576 vom 7. 4. 1959/14. 6. 1962.
96. — Treatment of coal-tar residuals. Brit. P. 905775 vom 10. 12. 1959/12. 9. 1962.
97. The Coal Tar Research Association: Thermal treatment of pitch. Brit. P. 966390 vom 5. 10. 1962/12. 8. 1964.

Sonstige Verfahren

98. Croy, F.: Manufacture of electrode pitches. U.S.P. 2864760 vom 26. 11. 1954/16. 12. 1958.
99. Chemische Fabrik Badenia Philipp Keilmann oHG: Herstellung von Pechen mit einem verhältnismäßig hohen Gehalt an Gelharzen (C II-Harzen). D.B.P. 915132 vom 9. 11. 1951/15. 7. 1954. D.B.P. 916969 vom 16. 6. 1951/23. 8. 1954.
100. The Midland Tar Distillers Ltd. und The British Aluminium Company Ltd.: Herstellung von Mischpechen. D.A.S. 1051438 vom 5. 12. 1955/26. 2. 1959.
101. Vereinigte Aluminium-Werke AG: Verbesserung teerartiger Bindemittel für die Herstellung von Kunstkohlekörpern. D. Patentanm. V 6465/80b vom 2. 11. 1953/20. 10. 1955.
102. Farbwerke Hoechst AG: Rückstellmittel des Bindepechs für die Herstellung von Kohleformkörpern. D.A.S. 1102030 vom 3. 12. 1959/9. 3. 1961.

103. Chemical Engineering Wiltons Ltd.: Binders for carbon articles. Brit. P. 899598 vom 10. 12. 1959/27. 6. 1962.

Herstellung von Spezialpechen

Hartpech

104. Gesellschaft für Teerverwertung mbH: Gewinnung von Pech aus Steinkohlenteeren, Steinkohlenteerölen und Steinkohlenteerrückständen. D.R.P. 617435 vom 9. 6. 1932/19. 8. 1935.
105. — Gewinnung von aschearmem Hartpech. D.R.P. 639337 vom 17. 10. 1934/3. 12. 1936.
106. — Herstellung von Hartpech. D.R.P. 642437 vom 16. 7. 1935/4. 3. 1937.
107. — Herstellung von Hartpech. D.R.P. 670187 vom 9. 4. 1936/13. 1. 1939.
108. Bergbau-AG Lothringen: Herstellung von Hartpech durch Destillation von Teeren unter Durchleiten von Abgasen. D.B.P. 914008 vom 25. 11. 1942/24. 6. 1954.
109. Stepanenko, M. A., u. N. I. Matusjak: Vorbereitung von Pech zur Erzeugung von Pechkoks. Koks i Khim. **1956**, Nr. 4, 55—59.
110. Tkatschenko, N. A., u. I. G. Schkurowski: Die Verarbeitung von Teer zur Gewinnung von Hartpech auf kontinuierlichem Wege. Koks i Khim. **1956**, Nr. 8, 44—47.
111. Niewiadomski, T.: Das Problem der Pechverblasung. Koks, Smoła, Gaz **1957**, 108—114.
112. Dobrowolskij, I. P., u. L. M. Patrikeewa: Verwertung von Pechdestillaten zur Gewinnung von Hochtemperaturpech. Koks i Khim. **1961**, Nr. 4, 48—50.
113. — A. R. Kostenko u. A. P. Tscherwow: Verbesserte Vorbereitung von Pech für die Verkokung. Koks i Khim. **1961**, Nr. 8, 33—34.

Plastifizierte Peche

114. Kohle- und Eisenforschung GmbH: Leitungsrohre für Trinkwasser. D.R.P. 748034 vom 8. 3. 1940/8. 11. 1951.
115. Mannesmannröhren-Werke: Erzeugung von bitumenähnlichen Stoffen aus Steinkohle. D.R.P. 752577 vom 7. 10. 1939/16. 2. 1953.
116. Kohle- und Eisenforschung GmbH und Gelsenkirchener Bergwerks-AG: Herstellung von Teerpechmassen durch Weichmachen (Fluxen) von Hartpechen. D.R.P. 754071 vom 12. 7. 1941/20. 10. 1952.
117. — — Verwendung von plastischen Massen aus Steinkohlenteerpechen. D.R.P. 763115 vom 2. 12. 1937/20. 10. 1952.
118. Eisenwerke Gelsenkirchen AG und Gelsenkirchener Bergwerks-AG: Herstellung von Straßenbaustoffen. D.B.P. 885827 vom 31. 3. 1938/10. 8. 1953.
119. Gelsenkirchener Bergwerks-AG: Herstellung von Kunststoffen aus zu fluxenden Steinkohlenteerpechen. D.B.P. 914675 vom 22. 8. 1940/8. 7. 1954.
120. Gesellschaft für Teerverwertung mbH: Herstellung einer plastischen Masse aus Steinkohlenteerpech. D.B.P. 941308 vom 14. 12. 1939/5. 4. 1956.

121. — Herstellung von pechhaltigen Massen. D.B.P. 945499 vom 8. 11. 1940/12. 7. 1956.
122. — Herstellung von Bindemitteln auf Steinkohlenteerpechgrundlage. D.B.P. 968357 vom 20. 12. 1952/6. 2. 1958.
123. Gelsenkirchener Bergwerks-AG: Korrosionsschutzmassen, insbesondere für den Schutz von Rohrleitungen und Behältern. D.B.P. 1175812 vom 3. 2. 1959/1. 4. 1965.
124. Meyer, K.: Steinkohlenteer-Sonderpeche und ihre Verwendung für den Korrosions- und Bautenschutz unter besonderer Berücksichtigung des Rohrschutzes. Erdöl u. Kohle **6**, 619—623 (1953).
125. Raudenbusch, H.: Rohrschutz für die erste große deutsche Ölleitung. Bitumen, Teere, Asphalte, Peche **9**, 375—376 (1958).
126. Walther, H.: Steinkohlenteerpeche für den Korrosionsschutz von Pipelines. Bitumen, Teere, Asphalte, Peche **13**, 176—177 (1962).
127. Kohle- und Eisenforschung GmbH: Korrosionsschutzmasse für Eisen und Stahl. D.R.P. 752812 vom 23. 1. 1940/17. 11. 1952.
128. — Herstellung plastischer Massen aus Steinkohlenteererzeugnissen und Polyvinylverbindungen. D.R.P. 757293 vom 18. 7. 1939/8. 11. 1951.
129. Koppers Comp. Inc.: Fugenkitt, besonders für Dehnungsfugen auf Rollfeldern. U.S.P. 2697697 vom 24. 11. 1952/21. 12. 1954.
130. Orangeburg Manufacturing Comp. Inc.: Plastic compositions from vinyl chloride polymers, and coal-tar pitch. U.S.P. 2715615 vom 3. 9. 1952/16. 8. 1955.
131. Pittsburgh Coke and Chemical Comp.: Bituminous coating compositions from pitch and epoxy ether resins. U.S.P. 2765288 vom 28. 12. 1954/2. 10. 1956.
132. Semtex Ltd.: Modifizierte Teermischung. Brit. P. 850364 vom 3. 5. 1956/5. 10. 1960.
133. Koppers Comp. Inc.: Epoxy resin/Tar compositions. Brit. P. 910961 vom 13. 1. 1959/17. 10. 1962; U.S. Prior. 13. 1. 1958.
134. Winn and Coales Ltd.: Protective coatings, especially for the manufacture of coated tapes. Belg. P. 613275 vom 15. 2. 1962; Brit. Prior. 31. 1. 1961.
135. Dresser Industries Inc.: Bonding bituminous enamel to metallic pipe. U.S.P. 3024130 vom 4. 3. 1959/6. 3. 1962.
136. Allied Chemical Corp.: Chlorinated polyethylene-coal-tar pitch compositions. U.S.P. 3031426 vom 30. 10. 1959/24. 4. 1962.
137. Koppers Comp. Inc.: Bituminous coating. U.S.P. 3128261 vom 16. 12. 1960/7. 4. 1964.
138. Gelsenkirchener Bergwerks-AG: Epoxyharz-Steinkohlenteersonderpech-Kombinationen für korrosionsschützende thixotrope Anstrichmittel. D.A.S. 1165791 vom 9. 3. 1959/19. 3. 1964.
139. Wood, L. J.: The properties of tar-polymer mixtures. J. Appl. Chem. (London) **11**, 144—150 (1961).
140. Depke, F. M.: Kombinationen von bituminösen Rohstoffen mit Kunststoffen. Erdöl Kohle-Erdgas-Petrochem. **15**, 535—538 (1962).
141. Fiebach, K.: Die Epoxydharz-Teerkombination, ein neues Bautenschutzmittel. Bitumen, Teere, Asphalte, Peche **16**, 12—17 (1965).
142. Whittier, F.: Epoxy-coal tar mixtures. In: A. J. Hoiberg, Bituminous materials: Asphalts, tars, and pitches, vol. 3, p. 229—250. NewYork-London-Sydney: Interscience Publ. 1966.

Gießereipech

143. WALLACE, B. P.: Foundry and other binder pitches. In: A. J. HOIBERG, Bituminous materials: Asphalts, tars, and pitches, vol. 3, p. 385—396. New York-London-Sydney: Interscience Publ. 1966.

Sonstige Peche

144. RHODES, E. O.: Die Erzeugung und Verwendung von Steinkohlenteer-Rückständen in den Vereinigten Staaten. Erdöl u. Kohle **4**, 57—63 (1951).
145. Gelsenkirchener Bergwerks-AG: Herstellen stabiler wässeriger Dispersionen. D.B.P. 959044 vom 1. 1. 1952/19. 2. 1953.
146. — Herstellung wäßriger Dispersionen auf der Grundlage von Steinkohlenteerpech. D.B.P. 966225 vom 30. 6. 1955/9. 5. 1956.
147. — Herstellen wäßriger Dispersionen auf der Grundlage von Steinkohlenteerpech. D.B.P. 966371 vom 31. 5. 1952/22. 9. 1955.
148. — Herstellung von wäßrigen Bitumendispersionen. Franz. P. 1069315 vom 31. 12. 1952/6. 7. 1954.
149. Paul Lechler oHG: Emulsionen aus Teerpech und ähnlichen Bindemitteln. D.B.P. 805764 vom 11. 11. 1949/28. 5. 1951.
150. — Emulsionen von Pech-Bitumen-Gemischen für Überzüge und bautechnische Zwecke. D.B.P. 1079530 vom 24. 3. 1956/4. 5. 1961.
151. Gesellschaft für Teerverwertung mbH: Steinkohlenteerweichpech-Emulsion vom Typ Öl-in-Wasser für Straßenbau- und Bauzwecke. D.B.P. 1080468 vom 7. 1. 1957/31. 5. 1961.
152. OETEREN, K. A. VAN: Moderner Korrosionsschutz für Stahl und Beton. Bitumen, Teere, Asphalte, Peche **13**, 534 (1962).

Pechverkokung

153. Koppers Development Corp.: Gewinnung von möglichst reiner Retortenkohle aus Pech. U.S.P. 1715240 vom 31. 8. 1921/28. 5. 1929.
154. The American Tar Products Comp.: Verkoken bituminöser Stoffe, wie Pech, Teer oder dgl. D.R.P. 580632 vom 14. 3. 1929/14. 7. 1933.
155. Gesellschaft für Teerverwertung mbH: Verkokung von Pech in Koksofenkammern. Franz. P. 716402 vom 1. 5. 1931/21. 12. 1931.
156. American Tar Products Comp. Inc.: Beschicken von Koksöfen mit verkokbarem Gut in flüssiger Form. D.R.P. 632477 vom 18. 10. 1931/8. 7. 1936.
157. Verkaufsvereinigung für Teererzeugnisse GmbH: Gewinnung eines zum Herstellen von Elektroden geeigneten Kokses. D.R.P. 644319 vom 21. 8. 1932/28. 4. 1937.
158. Dr. C. Otto & Comp. GmbH: Verkoken von Pech. D.R.P. 703543 vom 25. 7. 1936/11. 3. 1941.
159. Heinrich Koppers GmbH: Beschicken von Verkokungsöfen mit flüssigem, verkokbarem Gut. D.R.P. 704816 vom 23. 12. 1937/9. 4. 1941.
160. — Koksofenanlagen zur Erzeugung von Pechkoks. D.R.P. 705576 vom 8. 8. 1939/3. 5. 1941.
161. — Gutumlauf bei Anlagen zum Verkoken bituminöser Stoffe. D.R.P. 720642 vom 30. 10. 1940/11. 5. 1942.
162. — Destillation von Pech u. dgl. D.R.P. 746186 vom 10. 6. 1941/15. 6. 1944.

163. — Erzeugung von Pechkoks in Koksofenanlagen. D.R.P. 752915 vom 17. 8. 1939/6. 10. 1952.
164. — Pechverarbeitung. Belg. P. 446126 vom 25. 6. 1942/16. 4. 1943. D. Prior. 9. 6. 1941.
165. — Pechdestillation. Franz. P. 883956 vom 7. 7. 1942/28. 7. 1943. D. Prior. 9. 6. 1941.
166. Kohlenwertstoff-AG, Gruppe Vertrieb für Teererzeugnisse: Herstellen zinkarmer Pechkokse. D.B.P. 828397 vom 25. 4. 1950/17. 1. 1952.
167. — Herstellen zinkarmer Pechkokse. D.B.P. 831541 vom 20. 4. 1950/14. 2. 1952.
168. Rütgerswerke und Teerverwertung AG: Herstellung zinkarmen bzw. zinkfreien Pechkokses. D.A.S. 1227865 vom 10. 11. 1959/3. 11. 1966.
169. Hilgenstock, P.: Zehn Jahre Pechverkokung. Glückauf **73**, 617—624 (1937).
170. Rosendahl, F.: Pechverkokung. Bitumen, Teere, Asphalte, Peche **3**, 104—106, 126—128, 155—156 (1952).
171. Demann, W.: Pechverkokung. In: Ullmanns Encyklopädie der technischen Chemie, 3. Aufl., Bd. 10, S. 355—360. München u. Berlin: Urban & Schwarzenberg 1958.
172. Osthaus, H. K.: Die Erzeugung von Pechkoks. Koppers-Mitt. **1960**, Nr. 3, 115—119.
173. Peresadenko. J. N.: Der Betrieb der Pechkoksöfen in der Kokerei Saporoshje. Koks i Khim. **1957**, Nr. 7, 24—26.
174. Gorowoj, G. P.: Der Einfluß der Verkokungstemperatur des Pechs auf die Ausbeute an Pechkoks. Koks i Khim. **1957**, Nr. 12, 30—31.
175. Boev, I. Ja.: Die Füllweise der Pechkoksöfen. Koks i. Khim. **1961**, Nr. 7, 28—29.
176. Cholopcev, V. P., I. P. Dobrovolskij, V. E. Nejžmak u. A. N. Dubovik: Verbesserung der Verfahrenstechnik bei der Erzeugung von Elektrodenkoks. Koks i Khim. **1961**, Nr. 7, 29—32.
177. Šemerjankin, B. V., I. P. Dobrovolskij, I. K. Kostjunin, L. V. Kopeliovič u. A. N. Dubovik: Wege zur Verringerung der Porosität des Pechkokses. Koks i Khim. **1962**, Nr. 2, 25—29.
178. Das Gupta, N. N., K. Raja, B. N. Sharma, R. Haque, and A. Lahiri: Production of pitch coke. Coke and Gas **24**, 342—347 (1962).
179. Šebelik, V., u. M. Maršálek: Erzeugung von Pechkoks aus einem flüssigen Einsatz von Steinkohlenteerpech. Hutnické listy **17**, Nr. 1, 43—48 (1962).
180. Jurkiewicz, J., u. S. Tengler: Physikalische und chemische Veränderungen der Pechkokse in Abhängigkeit von der Verkokungstemperatur. Koks, Smoła, Gaz **8**, 38—41 (1963).
181. Elkind, I. S.: Starting up a pitch-coke plant. Koks i Khim. **1965**, No. 4, 36—38.
182. Kalyanov, K. G.: Die Konstruktion und der Betrieb von Pechkoksöfen. Koks i Khim. **1965**, Nr. 6, 36—39.
183. Rustschew, D. D., G. K. Schopov, P. Dragostinov, V. Konstantinowa u. P. Nankowa: Über die Herstellung von Hartpech und Pechkoks. Erdöl Kohle-Erdgas-Petrochem. **20**, 19—24 (1967).
184. Dr. C. Otto & Comp. GmbH: Pechverkokung. It. P. 356538 vom 30. 11. 1937. D. Prior. 30. 12. 1936.
185. — Pechverkokung. D.R.P. 713288 vom 20. 1. 1940/5.11. 1941.

186. Niederschlesische Bergbau-AG: Pechverkokung. D.R.P. 692629 vom 25. 9. 1937/24. 6. 1940.
187. — Pechverkokung. D.R.P. 705860 vom 14. 7. 1938/12. 5. 1941.
188. Bergbau-AG Lothringen: Verkoken bituminöser Stoffe wie Pech, Teer, Kohle u. dgl. D.R.P. 740511 vom 11. 5. 1941/22. 10. 1943.
189. Rütgerswerke AG: Kontinuierliches Hochtemperaturverkoken von Ölen, Pechen oder dgl. D.B.P. 966533 vom 1. 11. 1949/22. 8. 1957.
190. Koppers Comp. Inc.: Erzeugen von feinkörnigem Koks aus bituminösen Brennstoffen. D.B.P. 968423 vom 8. 12. 1949/13. 2. 1958.
191. Karawajew, N. M.: Die Verkokung von Steinkohlenteerpech in der Wirbelschicht von Koks. Koks i. Khim. **1958**, Nr. 10, 29—33.
192. Stepanenko, M. A.: Zur Frage der Einführung der kontinuierlichen Methode zur Verkokung von Steinkohlenteerpech. Koks i Khim. **1959**, Nr. 12, 27—30.
193. Union Carbide Corp.: Herstellen von Koks aus pechähnlichen Stoffen. D.B.P. 1084690 vom 21. 11. 1955/1. 12. 1960. U.S. Prior. 9. 12. 1954.
194. Uemaki, O., u. M. Kugo: Kontinuierliche Verkokung von Teerpech im Fließbett. Kôgyô Kagaku Zasshi **68**, 129—134 (1965).
195. Siemens-Planiawerke AG für Kohlefabrikate: Bildung für die Herstellung von Graphitformkörpern, insbesondere für Elektroden geeignetem Pechkoks aus Steinkohlenteerpech. D.A.S. 1047701 vom 24. 1. 1957/24. 12. 1958.
196. Great Lakes Carbon Corp.: Koks mit nadelförmiger Struktur. Franz. P. 1174874 vom 9. 5. 1957/17. 3. 1959.
197. Verkaufsvereinigung für Teererzeugnisse AG: Herstellung eines Spezialkokses aus Steinkohlenteerprodukten. D. B. P. 1189517 vom 3. 4. 1957/11. 11. 1965.
198. Siemens-Planiawerke AG für Kohlefabrikate: Herstellung eines graphitierbaren Kokses. D.A.S. 1211126 vom 17. 4. 1957/26. 2. 1966.
199. Verkaufsvereinigung für Teererzeugnisse AG: Herstellung von Spezialkoks aus Steinkohlenteerprodukten durch Hochtemperaturverkokung. D. Patentanm. V 12923 VI/10a vom 14.8.1957.
200. — Herstellung eines Kokses durch Verkoken von Hartpech. D. Patentanm. G 23540 IVd/12r vom 20. 1. 1964.

III. Aufarbeitung der Teerölfraktionen

[1, 22]

Anthracenöl

201. Gesellschaft für Teerverwertung mbH: Anthracen. BIOS-Rep. **25**, 84 (1950).
202. Vetrocoke Società anon.: Continuous crystallization for tar oils, such as naphthalene and anthracene oils. It. P. 422940 vom 2. 7. 1947. Brit. P. 634225 vom 10. 6. 1947/15. 3. 1950.
203. Franck, H.-G.: Die wahre Natur der technischen Teeröle. Brennstoff-Chem. **34**, 37—45 (1953).
204. Letort, M.: Now — make jet fuels from coal. Hydrocarbon Proc. Petroleum Refiner **41**, No. 7, 83—88 (1962).

205. —, and G. Roy: Supersonic fuel from coal. New Scientist **1965**, 344—346.

206. Gesellschaft für Teerverwertung mbH: Gewinnung eines Anthracenproduktes mit einem Gehalt von 40% und mehr Anthracen. D.B.P. 1081899 vom 17. 4. 1956/24. 11. 1960.

207. — Gewinnung von Anthracen und Carbazol aus Anthracenrückständen und Anthracenrohprodukten. D.B.P. 966864 vom 23. 11. 1951/12. 9. 1957.

208. I. G. Farbenindustrie AG Leverkusen: Gewinnung von Anthracen und Carbazol aus Rohanthracen. FIAT Final Rep. Nr. 1313, Vol. II, S. 18.

209. Stamicarbon N. V.: Separating anthracene and carbazole from crude anthracene. Brit. P. 726860 vom 5. 5. 1953/23. 3. 1955.

210. Gluzman, L. D.: Gewinnung von hochprozentigem Anthracen und Carbazol aus dem Rohanthracen durch Kristallisation aus Lösungsmitteln. Koks i Khim. **1958**, Nr. 4, 35—42.

211. Isaenko, I. P., u. T. M. Markaczewa: Ein neues Verfahren zur Gewinnung reinen Anthracens und Carbazols. Koks i Khim. **1958**, Nr. 12, 35—41.

212. Union Rheinische Braunkohlen Kraftstoff AG: Reinigung von Rohanthracen mit Lösungsmitteln. D.A.S. 1046002 vom 19. 3. 1957/11. 12. 1958.

213. Jurkiewicz, J., u. K. Wiszniowski: Die Anreicherung von Rohanthracen. Koks, Smoła, Gaz **5**, 117—121 (1960).

214. Kula, J., W. Kuszka u. H. Šmigielski: Gewinnung von Anthracen mit Hilfe selektiver Extraktion bei niedriger Temperatur. Koks, Smoła, Gaz **5**, 156—165 (1960).

215. Soc. Chimique de Gerland S. A.: Trennung der Bestandteile von Anthracenöl. Franz. P. 976773 vom 18. 10. 1948/22. 3. 1951.

216. Bellet, E.: Ein neues Verfahren der Aufarbeitung von Anthracenrückständen und Herstellung von reinem Phenanthren, Anthracen und Carbazol. Compt. rend. congr. ind. gaz **68**. Congr. Paris 1951, p. 859—863.

217. Sizmann, R.: Herstellung von reinstem Anthracen durch azeotrope Destillation mit Äthylenglykol. Angew. Chem. **71**, 243—245 (1959).

218. Gesellschaft für Teerverwertung mbH: Aufarbeiten von Anthracenöl. D.B.P. 963428 vom 12. 12. 1951/9. 5. 1957.

219. — Reinigung von Phenanthren. D.B.P. 806437 vom 5. 7. 1949/14. 6. 1951.

220. Rütgerswerke AG: Reinigung von Phenanthren. D.B.P. 814441 vom 1. 11. 1949/24. 9. 1951.

221. Gesellschaft für Teerverwertung mbH: Herstellung von anthracenfreiem Phenanthren. D. B. P. 960895 vom 13. 4. 1945/28. 3. 1957.

222. Gluzman, L. D.: Gewinnung von Phenanthren mit verschiedenem Reinheitsgrad. Koks i Khim. **1959**, Nr. 2, 39—42.

223. Rusjanova, N. D., M. V. Goftman, Z. K. Gordeeva, A. N. Zubok u. G. V. Chomutinkin: Gewinnung hochprozentigen Phenanthrens. Koks i Khim. **1961**, Nr. 7, 48—52.

224. Gesellschaft für Teerverwertung mbH: Herstellung von reinem Phenanthren durch Behandeln von technischem Phenanthren mit Natrium und Maleinsäureanhydrid. D.B.P. 1164385 vom 15. 5. 1961/17. 9. 1964.

225. Blaustein, B. D., and S. J. Metlin: Use of sodium to remove anthracene and other impurities from phenanthrene. Anal. Chem. **37**, 295—296 (1965).
226. Gesellschaft für Teerverwertung mbH: Gewinnung von Diphenylensulfid. D.B.P. 832156 vom 2. 7. 1950/21. 2. 1952.
227. Feldman, J., and M. Orchin: Purification of phenanthren by azeotropic distillation. U.S.P. 2590096 vom 14. 3. 1951/25. 3. 1952.
228. Union Oil Co. of California: Resolution of anthracene oils by using zeolitic molecular-sieve adsorbents. U.S.P. 2967896 vom 3. 3. 1959/10. 1. 1961.
229. Rütgerswerke AG: Gewinnung und analytisches Schnellverfahren zur Bestimmung von Acridin. D.R.P. 688335 vom 15. 11. 1938/17. 2. 1940. D.R.P. 688336 vom 15. 11. 1938/17. 2. 1940.
230. Gesellschaft für Teerverwertung mbH: Destillative Gewinnung von hochsiedenden Aromaten aus Teerölen bzw. Teerölfraktionen. D.B.P. 963334 vom 13. 11. 1951/9. 5. 1957.
231. Rütgerswerke AG: Gewinnung von Diphenylenoxid, Fluoren und Fluoranthen aus Teerfraktionen. D.R.P. 719374 vom 21. 9. 1938/8. 4. 1942.
232. Gesellschaft für Teerverwertung mbH: Entfärben von gereinigten, hochsiedenden Teerkohlenwasserstoffen. D.R.P. 735322 vom 7. 7. 1935/1.6.1943.
233. — Gewinnung reiner Teerkohlenwasserstoffe. D.B.P. 817150 vom 5. 7. 1949/15. 10. 1951.
234. Rütgerswerke und Teerverwertung AG: Reinigung von Pyren von färbenden Verunreinigungen. D.B.P. 1189961 vom 7. 9. 1962/11. 11. 1965.
235. Bal, S.: Über Abscheidung und Reinigung von Fluoranthen aus hochsiedenden Kohlenteerfraktionen. Koks, Smoła, Gaz **6**, 6—18 (1961).
236. Gluzman, L. D., u. A. G. Nikitenko: Über die Isolierung von Fluoranthen. Zhur. Priklad. Khim. **34**, 626—628 (1961).
237. Szuba, J., u. U. Śnieżek: Eigenschaften, Gewinnung und Anwendung von Pyren. Przemysł Chem. **12** (**35**), 610—616 (1957).
238. Gluzman, L. D., A. G. Nikitenko u. R. M. Cin: Die Erzeugung technischen Pyrens. Koks i Khim. **1961**, Nr. 1, 52—55.
239. Gesellschaft für Teerverwertung mbH: Gewinnung von Chrysen. D.R.P. 760563 vom 20. 7. 1941/8. 6. 1953.
240. — Reinigung von Chrysen. D.B.P. 807682 vom 19. 6. 1949/2. 7. 1951.

Waschöl

241. Gesellschaft für Teerverwertung mbH: Gewinnung von Indol aus Steinkohlenteerölen. D.R.P. 223304 vom 10. 7. 1909/18. 6. 1910.
242. — Herstellung von reinem Indol aus Steinkohlenteerölen. D.R.P. 454696 vom 21. 1. 1927/16. 1. 1928.
243. — Gewinnung von Diphenyl aus Steinkohlenteerfraktionen. D.R.P. 639354 vom 28. 10. 1930/3. 12. 1936.
244. — Gewinnung von Indol. D.B.P. 812079 vom 7. 3. 1950/27. 8. 1951.
245. — Gewinnung von Diphenyl und/oder Indol aus Steinkohlenteerölfraktionen. D.B.P. 832155 vom 2. 7. 1950/21. 2. 1952.
246. — Gewinnung von nebengeruchfreiem Steinkohlenteer-Indol. D. B. P. 908021 vom 14. 10. 1942/1. 4. 1954.

247. Union Carbide Corp.: Recovery of indoles from hydrocarbon mixtures. U.S.P. 2837531 vom 9. 5. 1955/3. 6. 1958.
248. — Indole recovery from coal tar light oils. U.S.P. 2916496 vom 9. 5. 1955/8. 12. 1959.
249. — Indole recovery by azeotropic distillation with kerosine. U.S.P. 2916497 vom 9. 5. 1955/8. 12. 1959.
250. Gesellschaft für Teerverwertung mbH: Gewinnung von Steinkohlenteer-Indol. D.B.P. 1077665 vom 15. 11. 1956/8. 9. 1960.
251. Houdry Process Corp.: Purification of indole and skatole. U.S.P. 2982771 vom 8. 8. 1957/2. 5. 1961.
252. Union Rheinische Braunkohlen Kraftstoff AG: Abtrennung und Gewinnung von heterocyclischen Verbindungen aus Steinkohlenhochtemperaturteerfraktionen. D.B.P. 1218451 vom 5. 9. 1957/22. 12. 1966.
253. Gesellschaft für Teerverwertung mbH: Gewinnung reiner Dimethylnaphthaline. D.R.P. 301079 vom 3. 8. 1916/8. 10. 1917.
254. — Gewinnung von 1.2-Dimethylnaphthalin. D.B.P. 862882 vom 25. 7. 1951/15. 1. 1953.
255. Schneider, A.: 2.6-Dimethylnaphthalene. U.S.P. 3243469 vom 17. 11. 1960/29. 3. 1966.
256. Gesellschaft für Teerverwertung mbH: Gewinnung von Acenaphthen aus Steinkohlenteerölen. D.R.P. 277110 vom 8. 11. 1913/24. 7. 1914.
257. Jurkiewicz, J., J. Janczur u. H. Laskowska: Gewinnung von reinem Acenaphthen. Koks, Smoła, Gaz **3**, 42—47 (1958).
258. — — Kurze Monographie des Acenaphthens. Koks, Smoła, Gaz **4**, 97—101 (1959).
259. Rütgerswerke AG: Gewinnung von Diphenylenoxid aus Steinkohlenteer. D.R.P. 451536 vom 6. 12. 1925/28. 10. 1927.
260. Gesellschaft für Teerverwertung mbH: Gewinnung von Diphenylenoxid. D.R.P. 491594 vom 17. 11. 1928/13. 2. 1930.
261. — Gewinnung von Diphenylenoxid. D.B.P. 839040 vom 13. 9. 1950/15. 5. 1952.
262. — Gewinnung von Fluoren aus fluorenhaltigen Materialien durch Überführung in eine von unveränderten Kohlenwasserstoffen abtrennbare Alkaliverbindung. D.R.P. 203312 vom 11. 2. 1908/24. 10. 1908.
263. — Gewinnung von Fluoren aus fluorenhaltigen Materialien durch Überführung in eine von unveränderten Kohlenwasserstoffen abtrennbare Alkaliverbindung. D.R.P. 209432 vom 13. 10. 1908/8. 5. 1909.
264. Juzwa, S.: Abtrennung und Reinigung von Fluoren. Koks, Smoła, Gaz **7**, 110—117 (1962).
265. Wagner, O.: Gewinnung von reinem Chinolin aus dem Rohchinolin des Steinkohlenteers. D.R.P. 451590 vom 31. 10. 1925/28. 10. 1927.
266. Gesellschaft für Teerverwertung mbH: Gewinnung von reinem Chinolin aus Steinkohlenteer. D.B.P. 910166 vom 28. 10. 1942/29. 4. 1954.
267. — Gewinnung von technischem Chinolin. D.B.P. 1051854 vom 18. 7. 1955/27. 8. 1959.
268. — Gewinnung von technisch reinem bzw. nahezu reinem Chinolin bzw. Chinaldin sowie gegebenenfalls von Isochinolin. D.B.P. 1067817 vom 11. 10. 1955/14. 4. 1960.

269. Oberkobusch, R.: Neuere Entwicklungen in der technischen Gewinnung reiner Steinkohlenteerbasen. Brennstoff-Chem. **40**, 145—151 (1959).
270. Gesellschaft für Teerverwertung mbH: Gewinnung von technisch reinem bzw. reinstem Lepidin aus den gereinigten Chinolinbasennachläufen des Steinkohlenteers. D.B.P. 1110644 vom 3. 9. 1956/15. 2. 1962.

Naphthalinöl

271. Rheinelbe Bergbau AG und Heinrich Koppers GmbH: Herstellung von Naphthalin in Warmpreßgutqualität. D.B.P. 945388 vom 12. 7. 1953/14. 6. 1956.
272. Gelsenkirchener Bergwerks-AG: Gewinnung von Naphthalin in Warmpreßgutqualität. D.B.P. 966921 vom 28. 3. 1954/19. 9. 1957.
273. — Gewinnung von Reinnaphthalin durch Behandeln mit Lösungsmitteln. Brit. P. 974925 vom 26. 9. 1952/31. 5. 1961. D.B.P. 778063 vom 25. 9. 1953/3. 7. 1957.
274. — und Heinrich Koppers GmbH: Herstellung von Naphthalin in Warmpreßgutqualität. D.B.P. 1005050 vom 10. 8. 1955/28. 3. 1957.
275. Heinrich Koppers GmbH und Gelsenkirchener Bergwerks-AG: Herstellung von Naphthalin in Warmpreßgutqualität. D.A.S. 1095800 vom 28. 11. 1956/29. 12. 1960.
276. Berge, H.: Kontinuierliches Verfahren zur Gewinnung von Naphthalin-Warmpreßgut. Gas- u. Wasserfach, Ausg. Gas **103**, 699—705 (1962).
277. Gesellschaft für Teerverwertung mbH: Gewinnung von Naphthalin aus naphthalinhaltigen Teerölfraktionen. D.B.P. 1022573 vom 15. 3. 1955/26. 6. 1958.
278. — Gewinnung von Naphthalin mit einem Erstarrungspunkt über 78 °C aus naphthalinhaltigen Teerölfraktionen durch indirektes Kühlen und Abtrennen des Kristallisats. D.B.P. 1073465 vom 2. 4. 1958/14. 7. 1960.
279. — Rührvorrichtung für breiförmige Kristallgemische. D.B.P. 1138378 vom 19. 12. 1956/9. 5. 1963.
280. Rütgerswerke AG: Naphthalingewinnung aus naphthalinhaltigen Fraktionen der Teerdestillation. D.B.P. 824494 vom 5. 8. 1949/16. 5. 1957. U.S.P. 2790017 vom 19. 3. 1953/23. 4. 1957.
281. Anonym: High m. pt. naphthalene. Proabd's new process. Chem. Age **75**, 582 (1956).
282. Woolhouse, T. G.: The manufacture of naphthalene of crystallizing point 78°. J. Appl. Chem. (London) **1957**, 573—583.
283. Anonym: Crystal fractionation beats distillation. Chem. Engng., Proc. and Technol. **1959**, 80, 82.
284. Société l'Exploitation des Procédés Ab-der-Halden: Reinigung von Rohnaphthalin. Franz. P. 1203862 vom 7. 5. 1958/21. 1. 1960.
285. Molinari, J. G. D.: The proabd refiner. Ind. Chemist **1961**, 323—326.
286. Privalov, V. E., B. S. Gurevich, and V. M. Bednov: Crystallization-melting technique of purifying centrifuged naphthalene. Koks i Khim. **1965**, Nr. 1, 40—45.
287. The Midland Tar Distillers Ltd.: Purification of naphthalene. Brit. P. 628403 vom 5. 12. 1946/28. 8. 1949.
288. — Crystallisation of chemical compounds and apparatus for use therein. Brit. P. 630397 vom 13. 8. 1947/12. 10. 1949.

289. Butler & Co. Ltd.: Purification of crystallisable aromatic compounds in tar distillates. Brit. P. 686166 vom 25. 4. 1949/21. 1. 1953.

290. Tennants' Tar Distillers and Engineering Supplies Ltd.: Method of manufacturing naphthalene. Brit. P. 755501 vom 26. 4. 1951/22. 8. 1956.

291. The Coal Tar Association: Naphthalene recovery from coke oven tar. 17th Annual Review (bis 31. 5. 1965), S. 7—8.

292. Gesellschaft für Teerverwertung mbH: Entschwefelung von verhältnismäßig niedrig siedenden Teerkohlenwasserstoffen. D.B.P. 820137 vom 1. 2. 1950/8. 11. 1951.

293. — Gewinnung von reinem Naphthalin. D.B.P. 840393 vom 10. 8. 1950/3. 6. 1952.

294. American Cyanamid Co.: Refining naphthalene. U.S.P. 2955144 vom 18. 6. 1958/4. 10. 1960.

295. Privalov, V. E., V. M. Bednov, V. D. Barskii u. M. M. Isaenko: Herstellung von gereinigtem Naphthalin aus schwefelhaltigem Rohmaterial. Khim. Produkty Koksovaniya Uglei Vostoka SSSR, Poluchenie, Obrabotka, Ispol'z., Metody Analizov, Vost. Nauchn.-Issled. Uglekhim. Inst., Sb. Statei Nr. **3**, 127—132 (1965).

296. Barskii, V. D., V. M. Bednov u. V. E. Privalov: Mathematisches Modell und optimale Bedingungen der Naphthalin-Reinigung durch Formalin. Khim. Produkty Koksovaniya Uglei Vostoka SSSR, Poluchenie, Obrabotka, Ispol'z., Metody Analizov, Vost. Nauchn.-Issled. Uglekhim. Inst., Sb. Statei Nr. **3**, 348—357 (1965).

297. Rütgerswerke AG: Entschwefelung von kristallisierenden aromatischen Kohlenwasserstoffen mittels Komplexverbindungen des Borfluorids. D.B.P. 1152390 vom 27. 9. 1958/9. 4. 1964.

298. Hüttenwerk Oberhausen AG: Purification of naphthalene. Brit. P. 953891 vom 13. 1. 1961/2. 4. 1964. D. Prior. 15. 1. 1960.

299. Koppers Comp. Inc.: Naphthalene purification. U.S.P. 2626236 vom 8. 2. 1949/20. 1. 1953.

300. McNeil, D.: Some factors in the production of naphthalene from coal tar. Gas World, Coking Sect. **149**, 43—47, 52 (1959).

301. Rütgerswerke AG: Recovery of naphthalene from oil mixtures. Brit. P. 851698 vom 17. 7. 1959/19. 10. 1960. D. Prior. 26. 7. 1958.

302. Imperial Chemical Industries Ltd.: Desulfurization of aromatic hydrocarbons. Brit. P. 889226 vom 15. 6. 1959/14. 2. 1962.

303. Gilbert, G.: R. C. Weil, and R. H. Hunter: Hydrorefining coal-tar naphthalene. Ind. Eng. Chem. **53**, 993—996 (1961).

304. Gesellschaft für Teerverwertung mbH: Gewinnung von Reinnaphthalin. D.B.P. 887807 vom 13. 9. 1950/27. 8. 1953.

305. Stone & Webster Engineering Corp.: Purification of naphthalene by distillation. U.S.P. 3075890 vom 24. 11. 1958/29. 1. 1963.

306. Koppers Comp. Inc.: Purification of naphthalene. U.S.P. 2916533 vom 27. 5. 1957/8. 12. 1959.

307. American Cyanamid Co.: Refining naphthalene. U.S.P. 2955144 vom 18. 6. 1958/4. 10. 1960.

308. Anonym: Produktion von schwefelfreiem Naphthalin. Chemiker-Ztg./Chem. Apparatur **84**, 133 (1960).

309. Gesellschaft für Teerverwertung mbH: Herstellung von Phenylacetylen bzw. dessen Derivaten. D.B.P. 923251 vom 19. 11. 1952/7. 2. 1955.

310. — Gewinnung von Thionaphthen aus Steinkohlenteer. D. B. P. 901177 vom 29. 2. 1944/7. 1. 1954.

Carbolöl

311. Dierichs, A., u. R. Kubička: Phenole und Basen. Berlin: Akademie 1958.
312. Gesellschaft für Teerverwertung mbH u.a.: The german coal tar and benzole industries during the period 1939—1945. BIOS-Rep. **25**, London 1950.
313. Marx, A.: Neue Fortschritte in der Kenntnis der Steinkohlenteerphenole und ihrer technischen Gewinnung. Brennstoff-Chem. **30**, 37—43 (1949).
314. Gesellschaft für Teerverwertung mbH: Gewinnung von Phenolen aus Teerölen. D. B. P. 911495 vom 4. 5. 1944/17. 5. 1954.
315. Bemmann, R.: Gewinnung von Phenolen aus Ölen. D.P. (DDR) 12135 vom 6. 1. 1955/24. 9. 1956.
316. VEB Leuna-Werke „Walter Ulbricht": Gewinnung von Phenolen aus solche enthaltenden Ölen. D.A.S. 1005080 vom 23. 9. 1955/28. 3. 1957.
317. Yorkshire Tar Distillers Ltd.: Tar acid recovery from tar oils. Brit. P. 815223 vom 24. 6. 1959.
318. Fa. Carl Still: Reine Phenole. D.B.P. 1144287 vom 25. 1. 1960/4. 2. 1965.
319. — Gewinnung von Phenolen aus Teerölen. D.A.S. 1173105 vom 2. 12. 1960/2. 7. 1964.
320. Georgius, A., G. Riedel u. K. Schönduhe: Die großtechnische Zerlegung von Phenolatlaugen mit Natriumhydrogencarbonatlösung, eine Weiterentwicklung des klassischen Carbonisierungsverfahrens von Phenolatlaugen. Chem. Tech. (Berlin) **18**, 31—34 (1966).
321. Kowalski, G.: Gewinnung von sauren Bestandteilen aus Teeren, Teerölen, Mineralölen oder Phenolextrakten. D.A.S. 1129162 vom 10. 9. 1958/10. 5. 1962.
322. —, u. L. Lewicki: Über die Extraktion von Teerölen mit Harnstoff. I. Über die Extraktion von basenfreiem Karbolöl. Brennstoff-Chem. **40**, 33—41 (1959).
323. — — Über die Extraktion von Teerölen mit Harnstofflösungen. II. Die Entphenolung von technischem Karbolöl. Brennstoff-Chem. **40**, 151—154 (1959).
324. —, u. B. Los: Über die Entphenolung von Teerölen mittels Milchsäure. Brennstoff-Chem. **40**, 198—201 (1959).
325. — L. Lewicki u. B. Los: Über die Entphenolung von Ölen mit Alkaliacetaten. Erdöl u. Kohle **12**, 241—245 (1959).
326. Kubička, R., u. Z. Kvapil: Phenolgewinnung aus Teerstoffen bei Übersättigung der Phenolatlauge. Brennstoff-Chem. **46**, 66—71 (1965).
327. Dierichs, A.: Die selektive Extraktion von Phenolen aus Teeren (Metasolvan-Verfahren). Chem. Tech. (Berl.) **2**, 79—83 (1950).
328. Pittsburgh Consolidated Coal Comp.: Abtrennen niedrigsiedender Teersäuren aus ihren Gemischen mit niedrigsiedenden Neutralölen. D.A.S. 1047208 vom 27. 11. 1954/24. 12. 1958.

329. Metallgesellschaft AG: Gewinnung von neutralölfreien und lichtbeständigen Phenolen. D.A.S. 1068724 vom 21. 12. 1956/12. 11. 1959.
330. — Gewinnung von neutralölfreien und lichtbeständigen Phenolen aus phenolhaltigen Ölen oder Rohphenolen. D.B.P. 1094758 vom 24. 7. 1957/5. 1. 1966.
331. — Gewinnung von neutralölfreien und lichtbeständigen Phenolen. D.A.S. 1101435 vom 2. 4. 1959/2. 3. 1961.
332. — Gewinnung von neutralölfreien und lichtbeständigen Phenolen. D. B. P. 1138066 vom 1. 10. 1959/10. 3. 1966.
333. — Gewinnung von neutralölfreien und lichtbeständigen Phenolen aus phenolhaltigen Ölen und Rohphenolen. D. A. S. 1144286 vom 10. 4. 1959/28. 2. 1963.
334. Rütgerswerke AG: Gewinnung von Phenolen und organischen Stickstoffbasen aus phenolhaltigen Teeren und Ölen. D. A. S. 1150995 vom 9. 1. 1960/4. 7. 1963.
335. Metallgesellschaft AG: Gewinnung von neutralölfreien und lichtbeständigen Phenolen. D. B. P. 1172270 vom 16. 8. 1958/10. 3. 1966.
336. — Herstellung von neutralölfreien lichtbeständigen Phenolen. D.B.P. 1175249 vom 16. 8. 1958/10. 3. 1966.
337. — Gewinnung von reinen Phenolen. D.B.P. 1196208 vom 22. 3. 1963/3. 3. 1966.
338. Rütgerswerke AG: Kontinuierliche Entwässerung und Destillation von Rohphenol. D.B.P. 925350 vom 3. 6. 1950/21. 3. 1955.
339. Clifton, P. V., and W. H. A. Webb: The design and operation of continuous tar acid distillation plants. Ind. Chemist. **32**, 526—533 (1956).
340. Adey, K. A.: The production and application of phenol and cresylic acids. Gas J. **303**, 475—483 (1960).
341. Rütgerswerke AG: Abtrennung von übelriechenden und zur Verfärbung Anlaß gebenden Begleitstoffen aus Rohphenolen. D.A.S. 1157236 vom 28. 9. 1960/14. 11. 1963.
342. Gesellschaft für Teerverwertung mbH: Aufarbeitung von bei der Destillation von Rohphenolen anfallenden Rückständen. D.B.P. 931654 vom 10. 6. 1953/16. 8. 1955.
343. — Imprägnieröl. D.B.P. 806494 vom 6. 1. 1950/14. 6. 1951.
344. — Herstellung von an sauren Bestandteilen reichen Teerölprodukten. D.B.P. 807689 vom 6. 1. 1950/2. 7. 1951.
345. Walker, C. A.: Separation of m- and p-cresols by liquid-liquid extraction. Ind. Eng. Chem. **42**, 1226—1230 (1950).
346. Savitt, S. A., and D. F. Othmer: Separation of m- and p-cresols from their mixtures. Ind. Eng. Chem. **44**, 2428—2431 (1952).
347. Schering-Kahlbaum AG: Gewinnung von reinem m- und p-Kresol. D.R.P. 541037 vom 15. 9. 1927/7. 1. 1932.
348. Gesellschaft für Teerverwertung mbH: Gewinnung von p-Kresol oder an p-Kresol angereicherten Kresolgemischen aus Gemischen isomerer Kresole. D.B.P. 1118797 vom 11. 1. 1960/2. 6. 1962.
349. — Gewinnung von reinem m-Kresol, das keine Stickstoffverbindungen mehr enthält, aus m-Kresol enthaltenden Rohkresolen. D.B.P. 1124046 vom 23. 6. 1958/6. 9. 1962.
350. Stevens, D. R.: Separation of individual cresols and xylenols from their mixtures. Ind. Eng. Chem. **35**, 655—660 (1943).

351. Gulf Research & Development Comp.: Separation of phenols and their alkylation products. U.S.P. 2297588 vom 7. 3. 1942/29. 9. 1942.
352. Shell Development Co.: Separation meta-substituted alkyl phenols from mixtures of meta- and para-substituted alkyl phenols. Brit. P. 557519 vom 24. 11. 1943.
353. Rütgerswerke und Teerverwertung AG: Herstellung von reinem m- und p-Kresol aus technischen Gemischen aus m- und p-Kresol. D.B.P. 1145629 vom 18. 8. 1961/3. 6. 1965.
354. Rütgerswerke AG: Trennung von m-/p-Kresol- und bzw. oder 2,4/2,5-Xylenolgemischen. D.A.S. 1153027 vom 18. 10. 1961/22. 8. 1963.
355. Gesellschaft für Teerverwertung mbH: Isolierung der Xylenole. BIOS-Rep. Nr. **941**.
356. Raschig, F.: Gewinnung von 1-3-Dimethyl-5-oxybenzol aus Teerölen. D.R.P. 254716 vom 1. 3. 1912/11. 12. 1912.
357. Moehrle, E., u. H.-G. Franck: Zur Kenntnis der Begleitphenole des m- und p-Kresols. Brennstoff-Chem. **30**, 392 (1949).
358. Yorkshire Tar Distillers Ltd.: Separation of o-ethylphenol. Brit. P. 736604 vom 11. 11. 1952/14. 9. 1955.
359. Kruber, O., u. A. Schmitt: Zur Kenntnis der Phenole des Steinkohlen-Teers. Ber. deut. chem. Ges. **64**, 2270—2277 (1931).
360. Gesellschaft für Teerverwertung mbH: Gewinnung von 2,3,5-Trimethylphenol (Isopseudocumenol). D.B.P. 1127908 vom 10. 11. 1959/31. 10. 1962.
361. Basterfield, H. A., and Imperial Chemical Industries Ltd.: Separation of dimethylphenols. Brit. P. 582 057 vom 4. 11. 1946.
362. Imperial Chemical Industries Ltd.: Separation of phenols. U.S.P. 2497971 vom 21. 2. 1950.
363. Monsanto Chemicals Ltd.: Trennung von 2.4.- und 2.5-Dimethylphenolen. D.B.P. 842070 vom 30. 8. 1950/23. 6. 1952. Brit. Prior. 25. 3. 1948 und 25. 1. 1949.

Leichtöl

Pyridinbasen-Gewinnung

[269, 311]

364. Nettlenbusch, L.: Pyridingewinnung aus dem Rohbenzol. Brennstoff-Chem. **30**, 185—186 (1949).
365. McNeil, D.: Production and uses of tar bases. Gas J. **304**, 72—78 (1960).
366. Rütgerswerke AG: Kontinuierliche Entwässerung und anschließende kontinuierliche oder diskontinuierliche Fraktionierung von Rohpyridin. D.B.P. 850006 vom 14. 5. 1950/22. 9. 1952.
367. Vriens, G. N., and E. C. Medcalf: Correlation of ternary liquid-liquid equilibria. Ind. Eng. Chem. **45**, 1098—1104 (1953).
368. Allied Chemical & Dye Corp.: Separation of pyridine bases. U.S.P. 2420529 vom 13. 5. 1947.
369. Koppers Comp. Inc.: Separation basic organic compounds. U.S.P. 2519412 vom 30. 9. 1944/22. 8. 1950.
370. Pittsburgh Coke & Iron Co.: Lutidine compounds. U.S.P. 2295606 vom 15. 9. 1942.

371. — Crystalline compound of thiourea and lutidine. U.S.P. 2325880 vom 3. 8. 1943.
372. — Lutidine-urea compounds. U.S.P. 2376008 vom 15. 5. 1945.
373. Coulson, E. A., u. J. I. Jones: Coal-tar bases. I. Separation of β- and γ-picolines. J. Soc. Chem. Ind. (London) **65**, 169—175 (1946).
374. — — Separation of picolines and lutidine. Brit. P. 585108 vom 30. 1. 1947.
375. Othmer, D. F., and S. A. Savitt: Compositions of vapors from boiling binary solutions: Systems of phenol with β- and γ-picolines and 2,6-lutidine. Ind. Eng. Chem. **40**, 168—174 (1948).
376. Directie van de Staatsmijnen in Limburg: Trennung von Mischungen aus 3- und 4-Picolin. Niederl. P. 74133 vom 15. 2. 1954.
377. Allied Chemical & Dye Corp.: Resolution for tar bases. U.S.P. 2489884 vom 29. 11. 1949.
378. Urxovy Závody, Národní Podnik u. L. Rusek: Herstellung von 3-Picolin. Oe. P. 172652 vom 29. 1. 1951/10. 10. 1952. Tschech. Prior. 30. 9. 1950.
379. Jones & Laughlin Steel Corp.: Concentration of 3-picoline. U. S. P. 2459192 vom 18. 1. 1949.
380. Gesellschaft für Teerverwertung mbH: Gewinnung von γ-Picolin aus γ-Picolin und andere Teerbasen enthaltenden Gemischen. D.B.P. 1012603 vom 22. 3. 1952/9. 1. 1958.
381. Kuczyński, L., u. A. Nagowski: Die Trennung der Picolinfraktion der Pyridinbasen. Przemysł Chem. **11 (34)**, 190—193 (1955).
382. Rütgerswerke und Teerverwertung AG: Gewinnung von 2-Äthylpyridin aus Steinkohlenteerbasen. D.B.P. 1218450 vom 21. 6. 1956/15. 12. 1966.
383. Gesellschaft für Teerverwertung mbH: Herstellung von hochprozentigem Anilin und Anilinhomologen. D.B.P. 951931 vom 23. 1. 1953/8. 11. 1956.
384. — Herstellung von reinstem Anilin aus Steinkohlenteer. D.B.P. 1023040 vom 3. 9. 1956/10. 7. 1958.

Rohbenzol-Aufarbeitung

385. Trefny, F.: Rohbenzol, Gewinnung und Verarbeitung. Techn. Mitt. **48**, 223—233 (1955).
386. I. G. Farbenindustrie AG: Reinigung von Rohbenzol. D.R.P. 550123 vom 15. 9. 1925.
387. Scholven-Chemie AG: Katalytische Druckraffination von Benzolkohlenwasserstoffen. D.B.P. 844440 vom 29. 11. 1949/21. 7. 1952.
388. Urban, W.: Die katalytische Druckraffination von Benzol. Erdöl u. Kohle **4**, 279—282 (1951).
389. Grothe, W.: Über die Auswirkung der Druckraffination auf die Beschaffenheit von Benzolerzeugnissen. Erdöl u. Kohle **6**, 450—454 (1953).
390. Novak, H., u. H.-G. Liebich: Hydrierende Raffination von Rohbenzol mit Kokereigas im Gaswerk Nürnberg. Brennstoff-Chem. **35**, 308—310 (1954).
391. Nonnenmacher, H., O. Reitz u. P. Schmidt: Das BASF-Scholven-Verfahren zur Druckraffination von Rohbenzol. Erdöl u. Kohle **8**, 407—411 (1955).

392. TREFNY, F.: Die Zentraldestillationsanlage für druckraffiniertes Rohbenzol in Gelsenkirchen. Erdöl u. Kohle **8**, 874—879 (1955).
393. BOYE, E.: Die Druckraffination von Rohbenzol. Chemiker-Ztg. **80**, 279—281 (1956).
394. HÖRING, M., u. E. E. DONATH: Raffination von Rohbenzol. In: ULLMANNs Encyklopädie der technischen Chemie, 3. Aufl., Bd. 10, S. 555—558. München u. Berlin: Urban & Schwarzenberg 1958.
395. SONNTAG, F.: Die Verarbeitung von Benzol-Vorerzeugnis in der Benzolreinigungsanlage A. v. Hansemann der Dortmunder Bergbau AG. Erdöl Kohle-Erdgas-Petrochem. **13**, 752—757 (1960).
396. LANE, J. B.: The hydrorefining of tar naphthas and crude benzoles. Coke and Gas **1961**, 492—494.
397. MARIICH, L. I.: Investigation into the composition of the impurities in hydrogenated benzene separated by rectification. Koks i Khim. **1965**, Nr. 3, 41—46.
398. KESSEL, K. v.: Über einige neue Verfahren zur Gewinnung reinster Aromaten aus Kohlenwasserstoffgemischen. 16. DGMK-Tagg. Köln 7.—10. 10. 1964; vgl. Erdöl Kohle-Erdgas-Petrochem. **17**, 881 (1964).

Herstellung der Cumaron-Inden-Harze

399. IKERT, B.: Das Cumaronharz. Halle: W. Knapp 1948.
400. WILLE, H.: Cumaron-Inden-Harze. In: ULLMANNs Encyklopädie der technischen Chemie, 3. Aufl., Bd. 8, S. 423—429. München u. Berlin: Urban & Schwarzenberg 1957.
401. SCHEIBER, J.: Chemie und Technologie der künstlichen Harze, Bd. 1, Die Polymerisatharze, 2. Aufl., S. 314—344: Kumaronharze. Stuttgart: Wiss. Verlagsgesellschaft 1961.
402. ANDERS, H.: Zur Gewinnung cumaronharzartiger Produkte bei der Raffination cyclischer Kohlenwasserstoffe. Bergakademie **7**, 144—145 (März 1955).
403. PETER, R. C.: Production of cumarone indene resin. Ind. Chemist **31**, 141—143 (1955).
404. BRAUSE, W.: Cumaron- und Gebaganharze. Adhäsion **4**, 337—344, 393—396 (1960).
405. SSALNIKOW, W. W.: Die Gewinnung von Cumaronharzen durch katalytische und thermische Polymerisation. Koks i Khim. **1960**, Nr. 2, 41—44.
406. Gesellschaft für Teerverwertung mbH: Veredlung von Cumaronharzen. D.R.P. 722889 vom 4. 6. 1942.
407. Rütgerswerke AG: Herstellung von Cumaron-Indenharzen. D.R.P. 742429 vom 26. 2. 1941/3. 12. 1943.
408. Gesellschaft für Teerverwertung mbH.: Absatzweise oder stetige Herstellung geruchfreier und heller Cumaronharze. D. B. P. 848957 vom 6. 8. 1950/11. 9. 1952.
409. — Herstellung von Cumaronharzen. D. B. P. 848958 vom 10. 8. 1950/11. 9. 1952.
410. — Gewinnung von Cumaronharzen. D.B.P. 899356 vom 21. 1. 1943/10. 12. 1953.
411. Midland Tar Distillers Ltd.: Helle Inden-Cumaron-Harze. Brit. P. 685999 vom 20. 7. 1949/14. 1. 1953.

412. Gesellschaft für Teerverwertung mbH.: Herstellung von Cumaronharzen. D.B.P. 902974 vom 10. 4. 1943/1. 2. 1954.
413. — Polymerisieren von polymerisierbaren, in Teerölen gelösten Stoffen. D.B.P. 946265 vom 31. 8. 1951/26. 7. 1956.
414. Armstrong Cork Co.: Modification of Coumarone-Indene Resins with Formaldehyde. U.S.P. 2740767 vom 20. 2. 1953/3. 4. 1956.
415. Gesellschaft für Teerverwertung mbH: Herstellung eines von nicht polymerisierten Anteilen freien, feinkörnigen Cumaronharzes. D.B.P. 960285 vom 21. 7. 1955/21. 3. 1957.
416. — Stabilisieren von Inden-Cumaron-Harzen. D.B.P. 1041686 vom 4. 4. 1957/9. 4. 1959.
417. — Herstellung von Inden. D.B.P. 1074578 vom 22. 10. 1957/7. 9. 1961.
418. — Herstellung löslicher Polymerisationsharze aus Inden und/oder Cumaron. D.B.P. 1083056 vom 17. 8. 1956/18. 6. 1964.
419. Bergwerksverband GmbH: Herstellung von Kunststoffen, insbesondere Grundstoffen für Lacke, Überzugs- und Imprägnierungsmittel sowie Verklebungsmittel. D.B.P. 1110416 vom 27. 4. 1960/11. 10. 1962.
420. Gesellschaft für Teerverwertung mbH: Herstellung von testbenzinlöslichen Harzen der Inden-Cumaron-Harzklasse. D.B.P. 1129698 vom 18. 12. 1959/29. 11. 1962.
421. — Herstellung von Inden-Cumaron-Harzen erhöhter Lichtbeständigkeit. D.B.P. 1130168 vom 16. 12. 1959/6. 12. 1962.
422. Nossalewitsch, I. M.: Die Herstellung klarer und lichtbeständiger Inden-Cumaron-Harze durch katalytische Hydrierung. Koks i Khim. **1962**, Nr. 3, 44—46.
423. Jastrshembskaja, O. W., u. W. S. Andrejewa: Verwendung von Bortrifluorid bei der Gewinnung von Inden-Cumaron-Harzen. Koks i Khim. **1962**, Nr. 5, 44—46.
424. Centre National de la Recherche Scientifique: Herstellung von Inden-Polymeren und -Mischpolymeren. D.A.S. 1151379 vom 30. 5. 1960/11. 7. 1963.
425. Gesellschaft für Teerverwertung mbH: Herstellung von Inden-Cumaron-Harzen. D.B.P. 1157238 vom 30. 11. 1960/21. 5. 1964.
426. Ginzburg, I. E., and V. D. Parshin: Production of light indene-coumarone resins by thermal polymerization. Koks i Khim. **1965**, Nr. 7, 41—43.

Erzeugnisse aus Steinkohlenteer

I. Peche

Brikettpech

[1, 2, 36, 37, 38, 39, 40, 41, 42, 45, 55, 56, 57, 58, 59, 60, 62]

427. Deutsche Normen: DIN 23081: Richtlinien für Steinkohlen-Brikettfabriken. Juni 1965.
428. Broche, H., u. H. Nedelmann: Kennzeichnung und Zusammensetzung von Brikettpech. Glückauf **69**, 233—239, 257—267 (1933).
429. Green, S. J., and S. G. Ward: The insoluble matter of coal tar. I. Introduction. J. Soc. Chem. Ind. (London) **67**, 422—423 (1948).

430. —, and B. THAKUR: The insoluble matter of coal tar. II. Preliminary work on free carbon. J. Soc. Chem. Ind. (London) **67**, 423—426 (1948).

431. — — The insoluble matter of coal tar. III. Some inorganic constituents of free carbon. J. Soc. Chem. Ind. (London) **67**, 436—437 (1948).

432. —, and S. M. MUKHERJI: The insoluble matter of coal tar. IV. Coal-tar-resins. J. Soc. Chem. Ind. (London) **67**, 438—441 (1948).

433. — — The insoluble matter of coal tar. V. Coal-tar resins. J. Soc. Chem. Ind. (London) **68**, 16—19 (1949).

434. MALLISON, H.: Aufteilung von Steinkohlenteer und Pech. Bitumen, Teere, Asphalte, Peche **1**, 313—317 (1950).

435. FRIEHMELT, E.: Beobachtung des Pechs in Steinkohlenbriketts unter dem Mikroskop. Brennstoff-Chem. **38**, 97—102 (1957).

436. MALLISON, H.: Zur Frage der Verteilung des Pechs im Steinkohlenbrikett. Brennstoff-Chem. **39**, 13—14 (1958).

437. GREENHOW, E. J., and J. W. SMITH: The structure of coal tar pitch. Australian J. Appl. Sci. **11**, 169—179 (1960).

438. WULF, F.: Verfahrenstechnische Probleme aus der Steinkohlen-Brikettierung. Chem.-Ingr.-Tech. **32**, 198—201 (1960).

439. MÜSCHENBORN, W., u. W. SCHINZEL: Verbesserung der Pechbrikettierung mit Hilfe einer Emulsion. Glückauf **101**, 421—425 (1965).

440. MCNEIL, D.: The physical properties and chemical structure of coal tar pitch. In: A. J. HOIBERG, Bituminous materials: Asphalts, tars, and pitches, vol. 3, p. 139—216. New York-London-Sydney: Interscience Publ. 1966.

441. FRANCK, H.-G., u. O. WEGENER: Zur Kenntnis der Viskosität von Steinkohlenteererzeugnissen. Brennstoff-Chem. **39**, 195—207 (1958).

442. WOOD, L. J., and M. DOWNER: Viscosity/temperature equations for coal tar pitches and refined tars. J. Appl. Chem. (London) **15**, 431—438 (1965).

443. WALTHER, H.: Dielektrische Messungen an bituminösen Stoffen. Bitumen, Teere, Asphalte, Peche **1**, 210—213, 240—244, 271—273, 295—296 (1950).

444. HEINRICH, F. J.: Zur Messung der Dielektrizitätskonstanten und damit zusammenhängender Größen. Bitumen, Teere, Asphalte, Peche **6**, 212—213 (1955).

445. BRIGGS, D. K. H., and F. POPPER: Thermal conductivity of coal tar pitch. Fuel **33**, 222—229 (1954).

446. BERNEIS, K., u. L. J. WOOD: Anomalien des thermischen Ausdehnungskoeffizienten von Steinkohlenteerpechen. Brennstoff-Chem. **36**, 301—304 (1955).

447. KIKKAWA, S., H. HONDA u. K. OUCHI: Magnetische Eigenschaften von Pechen. Nenryô Kyôkaishi **32**, 535—540 (1953).

448. GOGOLEVA, T. J., u. M. A. STEPANENKO: Oberflächenspannung, Dichte und Viskosität von Steinkohlenteerpechen. Koks i Khim. **1959**, Nr. 4, 42—45.

449. GAJEWSKI, Z.: Einige physikalische Eigenschaften von Kohlenpechen. Viskosität und Dichte. Koks, Smoła, Gaz **4**, 244—253 (1959).

450. BRIGGS, D. K. H.: Surface tension of coal tar pitch. Fuel **43**, 439—443 (1964).

Elektrodenpech

[1, 2, 94]

451. HELLING, W., R. LANGE u. G. HELMRICH: Kohleanoden für die Aluminium-Elektrolyse. Erzmetall **7**, 389—394 (1954).

452. CHARETTE, L. P., and G. T. BISCHOFSBERGER: Binders for carbon electrodes in the aluminium industry. Ind. Eng. Chem. **47**, 1412—1415 (1955).

453. KRYLOV, V. N.: Free carbon in coal tar pitch and its role in the production of electrodes and electrode carbons. Zhur. Priklad. Khim. **28**, 1137—1140 (1955).

454. Péchiney Compagnie de Produits Chimiques et Electrometallurgiques: Preparing carbon electrodes and a paste therefore. U.S.P. 2848424 vom 7. 11. 1955/19. 8. 1958. Franz. Prior. 16. 11. 1954.

455. MCNEIL, D., and L. J. WOOD: The use of coal tar pitch as an electrode binder. Industrial carbon and graphite, p. 163—164, Society of Chemical Industry, London 1958.

456. BLAKELY, T. H., and F. K. EARP: Tars and pitches as binders for carbon and graphite. Industrial carbon and graphite, p. 173—176, Society of Chemical Industry. London 1958.

457. MARTIN, S. W., and M. W. NELSON: Pitch binder coke yields. Ind. Eng. Chem. **50**, 30—40 (1958).

458. —, and F. L. SHEA jr.: Microstructure of carbon products. Ind. Eng. Chem. **50**, 41—46 (1958).

459. CHARETTE, L. P., and L. GIROLAMI: An improved method for determination of coking value of binders used in carbon electrode manufacture. Fuel **37**, 382—392 (1958).

460. DARNEY, A.: Pitch binder for carbon electrodes. Industrial carbon and graphite, Society of Chemical Industry, London 1958.

461. DELL, M. B.: Characterization of pitches for carbon anodes. Fuel **38**, 183—187 (1959).

462. MORGAN, M. S., W. H. SCHLAG, and M. H. WILT: Surface properties of the quinoline-insoluble fraction of coal tar pitch. J. Chem. Eng. Data **5**, 81—84 (1960).

463. JONES jr., H. L., A. W. SIMON and M. H. WILT: A laboratory evaluation of pitch binders using compressive strength of test electrodes. J. Chem. Eng. Data **5**, 84—87 (1960).

464. POLLACK, S. S., and L. E. ALEXANDER: X-ray analysis of electrode binder pitches and their cokes. J. Chem. Eng. Data **5**, 88—93 (1960).

465. THOMAS, B. E. A.: Electrode pitch. Gas World **151**, Coking Suppl. Nr. **56**, 51—64 (1960).

466. ROMWALTER, A.: Bewertung und Qualitätskontrolle selbstbackender Anoden der Aluminiumhütten. Fémipari Kutató Intézet Közleményei **4**, 155—159 (1960).

467. BRANSCOMB, J. A., V. L. BULLOUGH, and H. A. MORRISEY: The relationship of pitch properties to anode properties. Am. Chem. Soc., Div. of Gas and Fuel Chem., Meeting New York 16. 9. 1960.

468. CHARETTE, L. P., and L. GIROLAMI: Solvent fractionation of electrode binder pitches. Fuel **40**, 89—98 (1961).

469. —, and G. BISCHOFSBERGER: Application of high-vacuum microdistillation to the study of coal-tar and petroleum pitches. Fuel **40**, 99—107 (1961).

470. CROY, F. A.: Über ein Extraktionsmittel zur Bestimmung des Gehalts an hochmolekularen Teerharzen in Elektrodenbindern. Bitumen, Teere, Asphalte, Peche 13, 67—72 (1962).
471. NELSON, H. W.: Viscosity stability of binders for soderberg electrodes. AIME Internat. Symp. Extractive Metallurgy of Aluminium, New York 18.—22. 2. 1962.
472. WALKER jr., P. L., and D. O. BAUMBACH: Infrared absorption at two microns and coal tar pitch properties. Proc. Vth Conf. Carbon, University Park 2, 175—185 (1963).
473. BOWITZ, O., T. EFTERSTROL, and R. A. SELVIK: New methods for testing raw materials for anode carbon paste. AIME Internat. Symp. Aluminium Production, New York Febr. 1962.
474. WATANABE, T.: Studies on pitch for soderberg anodes. AIME Internat. Symp. Aluminium Production, New York Febr. 1962.
475. BRANSCOMB, J. A.: Carbon electrode pitches. In: A. J. HOIBERG, Bituminous materials: Asphalts, tars, and pitches, vol. 3, p. 359—384. New York-London-Sydney: Interscience Publ. 1966.

Hartpech

[1, 104, 105, 106, 107, 109, 111, 112, 113]

476. Mannesmann AG: Isolierung erdverlegter Rohrleitungen. D.P. (DDR) 37009 vom 5. 2. 1963/15. 4. 1965.
477. CLAUS, D., u. H. G. SCHLEGEL: Die Stabilität von Hartpechpräparaten gegenüber Bodenmikroorganismen. Erdöl Kohle-Erdgas-Petrochem. 18, 982—984 (1965).

Pechkoks

[171, 172, 180, 183, 195, 196, 197, 198]

478. STEPANENKO, M. A., u. N. I. MATUSJAK: Physikalisch-chemische Eigenschaften von Pechkoks. Koks i Khim. 1960, Nr. 6, 28—31.
479. JURKIEWICZ, J., T. NIEWIADOMSKI u. S. ROSIŃSKI: Verkokung und Graphitierung von Steinkohlenteerpech. Koks, Smoła, Gaz 7, 219—226 (1962).
480. JEITNER, F., E. NEDOPIL u. O. VOHLER: Elektrodengraphit, seine Herstellung und seine Eigenschaften. Ber. deut. keram. Ges. 41, 135—142 (1964).
481. FRISCHBUTTER, E.: Qualitätsanforderungen und Einsatz des Elektrodenkokses. Freiberger Forschungsh. A 365, 7—17 (1965).
482. RAABE, S.: Die Spurenelemente Titan und Vanadin in den Produkten der Elektrodenkoks-Technologie. Freiberger Forschungsh. A 365, 29—36 (1965).

Plastifizierte Peche

[1, 140, 141, 142]

483. SHIDELER, N. T.: Coal tar coatings for protection of underground structures. Corrosion 13, 50—54 (1957).
484. American Water Works Association: Standard for coal-tar enamel protective coatings for steel water pipe. AWWA C 203-62, New York 1962.

485. McManus, J. J., W. L. Pennie, and A. Davies: Hot applied coal tar coatings. Ind. Eng. Chem. **58**, Nr. 4, 43—46 (1966).
486. Whittier, F.: Pipeline coatings. In: A. J. Hoiberg, Bituminous materials: Asphalts, tars, and pitches, vol. 3, p. 291—322. New York-London-Sydney: Interscience Publ. 1966.
487. Comité de l'Europe Occidental de la corrosion et de la protection des conduits souterraines: Spécifications pour des bitumes asphaltiques et les materiaux dérivés de goudron de houille utilisés pour le revêtement exterieur de tuyaux. CEOCOR-Empfehlungen 1967.
488. Deutsche Normen: DIN 4038: Vergußmassen. Entwurf September 1956.
489. Walther, H.: Teer-Epoxykombinationen als Bauhilfsstoffe. Bitumen, Teere, Asphalte, Peche **13**, 10—17 (1962).

Gießereipech

[1, 143, 144]

Fibrepipe-Pech

[1, 4, 6]

490. National Bureau of Standards: Bituminized-fiber drain and sewer pipe. Commercial Standards CS-116-44, CS-116-54 (1944/1954).
491. British Standards Institution: Pitch-impregnated fibre drain and sewer pipes. British Standard 2760: 1956.
492. Rossberg, H.: Amerikanische Pechfaserrohre in der Abwassertechnik. Kommunalwirtschaft **1966**, Nr. 9, 1—8.
493. American Society for Testing and Materials: Homogeneous bituminized fiber drain and sewer pipe. ASTM D 1861-64, 1964.
494. — Laminated-wall bituminized fiber drain and sewer pipe. ASTM D 1862-64, 1964.
495. Anonym: Pitch fibre pipes. Pipes and Pipelines **5**, Nr. 6, 85—89 (1960).
496. Lockett, J. A.: Pechfaserrohre mit Zeitungspapier als Grundstoff. Rohr-Armatur-Sanitär-Heizung **18**, Nr. 2, 48—50 (1963).
497. Caplin, P. B.: The manufacture and use of pitch fibre pipe. Chem. and Ind. (London) **1964**, 44—49.

Tontauben-Pech

[4, 144]

Pech-Emulsionen

[1]

498. Whittier, F.: Coal tar emulsions. Ind. Eng. Chem. **58**, Nr. 4, 34—35 (1966).

II. Öle

Rußöl

499. Endter, F.: Ruß. In: Ullmanns Encyklopädie der technischen Chemie, 3. Aufl., Bd. 14. S. 793—810. München u. Berlin: Urban & Schwarzenberg 1963.

500. GLUZMAN, L. D.: Zur Verwendung der hochsiedenden Fraktionen des Steinkohlenteers bei der Rußherstellung. Koks i Khim. **1960**, Nr. 10, 51.

Heizöl

[1, 22, 203]

501. RADMACHER, W.: Flüssige Brennstoffe. In: ULLMANNS Encyklopädie der technischen Chemie, 3. Aufl., Bd. 4, S. 709—719. München u. Berlin: Urban & Schwarzenberg 1953.
502. FUCHS, W., u. W. SCHMIDT: Zur Kenntnis kältebeständiger Teeröle. Brennstoff-Chem. **33**, 338—343 (1952).
503. Gesellschaft für Teerverwertung mbH: Verbesserung von Teerölen. D.B.P. 823740 vom 17. 5. 1949/6. 12. 1951.
504. — Herstellung satzfreier Teeröle. D.B.P. 854360 vom 1. 11. 1950/4. 11. 1952.

Imprägnieröl

[1, 6, 19, 22, 203, 343, 344]

505. PETERS, F.: Die Holzkonservierung mit Steinkohlenteeröl. Berlin 1936.
506. HUNT, G. M., and C. A. GARRATT: Wood preservation. New York and London 1945.
507. SCHULZE, B., u. G. BECKER: Untersuchungen über die pilzwidrigen und insektentötende Wirkung von Fraktionen und Einzelstoffen des Steinkohlenteeröls. Holzforschung **2**, 97—127 (1948).
508. BECKER, G.: Der Wert von Steinkohlenteeröl-Bestandteilen für den Holzschutz. Bitumen, Teere, Asphalte, Peche **1**, 93—101 (1950).
509. MAHLKE-TROSCHEL: Handbuch der Holzkonservierung. Berlin-Göttingen-Heidelberg: Springer 1950.
510. BROESE VAN GROENOU, H.: Mit Steinkohlenteeröl imprägniertes Holz ist nicht feuergefährlich. VfT-Mitt. **3**, Nr. 2, 2—4 (1954).
511. HAAREN, A. v.: Holzschutz im Walde unter Verwendung von Teerölen. VfT-Mitt. **3**, Nr. 2, 6—8 (1954).
512. BROESE VAN GROENOU, H.: Über die Verwendung von teerölimprägniertem Holz in der Landwirtschaft. VfT-Mitt. **1962**, Juliheft, 7—13.
513. GEISTER, F. K.: Holzschutz. Düsseldorf 1962.
514. FINDLAY, W. R. K.: The preservation of timber. London: Black 1962.
515. Gesellschaft für Teerverwertung mbH: Herstellung eines Teerimprägnieröls. D.B.P. 974627 vom 10. 5. 1950/6. 3. 1961.
516. Internationale Auskunftsstelle für Holzkonservierung: Skandinavische Lieferungsbedingungen und Untersuchungsmethoden für Steinkohlenteeröl zur Holzimprägnierung. Den Haag 1937.
517. — Budapester Lieferungsbedingungen und Untersuchungsmethoden für Steinkohlenteeröl zur Holzimprägnierung. Den Haag 1938.
518. Deutsche Bundesbahn: Steinkohlenteeröl zum Tränken von Holzschwellen und Werkstättennutzholz. Techn. Lieferbedingungen TL 91892, August 1951.
519. British Standards Institution: Coal tar creosote for the preservation of timber. Brit. Standard B. S. 144, 1954.
520. — Coal tar oil types of wood preservatives (other than creosote B.S. 144). Brit. Standard B.S. 3051, 1958.

521. American Wood Preservers' Association: Standard for creosote P 1-54. Manual of Recommended Practice 1957.

Waschöl, Treiböl, sonstige Öle

[1, 19, 22, 203]

III. Pech-Öl-Mischungen

Straßenteere

[1, 4, 6, 19, 20, 441]

522. Verkaufsvereinigung für Teererzeugnisse AG: ABC des Teerstraßenbaus. Essen 1958.
523. Franck, H.-G.: Über die Beziehungen zwischen Viskosität und Zusammensetzung von Straßenteeren. Straße u. Autobahn **3**, 218—222 (1952).
524. Krenkler, K.: Über das Abbindeverhalten von Straßenteeren. Straße u. Autobahn **3**, 84—88 (1952).
525. Franck, H.-G., u. O. Wegener: Ein einfaches Verfahren zur exakten Messung der Abbindegeschwindigkeit von Straßenteeren. Bitumen, Teere, Asphalte, Peche **3**, 251—258 (1952).
526. — Die neuere Entwicklung der Straßenteerforschung. Bitumen, Teere, Asphalte, Peche **4**, 273—281 (1953).
527. —, u. O. Wegener: Kurzverfahren zur Messung der Abbindegeschwindigkeit vom Straßenteer. Bitumen, Teere, Asphalte, Peche **5**, 165—166 (1954).
528. Krenkler, K.: Straßenteere mit erhöhter Alterungsbeständigkeit. Straße u. Autobahn **5**, 90—92, 143—150, 190—192 (1954).
529. Franck, H.-G.: Über die Oxydationsbeständigkeit von Straßenteeren. Bitumen, Teere, Asphalte, Peche **5**, 129—131 (1954).
530. — Vergleich der Alterungsbeständigkeit von Straßenteeren. Bitumen, Teere, Asphalte, Peche **6**, 185—187 (1955).
531. Tingle, E. D., u. N. Wright: Die Verwitterung von Straßenteer in Belägen. J. Appl. Chem. (London) **10**, 306—312 (1960); — Bitumen, Teere, Asphalte, Peche **13**, 124—125 (1960).
532. Krenkler, K.: Weiterentwicklung der alterungsbeständigen Straßenteere. Bitumen, Teere, Asphalte, Peche **13**, 217—221, 261—264, 311—317 (1962).
533. Franck, H.-G.: Zur Kenntnis der Haftmittel (Adhäsionsverbesserer) für Straßenteer. Bitumen, Teere, Asphalte, Peche **4**, 32—34 (1953).
534. Mallison, H.: Straßenteer mit Bitumen. Bitumen, Teere, Asphalte, Peche **1**, 203—204 (1950).
535. Franck, H.-G., u. O. Wegener: Über die Eigenschaften von Straßenteeren mit Bitumenzusatz. Bitumen, Teere, Asphalte, Peche **4**, 120—124 (1953).
536. Gesellschaft für Teerverwertung mbH: Pech-Bitumen-Mischung. D.B.P. 1003380 vom 29. 10. 1954/8. 8. 1957.
537. — Steinkohlenteerweichpech-Produkt. D.B.P. 1009338 vom 5. 7. 1954/7. 11. 1957.
538. Franck, H.-G.: Entwicklung und Eigenschaften der VT-Straßenteere. Bitumen, Teere, Asphalte, Peche **6**, 147—151 (1955).

539. Berneis, K., and L. J. Wood: Rheology and structure of mixtures of road tar and bitumen. J. Appl. Chem. (London) **12**, 160—164 (1962).
540. American Society for Testing and Materials: Tar. ASTM D 490-47, 1947.
541. Wood, L. J.: Modifications of coal tar: Coal tar-bitumen blends. In: A. J. Hoiberg, Bituminous materials: Asphalts, tars, and pitches, vol. 3, p. 251—273. New York-London-Sydney: Interscience Publ. 1966.
542. Phelan, P. F., and E. O. Rhodes: Road tars and tar paving. In: A. J. Hoiberg, Bituminous materials: Asphalts, tars, and pitches, vol. 3, p. 251—273. New York-London-Sydney: Interscience Publ. 1966.
543. Temme, T.: Gummizusatz zu Bitumen und Teeren. Bitumen, Teere, Asphalte, Peche **7**, 178 (1956).
544. Goodyear Tire & Rubber Co.: Rubberized mineral-tar paving compositions. U.S.P. 2921919 vom 19. 1. 1960.
545. Böttcher, M.: Gummi-Bitumen-Mischungen bzw. Mischungen von Gummi und Teer für die Anwendung in Straßenbau, für Fugenverguß- und Überzugsmassen. Bitumen, Teere, Asphalte, Peche **16**, 54—56 (1965).

Stahlwerksteere

[1]

546. Rosengren, Å.: Zur Frage der Qualitätsuntersuchung des Stahlwerksteers. Arch. Eisenhüttenw. **25**, 11—18 (1954).
547. Massinon, J.: Beschaffenheit der Teere für Teer-Dolomit-Mischungen. Stahl u. Eisen **76**, 331—333 (1956).

Dachpappenteere

[1, 4, 19]

548. Funk, O.: Dachpappe. In: Ullmanns Encyklopädie der technischen Chemie, 3. Aufl., Bd. 5, S. 705—709. München u. Berlin: Urban & Schwarzenberg 1954.
549. Rick, A. W.: Dachpappen-Rohstoffe. Bitumen, Teere, Asphalte, Peche **4**, 2—7, 46—49 (1953).
550. — Dachpappen-Herstellung. Bitumen, Teere, Asphalte, Peche **4**, 129—133, 182—185, 250—253, 296—298 (1953).
551. — Dachpappen-Verarbeitung. Bitumen, Teere, Asphalte, Peche **4**, 322—328, 358—360 (1953); **5**, 22—26 (1954).
552. — Dachpappen-Prüfung. Bitumen, Teere, Asphalte, Peche **5**, 190—193, 332—334 (1954).
553. Böttcher, M.: Imprägnier- und Deckmassen sowie Abstreumittel für Dachpappe. Bitumen, Teere, Asphalte, Peche **11**, 405—406 (1960).
554. Anonym: Teer-Sonderdachpappen nach DIN 52140. Bitumen, Teere, Asphalte, Peche **8**, 324—326 (1957).
555. Deutsche Normen: DIN 52121: Teerdachpappen, beiderseitig besandet. 1959.
556. — DIN 52122: Tränkmassen für besandete Teerdachpappen und nackte Teerpappen. 1937.
557. — DIN 52139: Prüfung von Steinkohlenteererzeugnissen als Klebemassen für Dachpappe. 1930.

558. — DIN 52140: Teer-Sonderdachpappen und Teer-Bitumendachpappen. Vornorm 1960.
559. — DIN 52136: Dachanstrichstoffe; Steinkohlenteer. 1930.
560. — DIN 52137: Steinkohlenteere, Prüfung als Dachanstrichstoff. 1930.
561. American Society for Testing and Materials: Coal tar pitch for roofing, dampproofing, and waterproofing. ASTM D 450-41, 1941.
562. Federal Specification: Coal tar for mineral surfaced built-up roofing, waterproofing and dampproofing. R-P-381-Pitch.

Teerpechlacke

563. Krenkler, K.: Asphalt-, Bitumen- und Teerpechlacke. In: Ullmanns Encyklopädie der technischen Chemie, 3. Aufl., Bd. 11, S. 318—321. München u. Berlin: Urban & Schwarzenberg 1960.
564. Whittier, F.: Cold applied coal tar paints. Ind. Eng. Chem. **58**, 33—36 (1966).
565. Fair jr., W. F.: Protective coatings. In: A. J. Hoiberg, Bituminous materials. Asphalts, tars, and pitches, vol. 3, p. 323—358. New York-London-Sydney: Interscience Publ. 1966.
566. Deutsche Bundesbahn: Anstrichstoffe aus Steinkohlenteerpech-Grundlage. TL 918319, September 1966.
567. — Anstrichstoffe auf Steinkohlenteerpech-Grundlage für Stahlbauwerke. TL 918374, September 1966.

Teer-Kunstharz-Kombinationslacke

[131, 140, 141, 142, 489, 564]

568. Herzberg, M.: Mixtures of pitches and epoxy resins as corrosion preventives. Peintures, pigments, vernis **35**, 383—386 (1959).
569. Oeteren, K. A. van: Moderner Korrosionsschutz für Stahl und Beton. Bitumen, Teere, Asphalte, Peche **13**, 533—534 (1962).
570. Riese, W. A.: Teer in modernen Rostschutzsystemen. Bitumen, Teere, Asphalte, Peche **14**, 66—67 (1963).
571. Croy, F. A.: Teer-Epoxy- und Teer-Urethan-Schutzanstriche. Bitumen, Teere, Asphalte, Peche **16**, 213—215 (1965).
572. Deutsche Bundesbahn: Anstrichstoffe auf Epoxidharz-Teer-Grundlage (lösungsmittelarm). TL 918380, September 1966.
573. — Anstrichstoffe auf Epoxidharz-Teerpech-Grundlage (lösungsmittelhaltig). TL 918381, September 1966.

IV. Anthracen

574. Rütgerswerke AG: Erzeugnisse aus Steinkohlenteer (Umsetzungen und Verwendungsmöglichkeiten).
575. Ehrenberg, A.: Anthracen. In: Ullmanns Encyklopädie der technischen Chemie, 3. Aufl., Bd. 3, S. 657—659. München u. Berlin: Urban & Schwarzenberg 1953.
576. Delfs, D.: Anthracinon. In: Ullmanns Encyklopädie der technischen Chemie, 3. Aufl., Bd. 3, S. 659—661. München u. Berlin: Urban & Schwarzenberg 1953.
577. Baumann, F., u. H. Vollmann: Anthrachinon-Farbstoffe und Vorprodukte. In: Ullmanns Encyklopädie der technischen Chemie, 3. Aufl., Bd. 3, S. 662—732. München u. Berlin: Urban & Schwarzenberg 1953.

V. Naphthalin

578. RAPPEN, L.: Naphthalin. In: ULLMANNs Encyklopädie der technischen Chemie, 3. Aufl., Bd. 12, S. 584—589. München u. Berlin: Urban & Schwarzenberg 1960.
579. STOBAUGH, R. B.: Naphthalene: How, where, who-future. Hydrocarbon Proc. **45**, Nr. 3, 149—155 (1966).
580. SCHMIDT, J.: Phthalsäure und Derivate. In: ULLMANNs Encyklopädie der technischen Chemie, 3. Aufl., Bd. 13, S. 717—735. München u. Berlin: Urban & Schwarzenberg 1962.
581. VOLLMANN, H.: Phthalocyanine. In: ULLMANNs Encyklopädie der technischen Chemie, 3. Aufl., Bd. 13, S. 697—716. München u. Berlin: Urban & Schwarzenberg 1962.
582. RITTMEISTER, W.: Naphthalinhydroverbindungen. In: ULLMANNs Encyklopädie der technischen Chemie, 3. Aufl., Bd. 12, S. 589—593. München u. Berlin: Urban & Schwarzenberg 1960.
583. GOLL, O.: Naphthalinsulfonsäuren. In: ULLMANNs Encyklopädie der technischen Chemie, 3. Aufl., Bd. 12, S. 593—597. München u. Berlin: Urban & Schwarzenberg 1960.
584. THIESS, K., u. F. ISCHE: Naphthochinone. In: ULLMANNs Encyklopädie der technischen Chemie, 3. Aufl., Bd. 12, S. 600—603. München u. Berlin: Urban & Schwarzenberg 1960.
585. GOLL, O.: Naphthole. In: ULLMANNs Encyklopädie der technischen Chemie, 3. Aufl., Bd. 12, S. 603—622. München u. Berlin: Urban & Schwarzenberg 1960.
586. — Naphthylamine. In: ULLMANNs Encyklopädie der technischen Chemie, 3. Aufl., Bd. 12, S. 623—633. München u. Berlin: Urban & Schwarzenberg 1960.

VI. Phenole

[311, 340]

587. LINDNER, O., u. E. BÖCKER: Phenole und Alkylphenole. In: ULLMANNs Encyklopädie der technischen Chemie, 3. Aufl., Bd. 13, S. 424—453. München u. Berlin: Urban & Schwarzenberg 1962.
588. STOBAUGH, R. B.: Phenol: how, where, who-future. Hydrocarbon Proc. **45**, Nr. 1, 143—152 (1966).
589. HAUSDÖRFER, H.: Kresole. In: ULLMANNs Encyklopädie der technischen Chemie, 3. Aufl., Bd. 10, S. 787—796. München u. Berlin: Urban & Schwarzenberg 1958.
590. GOLL, O.: Chlorphenole. In: ULLMANNs Encyklopädie der technischen Chemie, 3. Aufl., Bd. 5, S. 494—499. München u. Berlin: Urban & Schwarzenberg 1954.
591. OETTINGEN, W. F.: Phenol and its derivatives. Washington 1949.
592. HULTZSCH, K.: Chemie der Phenolharze. Berlin-Göttingen-Heidelberg: Springer 1950.
593. MARTIN, R. W.: The chemistry of phenolic resins. New York: J. Wiley & Sons 1956.
594. LEMMER, F., u. A. GRETH: Phenolharze. In: ULLMANNs Encyklopädie der technischen Chemie, 3. Aufl., Bd. 13, S. 453—479. München u. Berlin: Urban & Schwarzenberg 1962.
595. Anonym: New o-cresol processes end shortage danger. Chem. Eng. News **44**, Nr. 9, 57—59 (1966).

VII. Pyridin- und Chinolinbasen

[269, 311, 365, 574]

596. WOLF, A., u. H. SCHÜLY: Pyridin und -Derivate. In: ULLMANNs Encyklopädie der technischen Chemie, 3. Aufl., Bd. 14, S. 465—484. München u. Berlin: Urban & Schwarzenberg 1963.
597. KLINGSBERG, E.: Pyridine and its derivatives, 4 vol. New York: Interscience Publ. 1960—1964.
598. ARNALL, P.: Pyridine and its homologues as chemical raw materials. Chem. Prods. **24**, 451—457 (1961).
599. Anonym: Pyridine shortage persists. Chem. Eng. New **38**, 42—43 (18. 7. 1960).
600. — Pyridine picture brightens. Chem. Eng. News **40**, 22—23 (4.6.1962).
601. THOMAS, K., u. D. JERCHEL: Die Einführung von Substituenten in den Pyridin-Ring. Angew. Chem. **70**, 719—737 (1958).
602 HENECKA, H.: Aminopyridine. In: ULLMANNs Encyklopädie der technischen Chemie, 3. Aufl., Bd. 3, S. 496—498. München u. Berlin: Urban & Schwarzenberg 1953.
603. EHRHART, G.: Antihistamine. In: ULLMANNs Encyklopädie der technischen Chemie, 3. Aufl., Bd. 3, S. 799—806. München u. Berlin: Urban & Schwarzenberg 1953.
604. ANDERSAG, H.: Chinolin. In: ULLMANNs Encyklopädie der technischen Chemie, 3. Aufl., Bd. 5, S. 283—288. München u. Berlin: Urban & Schwarzenberg 1954.
605. HOLLINGSHEAD, R. G. W.: Oxin and its derivatives, 4 vol. London: Butterworths Sci. Publ. 1954—1956.

VIII. Cumaron-Inden-Harze

[399, 400, 401, 404]

606. Verkaufsvereinigung für Teererzeugnisse AG: Cumaron-Indenharze und verwandte Produkte, Sorten-technische Daten-Anwendungen. Ausgabe April 1967.
607. — Cumaron-Indenharze und verwandte Produkte. Informationsblätter zur Anwendungstechnik.
608. BRAUSE, W.: Cumaron- und Gebaganharz in Verbindung mit Natur- und Kunstkautschuk. Adhäsion **5**, 177—182, 230—241 (1961).
609. PREUSS, H. P.: Coumarone-indene resins. Metal Finishing **1963**, Nr. 6, 92—95, 97.

IX. Benzolerzeugnisse

610. FRANCK, H.-G.: Benzol. In: ULLMANNs Encyklopädie der technischen Chemie, 3. Aufl., Bd. 4, S. 292—303. München u. Berlin: Urban & Schwarzenberg 1953.
611. — Toluol. In: ULLMANNs Encyklopädie der technischen Chemie, 3. Aufl., Bd. 17, S. 444—449. München-Berlin-Wien: Urban & Schwarzenberg 1966.
612. Deutsche Normen: DIN 51633; Technische Benzole. Vornorm November 1959.
613. HAMMERICH, T., u. W. GROTHE: Benzol und seine Homologen - Stand der internationalen Normung. Erdöl Kohle-Erdgas-Petrochem. **19**, 125—129 (1966).

X. Sonstige Reinerzeugnisse

[29, 574]

614. VOLLMANN, H., u. L. RAPPEN: Polyanellierte Kohlenwasserstoffe. In: ULLMANNs Encyklopädie der technischen Chemie, 3. Aufl., Bd. 10, S. 92—104. München u. Berlin: Urban & Schwarzenberg 1958.
615. RAPPEN, L.: Acenaphthen. In: ULLMANNs Encyklopädie der technischen Chemie, 3. Aufl., Bd. 3, S. 1—2. München u. Berlin: Urban & Schwarzenberg 1953.
616. TUCKER, S. H., and M. WHALLEY: The chemistry of fluoranthen. Chem. Revs. **50**, 483—538 (1952).
617. VOLLMANN, H., H. BECKER, M. COREL u. H. STREECK: Beiträge zur Kenntnis des Pyrens und seiner Derivate. Liebigs Ann. Chem. **531**, 1—160 (1937).
618. NORDT, H.: Diphenylenoxid. In: ULLMANNs Encyklopädie der technischen Chemie, 3. Aufl., Bd. 6, S. 10—11. München u. Berlin: Urban & Schwarzenberg 1955.
619. FISCHER, E.: Indol. In: ULLMANNs Encyklopädie der technischen Chemie, 3. Aufl., Bd. 8, S. 784—785. München u. Berlin: Urban & Schwarzenberg 1957.
620. GOLD, H.: Carbazol. In: ULLMANNs Encyklopädie der technischen Chemie, 3. Aufl., Bd. 5, S. 76—80. München u. Berlin: Urban & Schwarzenberg 1954.
621. MILLER, F. M.: Heterocyclic compounds with indole and carbazole systems. London: Interscience Publ. 1954.
622. MAUSS, H.: Acridin. In: ULLMANNs Encyklopädie der technischen Chemie, 3. Aufl., Bd. 3, S. 69—71. München u. Berlin: Urban & Schwarzenberg 1953.
623. ISCHE, F.: Thionaphthen und -Derivate. In: ULLMANNs Encyklopädie der technischen Chemie, 3. Aufl., Bd. 17, S. 347—351. München-Berlin-Wien: Urban & Schwarzenberg 1966.
624. FRANCK, H.-G.: Entwicklungsmöglichkeiten des Steinkohlenteers als chemische Rohstoffquelle. Brennstoff-Chem. **45**, 1—8 (1964).

Abkürzungsverzeichnis

B	= Barrett (konventioneller Helligkeitswert für Cumaron-Inden-Harze nach der internationalen Steinkohlenteer-Skala [BARRETT])
C	= konventioneller Helligkeitswert für Phenolerzeugnisse nach der internationalen C-Serie
CiA	= cube in air (Methode zur Messung des Erweichungspunkts)
CiW	= cube in water (Methode zur Messung des Erweichungspunkts)
°E	= Grad Engler (konventionelle Viskositätseinheit)
EP	= Erweichungspunkt [°C]
EVT	= Äquiviskositätstemperatur [°C] (deutsch: T_v)
ΔH_f	= Schmelzenthalpie [cal/g]
ΔH_s	= Verdampfungsenthalpie [cal/g]
K.S. (oder K-S)	= Kraemer-Sarnow (Methode zur Messung des Erweichungspunkts)
o.T.	= offener Tiegel (bei der Bestimmung des Flammpunkts)
R. u. K. oder R + K	= Ring und Kugel (Methode zur Messung des Erweichungspunkts)
STV	= Straßenteerviskosimeter
T_v	= Äquiviskositätstemperatur [°C] (engl.: EVT)
waf	= wasser- und aschefrei
wf	= wasserfrei

Autorenregister

Die *kursiv* gedruckten Seitenzahlen beziehen sich auf die Literatur

Abraham, H. *184*
Adey, K. A. *201*
Alexander, L. E. *207*
Allied Chemical Corp. 72, *191*
Allied Chemical & Dye Corp. *202, 203*
Aluminium Comp. of Canada (ALCAN) 103
American Cyanamid Co. *199*
American Society for Testing and Materials *209, 212, 213*
American Tar Products Comp. *192*
American Water Works Association (AWWA) 107, *208*
American Wood Preservers' Association 114, *211*
Anders, H. *204*
Andersag, H. *215*
Andrejewa, W. S. *205*
Aral AG 171
Armstrong Cork Co. *205*
Arnall, P. *215*
AWWA s. American Water Works Association

Badger 72
Bal, S. *196*
Barrett 164
Barskii, V. D. *199*
BASF 88, *203*
Basterfield, H. A. *202*
Baumann, F. *213*
Baumbach, D. O. *208*
Bayer 143
Becker, G. *210*
Becker, H. *216*
Becker-Boost, E. H. *184*
Beckmann, E. 147
Beckton *188*
Bednov, V. M. *198, 199*
Bellet, E. *195*
Bemmann, R. *200*
Bergbau-AG Lothringen 56, *190, 194*
Berge, H. *198*
Bergwerksverband GmbH *205*
Berneis, K. *206, 212*
Berthold, P. H. *185*
Bischofsberger, G. T. *207*
Blakely, T. H. *207*
Blaustein, B. D. *196*
Blecher, F. *184*
Böcker, E. *214*
Böttcher, M. *212*
Boev, D. Ja. *193*
Bowitz, O. *208*
Boye, E. *204*
Branscomb, J. A. *207, 208*
Brause, W. *204, 215*
Briggs, D. K. H. 98, *206*
British Aluminium Comp. Ltd. 102, *189*
British Standards Institution *209, 210*
Broche, H. *205*
Broese van Groenou, H. *210*
Bullough, V. L. *207*
Butler & Co. Ltd. *199*

California Res. 143
Caplin, P. B. *209*
Centre National de la Recherche Scientifique *205*
CEOCOR s. Comité de l'Europe Occidental de la corrosion et de la protection des conduits souterraines
Charette, L. P. *207*
Chemical Engineering Wiltons Ltd. 40, 41, 52, *188, 189, 190*
Chemische Fabrik Badenia Philipp Keilmann oHG *189*

Chistyakov, A. N. *187*
Cholopcev, V. P. *193*
Chomutinkin, G. V. *188*, *195*
Cin, R. M. *196*
Clar, E. 14, *185*
Claus, D. *208*
Clifton, P. V. *201*
Coal Tar 164
Coal Tar Association *199*
Coal Tar Research Association 18, 52, *184*, *189*
Collin, G. 18, 20, 114, 144, *184*, *185*
Comité de l'Europe Occidental de la corrosion et de la protection des conduits souterraines (CEOCOR) 107, *209*
Conradson 112, 114
Corel, M. *216*
Coulson, E. A. *203*
Croy, F. A. *189*, *208*, *213*

Darney, A. *207*
Das Gupta, N. N. *193*
Davies, A. *209*
Delfs, O. *213*
Dell, M. B. *207*
Demann, W. *193*
Depke, F. M. *191*
Deutsche Bundesbahn 114, 130, 132, *210*, *213*
Deutsche Bundespost 115
Dewalt jr., C. W. *186*
Dierichs, A. *200*
Dobrowolskij, J. P. *190*, *193*
Donath, E. E. *204*
Dow Chemical Comp. 143
Downer, M. 98, *206*
Dragostinov, P. *193*
Drake, W. D. 98
Dresser Industries Inc. *191*
Dressler, W. 19, *186*
Dubovik, A. N. *193*
Du Pont 73

Earp, F. K. *207*
Efterstrol, T. *208*
Ehrenberg, A. *213*
Ehrhart, G. *215*
Eigen, I. *187*
Eisenlohr, H. *184*
Eisenwerke Gelsenkirchen AG *190*
Eisler, O. *187*
Elektrokemisk A/S 102
Elkind, J. S. *193*
Endter, F. *209*
Ermolov, L. N. *188*

Fachverband Kohlechemie e. V. *184*
Fair jr., W. F. *213*
Farbwerke Hoechst AG *189*
Feldman, J. *196*
Ferrand, R. *187*
Fiebach, K. *191*
Findlay, W. R. K. *210*
Fischer, E. *216*
Fischer, W. *187*
Foster-Wheeler Corp. 38
Fraaß 98, 107
Franck, H. G. 98, 144, *185*, *186*, *187*, *194*, *202*, *206*, *211*, *215*, *216*
Friedel, R. A. *185*, *186*
Friehmelt, E. *206*
Frischbutter, E. *208*
Fritz, W. *188*
Fuchs, W. *210*
Funk, O. *212*

Gaisarov, M. G. *188*
Gajewski, Z. *206*
Gardner 164
Garratt, C. A. *210*
Gautzsch, H. 12
Geister, F. K. *210*
Gelsenkirchener Bergwerks-AG 46, 66, *188*, *190*, *191*, *192*, *198*,
Georgius, A. *200*
Gesellschaft für Teerverwertung mbH 31, 33, 34, 47, 56, *187*, *188*, *190*, *191*, *192*, *194*, *195*, *196*, *197*, *198*, *199*, *200*, *201*, *202*, *203*, *204*, *205*, *210*, *211*
Gilbert, G. *199*
Ginzburg, I. E. *205*
Girolami, L. *207*
Gluzman, L. D. *195*, *196*, *210*
Goftman, M. V. *195*
Gogoleva, T. J. *206*
Gold, H. *216*
Goll, O. *214*
Gollmer, W. *184*
Goodyear Tire & Rubber Co. *212*
Gordeeva, Z. K. *195*
Gorowoj, G. P. *193*
Gratkowsky, H. W. von *184*

Great Lakes Carbon Corp. 103, *194*
Green, S. J. *205, 206*
Greenhow, E. J. *186, 187, 206*
Greth, A. *214*
Grigoleit, G. *186*
Grosskinsky, O. *184*
Grothe, W. *203, 215*
Gulf Research & Development Comp. *202*
Gurewich, B. S. *198*

Haaren, A. von *210*
Hahn, H. H. *184*
Hammerich, T. *215*
Haque, R. *193*
Hausdörfer, H. *214*
Hedden, K. *184*
Heinrich, F. J. *206*
Helling, W. *207*
Helmrich, G. *207*
Henecka, H. *215*
Herbert, W. *184*
Herzberg, M. *213*
Hilgenstock, P. *193*
Hock, H. 143
Höring, M. *204*
Hoiberg, A. J. *184*
Hollingshead, R. G. W. *215*
Honda, H. *206*
Hooker 143
Hotowicka, J. *187*
Houdry Process Corp. *197*
Hüttenwerk Oberhausen AG *199*
Hugel, G. *187*
Hultzsch, K. *214*
Hunt, G. N. *210*
Hunter, R. H. *199*

I. G. Farbenindustrie AG *195, 203*
Ikert, B. *204*
Imperial Chemical Industries Ltd. *199, 202*
Internationale Auskunftsstelle für Holzkonservierung *210*
Isaenko, J. P. *188, 195, 199*
Ische, F. *214, 216*

Jäppelt, A. *184*
Janczur, J. *197*
Jastrshembskaja, O. W. *205*
Jeitner, F. *208*
Jerchel, P. *215*
Jones, J. I. *203, 207*
Jones & Laughlin Steel Corp. *203*
Jurkiewicz, J. *193, 195, 197, 208*
Juzwa, S. *197*

Kalyanov, K. G. *193*
Karawajew, N. M. *194*
Karr jr., C. *186*
Kessel, K. von *204*
Khomutinkin, G. V. *188, 195*
Kikkawa, S. *206*
Klingsberg, E. *215*
Kohle- u. Eisenforschung GmbH *188, 191*
Kohlenwertstoff-AG *193*
Kolbe, H. 139
Konstantinowa, V. *193*
Kopeliovic, L. V. *193*
Koppers Comp. Inc. 51, *189, 191, 194, 199, 202*
Koppers Development Corp. *192*
Koppers GmbH, Heinrich 29, 30, 34, 35, 54, 56, 89, *192, 193, 198*
Kostenko, A. R. *190*
Kostjunin, J. K. *193*
Kowalski, G. *200*
Kraemer, G. 29, 98, 162
Krenkler, K. *211, 213*
Kretz, T. *184*
Krevelen, D. W. van 16
Kruber, O. *186, 187, 202*
Krylov, V. N. *207*
Kubička, R. *200*
Kuczynski, L. *203*
Kugo, M. *194*
Kula, J. *195*
Kuszka, W. *195*
Kvapil, Z. *200*

Lahira, A. *193*
Lane, J. B. *204*
Lang, K. F. *187*
Lang, S. 143
Lange, R. *207*
Laskowska, H. *197*
Lauterbur, P. C. *186*
Lechler oHG, Paul *192*
Lemmer, F. *214*
Letort, M. *194*
Leuna-Werke *200*
Lewicki, L. *200*
Liebich, H.-G. *203*
Lindner, O. *214*

Lissner, A. *187*
Lockett, J. A. *209*
Los, B. *200*
Loyen, P. von *188*
Lurgi 1, 89, 92

Mahlke *210*
Mallison, H. *206, 211*
Mannesmann AG 101, *208*
Mannesmannröhren-Werke *188*
Mariich, L. I. *204*
Markaczewa, T. M. *195*
Maršálek, M. *193*
Martens 112, 114
Martin, R. W. 214
Martin, S. W. *207*
Marx, A. *200*
Massinon, J. *212*
Matusjak, N. J. *189, 190, 208*
Mauhs, G. *184*
Mauss, H. *216*
Mayoh, L. B. *188*
McManus, G. G. *209*
McNeil, D. *184, 187, 199, 202, 206, 207*
Medcalf, E. G. *202*
Metallgesellschaft AG *201*
Metlin, S. J. *196*
Meyer, K. *191*
Midland Tar Distillers Ltd. *189, 198, 204*
Miller, F. M. *216*
Moehrle, E. *202*
Molinari, J. G. D. *188, 198*
Monsanto Chemicals Ltd. *202*
Morgan, M. S. *186, 207*
Morrisey, H. A. *207*
Movchan, A. T. *189*
Muck 98
Müschenborn, W. *206*
Mukherji, S. M. *206*
Mustafin, F. A. *188*

Nagowski, A. *203*
Nankowa, P. *193*
National Bureau of Standards *209*
Nedelmann, H. *205*
Nedopil, E. *208*
Nejzmak, V. E. *193*
Nelson, M. W. *207, 208*
Nettlenbusch, L. *202*
Niederschlesische Bergbau AG *194*
Niewiadomski, T. *188, 208*
Nikitenko, A. G. *196*
Nonnenmacher, H. *203*
Nordt, H. *216*
Nossalewitsch, I. M. *205*
Novak, H. *203*
Novikov, V. N. *188*

Obenaus, W. *184*
Oberkobusch, R. *198*
Oeteren, K. A. van *192, 213*
Oettingen, W. F. *214*
Orangeburg Manufacturing Comp. Inc. *191*
Orchin, M. *185, 196*
Osthaus, H. K. *193*
Othmer, D. F. *201, 203*
Otto & Comp. GmbH, Dr. C. 56, *192, 193*
Ouchi, K. *206*

Parshin, V. D. *205*
Patrikeewa, L. M. *190*
Péchiney Comp. de Produits Chimique et Electrometallurgiques 102, *207*
Pennie, W. L. *209*
Pensky 112, 114
Peresadenko, J. N. *193*
Perkin, W. H. 146
Peter, R. C. *204*
Peters, F. *210*
Peters, W. *184*
Petrowitz, H.-J. *185*
Phelan, P. F. *212*
Phillips, G. *186*
Pittsburgh Coke & Iron Co. *202, 203*
Pittsburgh Coke & Chemical Comp. *191*
Pittsburgh Consolidated Coal Comp. *200*
Platt, J. R. *185*
Pollack, S. S. *207*
Popper, F. *206*
Preuss, H. P. *215*
Privalov, V. E. *188, 198, 199*
Proabd s. Société pour l'Exploitation des Procédés Ab-der-Halden

Raabe, S. *208*
Radmacher, W. *210*
Raeithel, A. *186*

Raja, K. *193*
Rappen, L. *185, 214*
Raschig, F. 143, *202, 216*
Raudenbusch, H. *191*
Redestillationsgemeinschaft mbH 91
Reerink, W. *184*
Reimer-Tiemann 146
Reitz, O. *203*
Rheinelbe Bergbau AG *198*
Rhodes, E. O. *192, 212*
Rick, A. W. *212*
Riedel, G. *200*
Riese, W. A. *213*
Rittmeister, W. *214*
Romwalter, A. *207*
Rosendahl, F. *193*
Rosengren, Å. *212*
Rosinski, S. *208*
Rossberg, H. *209*
Roy, G. *195*
Rütgerswerke und Teerverwertung AG 12, 13, 29, 36, 46, 50, 68, *188, 189, 193 194, 195, 196, 197, 198, 199, 201, 202, 203, 204, 213*
Ruhrgas AG 1
Ruiter, E. de *186*
Rusek, L. *203*
Rusjanova, N. D. *195*
Rustschew, D. D. *193*

Saltan, P. L. *189*
Sarnow 30, 98
Sauerland, H. D. 10, 11, 12, 13, 15, *185*
Savitt, S. A. *201, 203*
Schäfer, H.-G. *187*
Scheiber, J. *204*
Schering-Kahlbaum AG *201*
Schierholz, E. 19, *186*
Schinzel, W. *206*
Schkurowski, J. G. *190*
Schlag, W. H. *207*
Schlegel, H. G. *208*
Schmidt, J. *214*
Schmidt, P. *203*
Schmidt, W. *210*
Schmitt, H. *202*
Schneider, A. *197*
Schneider, G. *184*
Schönduhe, K. *200*
Scholven-Chemie AG 89, *203*
Schopov, G. K. *193*
Schüly, H. *215*
Schulze, B. *210*
Scientific-Design 143
Šebelik, V. *193*
Selvik, R. A. *208*
Semerjankin, B. V. *193*
Semtex Ltd. *191*
Sharkey jr., A. G. *186*
Sharma, B. N. *193*
Shea, F. L. *207*
Shell 92
Shell Development Co. *202*
Shideler, N. T. *208*
Shultz, J. L. *186*
Siemens-Planiawerke AG für Kohlefabrikate *194*
Simon, A. W. *207*
Sizmann, R. *195*
Smigielski, H. *195*
Smith, J. W. *186, 187, 206*
Śnieżek, U. *196*
Soc. Chimique de Gerland S. A. *195*
Sociéte pour l'Exploitation des Procédés Ab-der-Halden 39, 41, 42, *188, 189, 198*
Sonntag, F. *204*
Spilker, A. 162
Ssalnikow, W. W. *204*
Staatsmijnen in Limburg *203*
Stamicarbon N.V. *195*
Steinkohlenbergbauverein 19
Stepanenko, M. A. *189, 190, 194, 206, 208*
Stevens, D. R. *201*
Still, C. *200*
Stobaugh, R. B. *214*
Stone & Webster Engineering Corp. *199*
Streeck, H. *216*
Stührmann, O. M. *188*
Sugowdz, G. *187*
Szuba, J. *196*

Tamm, H. *184*
Temme, T. *212*
Tengler, S. *193*
Tennants Tar Distillers and Engineering Supplies Ltd. *199*
Terres, E. *184*
Thakur, B. *206*
Thau, A. *184*
Thiersch, F. *184*

Thiess, K. *214*
Thomas, B. E. A. *188, 207*
Thomas, K. *215*
Tingle, E. P. *211*
Tkatschenko, N. A. *190*
Trefny, F. *203, 204*
Troschel *210*
Tscherwow, A. P. *190*
Tucker, S. H. *216*
Turnbull, H. S. *188*

Uemaki, O. *194*
Union Carbide Corp. *194, 197*
Union Oil Co. of California *196*
Union Rheinische Braunkohlen Kraftstoff AG *195, 197*
Urban, W. *203*
Urxovy Zavody *203*

Vereinigte Aluminium-Werke AG *189*
Verkaufsvereinigung für Teererzeugnisse AG (VfT) 102, 107, 112, 114, 167, *192, 194, 211, 215*
Vetrocoke Società anon. *194*
Vohler, O. *208*
Volk, A. *184*
Volkmann, E. W. *186, 187*
Vollmann, H. *213, 214, 216*
Vriens, G. A. *202*

Wagner, O. *197*
Walker, C. A. *201, 208*
Wallace, B. P. *192*
Walther, H. *191, 206, 209*
Ward, S. G. *205*
Watanabe, T. *208*
Webb, W. H. A. *201*
Wegener, O. 98, *206, 211*
Wehrmann, F. *184*
Weil, R. C. *199*
Weinkopf, M. *187*
Wells, J. H. *188*
Weskamp, W. 19, *186*
Whalley, M. *216*
Whittier, F. *191, 209, 213*
Wille, H. *204*
Wilson jr., P. J. *188*
Wilt, M. H. *207*
Wilton s. Chemical Engineering Wiltons Ltd.
Winkler, H. J. V. *185*
Winn and Coales Ltd. *191*
Winter, H. *184*
Wiszniowski, K. *195*
Wolf, A. *215*
Wood, L. J. 98, *186, 191, 206, 207, 212*
Woolhouse, T. G. *198*
Wright, N. *211*
Wulf, F. *206*

Yorkshire Tar Distillers Ltd. *200, 202*

Zamrzła, Z. *187*
Zander, M. 15, *185, 186*
Zubok, A. N. *195*

Sachregister

Die *kursiv* gedruckten Seitenzahlen beziehen sich auf die Literatur

Abbindegeschwindigkeit 126, 211
Abführmittel 156
Acenaphthen 10, 12, 21, 22, 23, 26, 60, 62, 173, 176, *197*, *216*
Acenaphthenchinon 176
Acenaphthenformaldehydharze 176
Acenaphthenfraktion 62
Acenaphthophenanthrazin-Farbstoffe 176
Acenaphthylen 10, 12, 21, 22, 62, 173, 176
Acene 14
Aceton 143, 145, 146
3-Acetyldiphenylenoxid 181
2-Acetylfluoren 174
Acetylsalicylsäure 147, 150
Acilansaphirol B u. SE 135
Acridin 23, 26, 59, 182, *196*, *216*
Acridinbasen 21
Acridonsulfonsaures Natrium 59
Acrylharz 163
Additionsverbindung 81, 82
Adduktbildung 82, 83, 87
Adhäsionsverbesserer für Autoreifencord 152, 156
Adipinsäure 145, 147
Äquiviskositäts-Temperatur 98, 118, 120, 124
2-Äthoxy-6.9-diaminoacridin 183
2-Äthyl-4-thiocarbamidopyridin 153
Äthylbenzol 11, 91, 172
Äthylcyanin 158, 162
1.1-Äthylen-2.2-dipyridyliumbromid 154
1.1-Äthylen-4.4-dipyridyliumbromid 154
Äthylenglykol 58, 74, *195*
Äthylnaphthalin 11
m-Äthylphenol 12, 82
o-Äthylphenol 81, 83, *202*
p-Äthylphenol 12, 82
2-Äthylpyridin 12, 85, 86, 151, 153, *203*
3-Äthylpyridin 87
4-Äthylpyridin 87
Äthylrot 158, 162
2-Äthyl-4-thiocarbamidopyridin 153
Äthyltoluol 11
Agglomerierung von Erzen 77
Aldrin 182
Algizide 159
Algolscharlach B 176
Alizarin 135, 136
Alizarinastrol B 135
Alizarinbordeaux 135
Alizarinbrillantreinblau R 135
Alizarincyanin BBS 135
Alizarincyaningrün 3G 135
Alizarincyaningrün 5G 135
Alizarincyclamin R 135
Alizarinlichtgrau 2 BL u. 2 BLW 135
Alizarinreinblau B, G u. FFG 135
Alizarinrubinol 3G u. 3B 135
Alkaligehalt des Rohphenols 80
Alkalischmelze 58, 61, 140, 141, 143, 158, 160, 181
Alkydharze 138, 142, 164, 167, 174, 176, 177
Alkylanthracene 134
Alkylanthrachinone 177, 178
Alkylbenzolsulfonate 172
2.2'-Alkylen-bis-(isochinolylium-halogenid) 161
1.1'-Alkylen-bis-(pyridyliumjodid-4-aldoxim) 157
Alkylierung 82, 83, 134, 138, 145, 146, 148, 149, 150, 155, 178
Alkylmethylnaphthaline 178
Alkylmethylnaphthalinsulfonate 178
Alkylphenole 145, 146

Alkylphenolpolyglykoläther 146
Alkylsulfonsäurephenylester 146, 150
Alphol 139
Alterungsbeständige Straßenteere 121, 126
Alterungsbeständigkeit 105, 126, 211
Alterungsschutzmittel 148, 149, 150, 176
Aluminium 97, 99, 100, 101, 102, 104, *207*
Aluminiumbronzefarben 165, 167
Aluminiumchlorid 93
Aluminiumproduktion 99
Ambrettemoschus 149
Aminierung 155, 157, 158
5-Aminoacenaphthen 176
3-Aminoalkyldiphenylenoxide 181
Aminoalkyltetrahydrofluoranthene 175
1-Aminoanthrachinon 135
4-Aminoanthrachinon-5′-chlorbenzacridon 135
2-(4′-Amino-benzolsulfamido)-pyridin 155
1-Amino-5-benzoylaminoanthrachinon 135
1-Amino-4-bromanthrachinon-2-sulfonsäure 135
3-Aminocarbazol 181
3-Aminocarbazol-indophenol 181
2-Aminochinolin 158
4-Aminochinolin 158
5-Aminochinolin 158
8-Aminochinolin 158
1-Amino-2.4-dibromanthrachinon 135
4-Aminofluoranthen 175
2-Aminofluoren 174
2-Amino-4-methylpyridin 157
Aminomethylpyridine 154
4-Aminonaphthalsäure 176
1-Amino-8-naphthol-3.6-disulfonsäure 141
1-Amino-8-naphthol-4.6-disulfonsäure 141
2-Amino-5-naphthol-7-sulfonsäure 141
1-Amino-8-naphthol-4-sulfonsäure 141
o-Aminophenol 146
p-Aminophenol 146
4-Amino-11.12-phthaloylfluoranthen 175
3-Aminopyren 175
2-Aminopyridin 152, 155
Aminopyridine 153, 215
Ammoniak 25, 55, 62, 77, 84, 85
Ammoniakwasser 16, 29, 86
Ammoniumchlorid 9, 25, 27, 34, 41, 93, *188*
Ammoniumsulfat 85, 86
Ammoniumthiocarbonat/perthiocarbonat 92
Amöbenruhr 159, 160
Amöbizide 159
Amprolium 156
Anaesthetika s. auch Lokalanaesthetika 161
Analgetika 174, 181
Anilin 12, 63, 85, 88, 152, 153, 160, 172, *203*
Anilinbasen 86, 88
Anilinfraktion 87
Anisotropie von Pechkoks 104
Annellierungsgrad 13
Anodenkohle 97
Anodenmasse 99
Anthracen 6, 10, 11, 14, 15, 22, 26, 56, 57, 58, 59, 134, 136, 137, 153, *194*, *195*, *213*
40er Anthracen 58, 136
Anthracen-9-aldehyd 134
Anthracendisulfonsäuren 134
Anthracenöl 7, 12, 19, 26, 30, 31, 32, 35, 36, 37, 40, 41, 42, 43, 56, 57, 58, 110, 113, 118, 120, 123, 128, 136, *187*, *194*, *195*
Anthracenöl I 30, 31, 33, 35, 39, 43, 56
Anthracenöl II 30, 33, 35, 39, 43, 56, 59
Anthracenölkolonne 30, 31, 32, 33, 34, 35, 36, 37
Anthracenöl-Unlösliches 102
Anthracenrückstände 6, 26, 53, 57, 58, 136, *195*
Anthrachinon 58, 134, 136, 138, 142, *213*
Anthrachinon-1.5-disulfonsäure 135
Anthrachinon-1.8-disulfonsäure 135
Anthrachinon-Farbstoffe 136, 174, 176, 177, 181, *213*
Anthrachinon-1-sulfonsäure 135
Anthrachinonsulfonsäuren 136

Anthrachinonverfahren 177
Anthrachinonviolett 135
Anthralanblau G u. B 135
Anthranilsäure 138
Anticholeramittel 175
Antidepressivum 155
Antidiabetika 182
Antihämorrhagische Arzneimittel 178
Antihistamine 152, 155, *215*
Antihypertonika 161, 174
Antiklopfmittel 160
Antikoagulans 157
Antineuralgikum 147
Antioxydantien 145, 146, 147, 148, 149, 150
Antipyretikum 147
Antirachitische Vitamine 173
Antirheumatikum 147
Antiseptika 146, 149, 150, 155, 159, 160, 174
Antistatikum 154
Armstrongsäure 140
Aromatenextraktion 92, 146, 149
Aromatisierungsgrad 100, 111
Arosol 146
Arsol I 91, 171
Arsol II 91, 171
Asche 18, 20, 27, 49, 50, 52, 98, 100, 102, 103, 104, 106, 107
Aspirin 147, 150
Atmungsstimulans 156, 157
Aurin 147
Ausdehnungskoeffizient 7, 98
Autoreifenruß 110, 111
Avil 155
Azacyclonol 155
Azaindole 63
Azeotropdestillation 58, 59, 61, 74, 83, 85, 87, 92, *196*
Azeotropentwässerung 85
Azofarbstoffe 139, 140, 141, 142, 146, 147
Azomethinfarbstoffe 174

Bakelite 144
Bakterizide 146, 154, 159, 161
Basen 18, 62, 64
Basen-Fällung 86
Basensäure 62, 78, 85, 86
Basyntan F 140
Bautenschutz 26, 130, *191*
Bayersche Säure 141
Beizenfarbstoffe 136
Belvitan 181
Benzaldehyd 172
Benzanthracen 22
1.2-Benzanthracen 12
Benzidin 82
7.8-Benzochinolin 23, 182
Benzo[c]picen 97
2.3-Benzodiphenylenoxid 21, 23, 59
1.2-Benzodiphenylensulfid 10, 12
Benzoesäure 143, 172
Benzofluoranthene 10, 12, 22, 97
Benzofluorene 10, 12, 21, 22, 59, 97
Benzofluorenfraktion 59
Benzol 10, 11, 14, 21, 22, 23, 55, 84, 85, 86, 88, 89, 90, 91, 136, 138, 142, 143, 172, 179, *203*, *215*
Benzolerzeugnisse 169, 171, *203*, *215*
Benzolextraktion 77
Benzolhomologe 22, 74
Benzolhomologe-Raffinat 171
Benzolsulfonsäure 143
Benzoltricarbonsäuren 179
Benzol-Unlösliches 102, 109
Benzolvorerzeugnis 6, 88, 89, *204*
Benzolvorfraktion 90, 91
Benzolvorlauf 92
Benzolwaschöl 26, 60, 113, 114
Benzonitril 11, 93
1-Benzoylamino-4-chloranthrachinon 135
4-Benzoylpyridin 155
1.2-Benzpyren 15
3.4-Benzpyren 15
Benzpyrene 22, 97
o-Benzyl-p-chlorphenol 146
2-Benzylpyridin 155
4-Benzylpyridin 155
Benzylpyridine 152
N'-Benzyl-N'-(α-pyridyl)-N.N-dimethyl-äthylendiamin 155
Bichromat-Skala 164
Biegeprüfung 107
Bindemittel 116, 123, 145
Bis-(p-acetoxyphenyl)-pyridyl-(2)-methan 156
Bis-2-äthylhexylphthalat 139
Bisphenol A 82, 145, 146
Bitumen 106, 116, 126, 128, 165, 167, *211*, *212*

Bleicherdebehandlung 95
Blutungen, Arzneimittel gegen 178
Bodenverfestigung 117
Bortrifluorid 73, 93, 94, *199*, *205*
Brasan 23, 59
Brechpunkt 98, 105, 107
Bremsbeläge 145
Brikettpech 26, 46, 47, 96, 98, *205*
Brillantalizarinviridin F 135
Brillantgelb 147
Brillantsulfoflavin FF 176
Bromanthracene 134
N'-(p-Brombenzyl)-N'-(α-pyridyl)-N.N-dimethyl-äthylendiamin 155
3-Bromdiphenylenoxid 181
Bromelia 141
Bromierung 134, 159, 174, 175, 181
Bromoxin 159, 160
9-Bromphenanthren 174
Bromtitration 8
Bromzahl 8
B-Säure 141
BT-Teere 126
6-tert.-Butyl-m-kresol 149, 150
2-tert.-Butyl-p-kresol 148, 150

Calciumcarbid 99
Calciumcarbonat 75, 77
Calciumoxid 75
ε-Caprolactam 145, 147
Carbazol 10, 15, 21, 22, 56, 57, 58, 59, 180, 181, *195*, *216*
Carbazolgelb 181
Carbocain 156
Carbolineum 112, 115
Carbolöl 26, 30, 31, 32, 33, 34, 35, 36, 37, 39, 40, 41, 42, 43, 67, 74, 75, 78, *200*
Carbolölkolonne 30, 36, 37
Carvacrol 149
Cassellasche Säure 141
Ceepryn 152, 154
Cellitonechtblau FFG, FFB u. F3B 135
Cellitonechtblaugrün B 135
Cetanzahlbestimmung 177, 178
Cetylpyridiniumchlorid 152, 154
Chicago-Säure S 141
Chicago-Säure SS 141
Chinaldin 13, 23, 26, 62, 63, 83, 158, 161, 162, *197*
Chinaldinhydrat 63
Chinaldin-N-oxid 161
Chinaldinrot 161
Chinaldinsäure 161, 162
Chiniofon 159
Chinolin 13, 23, 26, 62, 63, 97, 151, 158, 160, 162, *197*, *215*
Chinolin-2-aldehyd 161
Chinolinbasen 5, 8, 10, 13, 20, 21, 60, 62, 63, 64, 151, 160, 162, *198*, *215*
Chinolinblau 162
Chinolin-2-carbonsäure 162
Chinolinfraktion 63
Chinolingelb 139, 162
Chinolinhydrat 63
Chinolin-N-oxid 158, 162
Chinolinsäure 158, 160
Chinolin-5-sulfonsäure 158
Chinolin-8-sulfonsäure 158, 160
Chinolin-Unlösliches 9, 20, 54, 56, 97, 98, 102, 109, *207*
Chinophthalon 162
Chinophthalonfarbstoffe 161
Chinosol 159
Chloralkalielektrolyse 100
Chloramin T 172
Chloranthracene 134
1-Chloranthrachinon 135
Chlorbenzol 143, 172
5-Chlor-7-brom-8-hydroxychinolin 159
3-Chlorchinolin 158
4-Chlorchinolin 158
5-Chlorchinolin 158
8-Chlorchinolin 158
4-Chlor-3.5-dimethylphenol 148, 151
Chlordiphenylenoxide 181
Chlorfluorene 174
5-Chlor-8-hydroxychinolin 159
Chlorierung 72, 134, 145, 146, 147, 148, 149, 156, 158, 159, 174, 178, 181
1-Chlorisochinolin 161
5-Chlor-7-jod-8-hydroxychinolin 159
p-Chlor-m-kresol 81, 149
p-Chlor-o-kresol 149, 150
Chlormethapyrilen 155
2-Chlormethylfluoren 174
Chlormethylierung 134, 138, 174
1-Chlormethylnaphthalin 138, 178

2-Chlormethylnaphthalin 178
4-Chlor-1-naphthol 139
Chlorosept 159
Chlorparaffine 147
Chlorpheniramin 155
p-Chlorphenol 146
Chlorphenole *214*
1-(p-Chlorphenyl)-1-(2′-pyridyl)-3-dimethylamino-propan 155
Chlorthionaphthene 73
2-Chlor-6-(trichlormethyl)-pyridin 152, 156
Chlortrimeton 155
Chromierungsfarbstoffe 140
Chromotropsäure 141
Chrysen 10, 12, 15, 22, 26, 59, 60, 97, 182, *196*
Chrysophenin G 147
Cibascharlach G 176
Cinchomeronsäure 161
Clathratbildung 153
Codein 172
Coramin 157
Coronen 15, 22, 97
Cortison 172
Croceinsäure 141
C-Säure 141
Cumarin 147
Cumaron 11, 41, 93
Cumaron-Inden-Harze 6, 8, 26, 84, 88, 92, 93, 94, 95, 162, 163, 164, 165, 166, *204*, *205*, *215*
Cumolhydroperoxid 143
Cyanine 158, 162
Cyanmethylierung 181
2-Cyanpyridin 154
4-Cyanpyridin 154
Cyclohexan 92, 143, 172
Cyclohexanol 145, 146
Cyclohexanon 147, 172
Cyclohexanonoxim 147
2-Cyclohexyl-p-kresol 148, 150
Cyclopentadien 92, 182

Dachpappe *212*
Dachpappenteer 26, 57, 128, 129, *212*
Dachteer 128
Dahlsche Säure 141
Daneral 155
DDT 172
Dealkylierung 83
Decapryn 155
Deckmasse 128, *212*
Dekalin 139, 142
Delayed Coking 56
Demethylierung 160, 179
Dephlegmator 31, 32
Depolymerisation 163
Desinfektionsmittel 145, 147, 148, 149, 151, 155, 172, 180, 181
Desodorant 147, 148
Destillation 25, 71, 84, 91, *201*
Diäthylenglykol 61, 92
2-Dialkylaminoacetylfluorenone 174
1-(N-Dialkylaminoalkoxy)-isochinolin 161
2-Dialkylaminomethylfluorene 174
Dialkylphthalat 138, 142
Diamantschwarz 140
4.5-Diaminoacenaphthen 176
1.5-Diaminoanthrachinon 135
3.6-Diaminocarbazol 181
3.6-Diamino-10-methylacridiniumchlorid 183
2.6-Diaminopyridin 155
2.6-Diaminopyridin-3-azo-5′-(2′-butoxy-pyridin) 155
1.1-Dianthrimid 135
1.2;5.6-Dibenzanthracen 15
1.2;6.7-Dibenzpyren 15
3.4;8.9-Dibenztetraphen 97
5.7-Dibrom-8-hydroxychinolin 159
2.6-Di-tert.-butyl-p-kresol 148, 150
Dibutylphthalat 139
Dicalciumphosphat 77
1.5-Dichloranthrachinon 135
1.8-Dichloranthrachinon 135
1.8-Dichloranthrachinon-4.5-disulfonsäure 135
5.8-Dichlorchinolin 158
9.10-Dichlor-9.10-dihydrophenanthren 174
2.4-Dichlor-3.5-dimethylphenol 148, 151
p.p′-Dichlor-diphenyl-(trichlormethyl)-methan 172
5.7-Dichlor-8-hydroxychinolin 159
9.10-Dichlormethylanthracen 134
1.8-Dichlor-4-nitroanthrachinon 135
Dichlorophen 147
2.4-Dichlorphenol 146
2.4-Dichlorphenoxyessigsäure (2.4-D) 145, 147

Dichte 7, 17, 18, 20, 98, 104, *206*
Dickteer 2
Dicyclohexylphthalat 139, 145, 147
Dicyclopentadien 92, 93, 182
Didodecylphthalat 139
Dieldrin 182
Dielektrika 178
Dielektrizitätskonstante 99, 166, 168, *206*
Digitalisglykoside 173
2.6-Dihalogenpyridin 154
9.10-Dihydroanthracen 134
9.10-Dihydrophenanthren-9-carbonsäure 174
5.12-Dihydrotetracen 21
1.5-Dihydroxyanthrachinon 135
1.8-Dihydroxyanthrachinon 135
1.5-Dihydroxy-4.8-diaminoanthrachinon 135
1.5-Dihydroxy-4.8-diamino-2.6-disulfonsäure 135
2.2'-Dihydroxydiphenyl 180, 181
2.2-(4.4'-Dihydroxydiphenyl)-propan 146
1.5-Dihydroxynaphthalin 140
1.8-Dihydroxynaphthalin-3.6-disulfonsäure 141
5.8-Dihydroxy-1.4-naphthochinon 138
5.7-Dijod-8-hydroxychinolin 159
3.5-Dijod-4-pyridon-essigsäure 154
3-Dimethylaminomethylindol 181
2.6-Dimethylanilin 160
3.4-Dimethylanilin 160
Dimethylaniline 87, 153
2.4-Dimethyl-6-tert.-butylphenol 83
2.5-Dimethyl-4-tert.-butylphenol 83
1.3-Dimethyl-5-tert.-butyl-2.4.6-trinitrobenzol 172
2.4-Dimethylchinolin 13
2.6-Dimethyldekalin 62
Dimethyldekaline 62
Dimethylformamid 134
2.5-Dimethylhexan 92
1.2-Dimethylnaphthalin 11, 61, *197*
1.5-Dimethylnaphthalin 11
1.6-Dimethylnaphthalin 11, 61, 179
1.7-Dimethylnaphthalin 11
2.3-Dimethylnaphthalin 11, 61
2.6-Dimethylnaphthalin 11, 61, 62, 179, *197*
2.7-Dimethylnaphthalin 11, 61
Dimethylnaphthaline 10, 12, 19, 21, 22, 26, 60, 61, 179, *197*
Dimethylnaphthalinfraktion 61
2.3-Dimethylphenol 82, 83, 143
2.4-Dimethylphenol 12, 23, 82, 83, 143, *202*
2.5-Dimethylphenol 12, 82, 83, 143, 151, *202*
2.6-Dimethylphenol 12, 81, 82, 143, 151
3.4-Dimethylphenol 12, 82, 83
3.5-Dimethylphenol 12, 23, 82, 83, 143, 145, 148, 151, *202*
Dimethylphenole 79, 82, 150, 151, *202*
2.4/2.5-Dimethylphenolfraktion 145
Dimethylphthalat 139
2.4-Dimethylpyridin 23, 153
2.5-Dimethylpyridin 153
2.6-Dimethylpyridin 23, 153, 156
Dimethylpyridine 153
N.N-Dimethyl-N'-(α-pyridyl)-N'-(5-chlor-2-methylthienyl)-äthylendiamin 155
N.N-Dimethyl-N'-(α-pyridyl)-N'-(2-methylthienyl)-äthylendiamin 155
Dimethylsulfoxid 61
2.6-Dinitro-4-tert.-butyl-m-kresolmethyläther 149
3.6-Dinitrocarbazol 181
4.6-Dinitro-o-kresol 149, 150
1.5-Dinitronaphthalin 138
1.8-Dinitronaphthalin 138
Dinonylphthalat 139
Dioctylphthalat 139
Diodoquin 159
1.5-Diphenoxyanthrachinon 135
Diphensäure 173, 174
Diphenyl 10, 11, 12, 21, 22, 23, 26, 60, 61, 179, *196*
Diphenylenoxid 10, 11, 12, 21, 22, 26, 60, 62, 180, 181, *196*, *197*, *216*
Diphenylenoxidfraktion 62
Diphenylensulfid 10, 11, 12, 21, 22, 23, 58, 59, 183, *196*
Diphenylfraktion 60
Diphenyl-Indol-Fraktion 62
Diphenylolpropan 146
Diphenyloxid 179

1.1-Diphenyl-2-piperidinopropanol-(1) 154
Diphenyl-(α-piperidyl)-carbinol 155
Diphenyl-(γ-piperidyl)-carbinol 155
Diphthaloylcarbazol 181
Diphthaloylpyrene 175
Diphyl 179
Dipicolinsäure 153, 156
2.2'-Dipyridyl 152, 154
4.4'-Dipyridyl 152, 154
Diquat 152, 154
Direktkühlverfahren 44, 45, 68, 69
Diuretikum 158
DNOC s. 4.6-Dinitro-o-kresol
Dolomit *212*
Dolomitsteine 127
Dowtherm A 179
DR-Rückstand 90, 91
Drahtlacke 149, 150
Druckentwässerung 27
Druckfarben 163, 165, 167, 169, 172
Druckhydrierung 95
Druckraffinat 89, 90, 92
Druckraffination 88, 89, 90, *203*
Druckraffinat-Rückstand 91
Druckschwelvergasung 1
Druckvergasungsteer *184*
Druckwärmepolymerisation 89
Düngemittelzusatz 152, 156
Dünnschichtchromatographie 13
Düsentreibstoffe 57, 174
Dulcolax 156
Durchblutungsförderer 157
Durchschlagfestigkeit 164
Durol 13, 92, 182

Eisenchlorid 93
Eisenerzeugung 5
Eisenlack 130
Eisenlegierungen 99
Eiweißmangelschäden 181
Elektrischer Widerstand 106
Elektroden 49
Elektrodenfabrikation 100
Elektrodenkoks 54, 103, *193*, *208*
Elektrodenmasse 97, 100
Elektrodenpech 26, 47, 48, 49, 50, 51, 97, 99, 100, 101, 105, *189*, *207*, *208*
Elektrodenpechbedarf 99
Elektrodenpechverbrauch 99
Elektroisolierharze 144
Elektroisoliermassen 169, 181
Elektroisolierung 163
Elektrostahl 100
Elementaranalyse 9, 103
Embequin 159
Emulgatoren 134, 178
Entbasung 78, 86
Enterosept 159
Entphenolung 71, 75, 84, 86, *200*
Entrokin 159
Entschwefelung 72, 73
Entwässerter Teer 29, 31, 32, 33, 36, 38, 39, 42
Entwässerung 27, 28, 79, 85, *201*, *202*
Entwässerungskolonne 29, 30, 33, 35, 36, 38, 39, 42, 71, 79, 80, 86
Eosin 138
Epichlorhydrin 146, 147
Epoxidharze 53, 108, 126, 131, 132, 133, 145, 147, 163, 169, 182, *191*, *213*
Epoxidharz-Teerkombination 191
Erweichungspunkt 30, 32, 38, 96, 97, 98, 105, 106, 107, 128, 129, 163, 166, 168
Esidron 158
Ethionamid 153
Extraktion 7, 25, 75, 76, 78, 81, 84
Extraktion von Fetten 172
Extraktivdestillation 92

Fällkolonne 75, 76
Faservliese 145
Faßfarben 167
Feststoffanteile, Entfernung aus Rohteer 27
Fette, Extraktion 172
Fettsäureester 95
Feuerschutzmittel 138
Fibrepipe-Pech 54, 109, *209*
Fischer-Tropsch-Synthese *184*
Flaked Pitch 48
Flammpunkt 112, 114, 116, 166, 168, 170
Flashdestillation 28, 33, 34
Flashkammer 35, 39, 40, 41, 42, 43
Fließprüfung 107
Flüchtige Bestandteile 104
Flüchtigengehalt der Kokskohle 19
Flüssigharze 163, 164, 165, 168
Fluoranthen 10, 12, 21, 22, 26, 56, 59, 97, 173, 175, *196*, *216*

Fluoranthenfraktion 59, 62
Fluoren 10, 11, 12, 22, 26, 60, 62, 174, 179, *196*, *197*
Fluorenazofarbstoffe 174
Fluoren-9-carbonsäure 174
Fluoren-9-carbonsäurealkaminester 174
Fluorenfraktion 62
Fluorenöl 36, 37, 43
Fluorenon 174, 179
9-Fluorenon-2-carbonsäurealkaminester 174
Fluorescein 138
Fluoreszenzfarbstoffe 174
Fluoreszenz-Spektroskopie 14, 15
Fluorierung 134
Fluxöl 26, 57, 60, 116
Frenquel 155
Freundsche Säure-1.3.6 141
Freundsche Säure-1.3.7 141
Friedel-Crafts-Katalysatoren 93
F-Säure 141
Füllkörperkolonnen 29, 32, 76
Füllstoff 53, 105, 106, 107, 110, 128, 130, 132
Fugenkitt *191*
Fugenvergußmasse *212*
Fulminen 97
Fungizide 147, 148, 149, 150, 154, 158, 159, 174, 176
Funkentest 106
Fußbodenbeläge 163
Fußbodenfarben 167
Fußbodenpflegemittel 164
Fußbodenplatten 169
Fußmatten 168

Gallensäure 173
Gammexan 172
Gardner-Skala 164
Garungszeit 19, 20
Gasausbeute 55
Gaschromatogramme 10, 11, 12, 13, 21
Gaschromatographie 9, 183, *185*, *187*
Gasometeröl 26, 57, 116
Gassammelleitung 2
Gassammelraumtemperatur 17, 19
Gasvorkühler 2
Gaswerke 3, 5
Gaswerksteer 1, 4, 5, 9, 17, 18
Gebagan-Harze 166, *204*, *215*
Gefäßverengende Arzneimittel 178
Geflügelcoccidiose 156
Geflügelfutter 177, 178
Genoplast B 139
Gerbstoffe 138, 140, 141, 142, 147, 149, 174
Germanin 141, 142
Gießereiformsand 145
Gießereipech 54, 108, *192*, *209*
Gießharze 147
Glockenbödenkolonnen 29, 37, 38, 41, 43, 80, 91
Glycerin 138, 142
Glyptale 138
Gramin 180, 181
Gramoxone 154
Graphit 55, 97, 99, 104, *207*, *208*
Graphitelektroden 102, 104
Graphitierbarkeit 56, 100, 104
G-Säure 141
Gummiwaren 163

Haarausfall 157
Haarfärbemittel 147, 158
Härte von Cumaron-Inden-Harzen 168
Haftfestigkeit 105, 117
Haftmittel 211
Halogenfluoranthene 175
Halogenierung 138, 154, 175
Halogenphthaloylfluoranthene 175
2-Halogenpyridin 154
4-Halogenpyridin 154
Halogenpyridine 153
Harnantiseptikum 155
Harnblasenantiseptikum 147
Harnstoff 77, 82, 83, 87, 138, *200*, *203*
Hartpech 26, 50, 51, 52, 53, 54, 56, 60, 101, *190*, *193*, *208*
Hartwachszusatz 176
β-Harze 102
Harzöl 94, 95
Harzsäuren 173
Hautdesinfektionsmittel 152, 154
Heißschmelzkleber 169
Heizbadöle 139, 178
Heizöl 26, 57, 60, 111, 112, *210*
Heizwert 112, 115
Heizzugtemperatur 19, 20, *186*
Helioechtblau BL 135
Helioechtrosa RL 135
Helligkeit von Cumaron-Inden-Harzen 164, 168

Hemellitenol 151
Hemellitol 11, 92, 182
Hemimellithsäure 182
Hemodal 178
n-Heptan 92
Herbizide 147, 149, 150, 152, 154, 174, 183
Heteroauxin 180, 181
Hexachlorbenzol 172
Hexachlorcyclohexan 172
Hexachlorepoxyoctahydrodimethanonaphthalin 182
Hexachlorhexahydrodimethanonaphthalin 182
Hexachlorophen 172
n-Hexan-Lösliches 98
n-Hexan-Unlösliches 9
Hibernon 155
Histadyl 155
Hochtemperatur-Schmiermittel 180
Hochtemperaturteer 1, 7, 9, 17, 22, 23, 26
Hochtemperaturverkokung 2, 3, 17
Holzlacke 167
Holzleime 145, 146
Holzschutz 113, 115, 138, 142, 147, 150, 151, *210*
Holzschutzmittel 138, 142, 147
Holzschutzteeröl 113, 115
Horizontalretorten 3, 4, 17
Horizontalretortenteer 18
Hot-Melts 169
Hot-Rolled Asphalt 126
H-Säure 141
Hustenmittel 154
1-Hydrazinoisochinolin 161
Hydrierende Raffination 72, 73
Hydrierung 57, 134, 138, 146, 154, 174, 175
Hydrinden 11, 21, 22, 92, 182
Hydrindensulfonylharnstoffe 182
Hydrodealkylierung 137, 172
Hydrodemethylierung 178, 179
Hydronblau 180, 181
Hydrongelb 138
Hydrophobierungsmittel 152, 154
2-Hydroxyäthylpyridin 156
1-Hydroxy-4-amino-8-chloranthrachinon 135
p-Hydroxybenzoesäure 146
p-Hydroxybenzoesäurealkylester 146
2-Hydroxycarbazol 181
2-Hydroxycarbazol-3-carbonsäure-p-chloranilid 180, 181
2-Hydroxycarbazol-3.6.8-trisulfonsäure 181
8-Hydroxychinolin 158, 160
8-Hydroxychinolin-5-sulfonsäure 159
8-Hydroxychinoliniumsulfat-Kaliumsulfat 159
3-Hydroxydiphenylenoxid-2-carbonsäure 181
3-Hydroxydiphenylensulfid-2-carbonsäure 183
3-Hydroxy-β-naphthoesäurearylide 141
2-Hydroxypyridin 154
4-Hydroxypyridin 154
2-(3′-Hydroxyquecksilber(II)-2′-hydroxy-propyl-carboxamido)-pyridin-3-carbonsäure 158
o-Hydroxyzimtsäurelacton 146
Hykinone 178

Impact Test 107
Imprägnierlacke 167
Imprägnieröl 26, 57, 60, 112, 113, 115, 151, *201*, *210*
Indanthren 136
Indanthrenbordeaux RR 176
Indanthrenbraun BR 135
Indanthrenbrillantorange GR 176
Indanthrenbrillantorange RK 141
Indanthrenbrillantviolett BBK u. RK 135
Indanthrendruckblau R u. GG 139
Indanthrendruckbraun B 176
Indanthrendruckbraun 5R 176
Indanthrengelb 3GF u. GGF 135
Indanthrengelb GK 135
Indanthrengelb 5GK 135
Indanthrengelb RK u. FFRK 135
Indanthrengelb 3RT u. 3R 135
Indanthrengoldorange G 175
Indanthrengoldorange 3G 135
Indanthrengrau M 135
Indanthrengrün 4G 135
Indanthrenkhaki GG 135
Indanthrenmarineblau R u. RN 135
Indanthrenoliv GB 135
Indanthrenoliv R u. 3G 135
Indanthrenoliv T 135
Indanthrenolivgrün B 135
Indanthrenolivgrün GG 135

Indanthrenorange RRT 175
Indanthrenorange 4R 175
Indanthrenrot GG 176
Indanthrenrotbraun GR 135
Indanthrenrotbraun 5RF 135
Indanthrenrubin R 135
Indanthrenscharlach GG 176
Indanthrenscharlach R 176
Indanthrenschwarz 175
Inden 10, 11, 21, 22, 41, 92, 93, 134, *205*
Inden-Harze 166
Indikatorfarbstoffe 142, 151, 161
Indol 21, 23, 26, 60, 61, 180, 181, *196*, *216*
3-Indolaldehyd 181
Indolkalium 61
β-Indolylalanin 181
3-Indolylbuttersäure 181
3-Indolylessigsäure 180, 181
3-Indolylpropionsäure 181
Indolylpyridiniumverbindungen 181
Inertol 133
Infrarotspektroskopie 16
Insektizide 134, 138, 139, 142, 149, 156, 159, 161, 176, 178, 180, 181, 182
Ionenaustauscher 147
I-Säure 141
Isochinolin 13, 23, 26, 62, 63, 161, 162, *197*
Isochinolin-N-oxid 161
Isochinolinrot 161, 162
Isochinolyl-(1)-hydrazone 161
Isocyanin 158, 161, 162
Isodurol 11, 92, 182
Isolierlacke 165, 167
Isoliermassen 176
Isomerisierung 62, 138, 174, 179
Isoniazid 157
Isonicotinaldehyd 157
Isonicotinsäure 153, 157, 161
Isonicotinsäurehydrazid 153, 157
Isonicotinsäure-2-isopropylhydrazid 157
Isophthalsäure 172
Isopropyläther 78
Isopropylbenzol 143
6-Isopropyl-m-kresol 149, 150
Isopropyl-o-kresol 149
Isopseudocumenol 151, *202*
Istizin 135

Jara Jara 141
Jasminblütenöl 180
7-Jod-8-äthoxychinolin-5-sulfonsäure 159
Jodfarbzahl 164
7-Jod-8-hydroxychinolin-5-sulfonsäure 159
Jodierung 159
Joduron 154
Jodzahl 166, 168
Jonol 148, 150

Kabelisoliermasse 164
Kabelisolieröle 167
Kältebeständigkeit 106, 130
Kalkdünger 77
Kalkofen 75, 76
Kalkschlamm 77
Kalkschlammfilter 75
Kalkstein 75, 77
Kalksteinmehl 101
Kaltteer 121, 127
Karanum 178
Kartoffelkrautabtöter 154
Kaschierwachse 169
Katanole 147
Kathodenpech 103
Kaugummi 164, 167
Kaustifizierung 75, 76
Kautschuk 53, 110, 126, 148, 152, 154, 163, 165, 167, 176, *215*
Kautschukstabilisator 139
Keimhemmstoff 177, 178
Kernmagnetische Resonanzspektroskopie 16
Kernreaktor 100, 180
Kerobit 148, 150
Kerzenzusatz 176
Keuchhusten 178
Klardampfen 76, 84
Klardampfkolonne 75, 76
Klardampfkondensat 83
Klardampföl 75, 76, 84
Klardampfwasser 75, 76
Klarlöslichkeit von Phenolerzeugnissen 144
Klebemasse 108, 128, 212
Klebstoffe 147, 163, 165, 167, 174
Koagulations-Vitamin 178
Kochsche Säure 141
Kohlebenzolerzeugnisse 170
Kohlebitumen 3
Kohlebürsten 100

Kohlendioxid 75, 76
Kohlenstoff 18, 20, 98, 99, 104
Kohlenstoffelektroden 97, 102
Kohlenstoffsteine 99
Kohlenstoff/Wasserstoff-Verhältnis 9, 17, 100
Kohlenwasserstoff-Harze 164, 168
Kohlephenol 143
Kokerei 2, 113, *184*
Kokereiabwässer 74, 79, 144
Kokereigas 89, 90
Kokereiteer 1, 2, 3, 9, 17, 18, 19, 20
Koks 77
Koksausbeute 53, 100, 101
Kokskohle 17, 19, *186*
Koksöfen 2
Koksverbrauch 5
2.3.6-Kollidin 12, 85, 87, 151
2.4.6-Kollidin 12, 85, 87, 151, 153
Kollidine 88, 153
Kollidinfraktion 87
Konakion 178
Konservierungsmittel 145, 146, 147, 148, 149, 151, 159, 160, 179, 181, 183
Konvektionszone 28, 29, 38, 39, 41, 42
Korrosionsinhibitoren 153, 154, 158, 161, 162
Korrosionsschutz 54, 101, 104, 110, 130, *191*, *192*, *213*
Korrosionsschutzmassen *191*
Korrosionsschutzmittel 26, 53, 140, 142
Kreosotöl 115
m-Kresol 12, 23, 79, 80 ,81, 82, 143, 144, 149, 150, *201*, *202*
o-Kresol 12, 23, 63, 79, 80, 81, 87, 143, 144, 149, 150
p-Kresol 12, 23, 79, 80, 81, 82, 143, 144, 148, 150, *201*, *202*
Kresole 6, 20, 30, 63, 74, 81, 82, 143, 148, 150, 151, *214*
Kresol-Formaldehyd-Harze 148, 149
m/p-Kresolfraktion 82
Kresol-Isomerengemisch 145
Kresolseifen 149
p-Kresolsulfonsäure 81
p-Kresylacetat 148
Kristallisation 8, 25, 56, 64, 65, 67, 69, 70, 82, 83, *194*, *198*
Kristallisator 65, 69
Krylon 133
Kryptocyanin 158, 162
K-Säure 141
Kühlband 48
Kühlwalze 65
Küpenfarbstoffe 174, 175, 176, 178
Kugelfallprüfung 105, 107
Kugelpech 45, 47
Kunstkohleformkörper 97, 102
Kupferoxinat 159
Kupferstreifentest 115

Lackharze 142, 144, 146, 150
Lackrohstoffe 162
Lackweichmacher 150
Laurentsche Säure 141
Laurylpyridiniumchlorid 154
Lederimprägnierung 167
Leichtöl 7, 8, 11, 18, 19, 26, 28, 29, 33, 35, 36, 38, 39, 40, 41, 42, 43, 74, 76, 84, 86, 88, 90, 93, 118, 120, *202*
Leichtöldestillation 89
Leichtölextraktion 86
Lepidin 13, 62, 64, 158, 162, *198*
Lepidinfraktion 63
Lepidin-o-Kresol-Additionsverbindung 63
Leuko-1.4.5.8-tetrahydroxyanthrachinon 135
Lignocain 160
Lobelin 153, 156
Lösungsbenzol 26, 59, 62, 88, 89, 90, 91, 92, 93, 94, 95, 128, 170
Lösungsmittel 148, 149, 161, 171, 172, 177
Lösungsmittelextraktion 95
Lösungsmittelfraktionierung 8, 24, 49
Lokalanaesthetika 155, 156, 160, 174, 178
Loretin 159
L-Säure 140, 141
Luftverblasung von Pech 52
Lungenentzündung, Heilmittel gegen 152, 155
Lurgi-Ruhrgas-Verfahren 1
2.3-Lutidin 12, 85, 87, 88, 151
2.4-Lutidin 12, 23, 85, 87, 151, 153
2.5-Lutidin 12, 85, 87, 151, 153

2.6-Lutidin 12, 23, 85, 87, 151, 153, 156, *203*
3.5-Lutidin 12, 85, 87, 151
Lutidine 86, 87, 153, *203*
Lutidinfraktion 86, 87
Luvican 181, 182
Lysol 149
Lyspamin 157

Magengeschwüre, Arzneimittel gegen 181
Magnesitsteine 127
Magnesium 100
Magnetische Suszeptibilität 99
Mahlbarkeit von Brikettpech 96
Maleinsäureanhydrid 95, 134, 172
Manolith 101
Marsilid 157
Massenspektroskopie 16, *186*
MCPA 149, 150
MCPB 149
MCPP 149, 150
Mellophansäure 182
Menadiol-Dibutyrat 177, 178
Menadiol-Natriumdiphosphat 177, 178
Menadion 177, 178
Menadion-Natriumhydrogensulfit 178
Menaphtham 139, 142
Menaphthon 178
Menthadiene 95
Menthol 149, 150
Mephyton 178
Mepyrium 156
Meratran 155
8-Mercaptochinolin 158
2-Mercaptopyridin 154
4-Mercaptopyridin 154
Mesamoll 146, 150
Mesitylen 11, 92, 182
Metasolvan-Verfahren 77, *200*
Methan 55
Methanol 77, 92, 143, 145
Methanol-Verfahren 65, 70
Methapyrilen 155
2-β-Methoxyäthylpyridin 156
3-Methyl-5-äthylphenol 83
Methyläthylphenole 12, 151
2-Methyl-5-äthylpyridin 151
2-Methyl-6-äthylpyridin 87
1-Methylaminoanthrachinon 135
Methylaniline 153, 160
Methylanthracene 22
N-Methylanthrapyridon 135
N-Methylcarbamidsäure-α-naphthylester 139, 142
2-Methylchinolin 162
4-Methylchinolin 162
7-Methylchinolin 13
8-Methylchinolin 63
γ-(2-Methyl-4-chlorphenoxy)-buttersäure 149
2-Methyl-4-chlorphenoxyessigsäure 149, 150
β-(2-Methyl-4-chlorphenoxy)-propionsäure 149, 150
Methylcumarone 93
Methylcyclohexan 92
Methylcyclopentan 92
N-Methyl-3.5-dijodchelidamsäure 154
4-Methyl-2.6-di-tert.-butylphenol 82
3-Methyl-4.6-di-tert.-butylphenol 82
2.2'-Methylen-bis-(4-chlorphenol) 146
2.2'-Methylen-bis-(4-methyl-6-cyclohexylphenol) 148
2.2'-Methylen-bis-(4-methyl-6-tert.-butylphenol) 148
2.2'-Methylen-bisphenole 151
2.2'-Methylen-bis-(3.4.6-trichlorphenol) 172
4.5-Methylenphenanthren 10, 12, 21
2-Methylfluoren 10, 12
Methylfluorene 11, 21, 22, 58
Methylformamid 92
Methylierung 143, 145, 146
Methylindene 11, 22, 93
3-Methylisochinolin 13
1-Methylnaphthalin 10, 11, 12, 21, 22, 23, 60, 177, 178
2-Methylnaphthalin 10, 11, 12, 21, 22, 60, 177, 178
Methylnaphthaline 19, 26, 60, 137, 178
Methylnaphthalinfraktion 60, 62
Methylnaphthalinöl 36, 37, 43
2-Methyl-1.4-naphthochinon 177, 178
2-Methyl-1.4-naphthohydrochinon-dibutyrat 178
3-Methylphenanthren 10, 11, 12

Methylphenanthrene 21, 22
2-Methyl-3-phythyl-1.4-naphthochinon 178
N-Methylpiperidin-α-carbonsäure-(2.6-dimethylanilid) 156
2-Methylpyridin 23, 156
3-Methylpyridin 23, 157
4-Methylpyridin 23, 157
Methylpyridin-N-oxide 153
N-Methylpyrrolidon 92
α-Methylstyrol 11
Methylstyrole 93
2-Methyl-5-vinylpyridin 151
Mikroskopierfarbstoffe 158
Mineralölbeständigkeit 132
Mitosegift 174
Mittelöl 7, 8, 18, 19, 38, 118, 120, 123
Mitteltemperaturentgasung 3
Moderfäule 112
Modifizierung von Epoxid- und Polyurethanharzen 108, 163, 165
Mofex-Verfahren 92
Molekulargewicht 16, 24, 93, 97, *187*
Molekulargewichtsbestimmung 16
Molekularsiebadsorption 59
Morphin 173
Motorenbenzol 88, 89, 90, 170
Muskelrelaxans 161

Naphazolin 178
Naphthalimid 176
Naphthalin 5, 6, 8, 10, 11, 12, 14, 17, 18, 19, 20, 21, 22, 26, 34, 37, 40, 43, 60, 64, 65, 67, 70, 71, 72, 73, 74, 84, 88, 113, 118, 120, 122, 124, 137, 138, 178, 179, *198*, *199*, *214*
Naphthalin-1.8-dicarbonsäure 176
Naphthalin-2.6-dicarbonsäure 176, 179
Naphthalindicarbonsäuren 179
Naphthalin-1.5-disulfonsäure 140
Naphthalin-1.6-disulfonsäure 140
Naphthalin-2.6-disulfonsäure 140
Naphthalin-2.7-disulfonsäure 140
Naphthalingewinnung 65, 71, *198*
Naphthalingrün V 141
Naphthalinöl 26, 30, 31, 32, 33, 34, 35, 36, 37, 39, 40, 41, 42, 43, 64, 65, 66, 69, 71, 74, 113, *198*
Naphthalinölkolonne 30, 31, 32, 33, 34
Naphthalin-1-sulfonsäure 140
Naphthalin-2-sulfonsäure 140
Naphthalinsulfonsäuren 142, *214*
Naphthalin-1.4.5.8-tetracarbonsäure 173, 175, 176
Naphthalin-1.4.5.8-tetracarbonsäuredianhydrid 176
Naphthalin-1.3.5-trisulfonsäure 140
Naphthalin-1.3.6-trisulfonsäure 140
Naphthalinwaschöl 57, 113, 114
Naphthalsäure 176
Naphthalsäureanhydrid 176, 177
Naphthazarin 138
1.4-Naphthochinon 138
Naphthochinone *214*
Naphtho[1.2-b]chrysen 97
2-Naphthoesäure 178
Naphthoesäuren 138
α-Naphthol 139, 140, 142
β-Naphthol 140, 141, 142
Naphthole *214*
β-Naphtholäthyläther 140
Naphthol AS-Azofarbstoffe 141, 175
Naphthol AS-BO 139
Naphthol AS-Farbstoffe 180, 181
Naphthol AS-LB 180, 181
1-Naphthol-2-carbonsäure 139
2-Naphthol-3-carbonsäure 140
1-Naphthol-3.6-disulfonsäure 140
1-Naphthol-4.8-disulfonsäure 141
2-Naphthol-3.6-disulfonsäure 140
2-Naphthol-3.7-disulfonsäure 141
2-Naphthol-6.8-disulfonsäure 140
β-Naphtholmethyläther 140
1-Naphthol-3-sulfonsäure 141
1-Naphthol-5-sulfonsäure 140
1-Naphthol-8-sulfonsäure 141
2-Naphthol-1-sulfonsäure 140
2-Naphthol-5-sulfonsäure 141
2-Naphthol-6-sulfonsäure 140
2-Naphthol-7-sulfonsäure 140
2-Naphthol-8-sulfonsäure 140
Naphthonitrile 138
1-Naphthylacetonitril 138, 178
α-Naphthylamin 138
β-Naphthylamin 138
Naphthylamine *214*
1-Naphthylamin-3.6-disulfonsäure 140

1-Naphthylamin-3.7-disulfonsäure 140
1-Naphthylamin-3.8-disulfonsäure 140
1-Naphthylamin-4.8-disulfonsäure 141
2-Naphthylamin-4.8-disulfonsäure 141
2-Naphthylamin-5.7-disulfonsäure 141
1-Naphthylamin-2-sulfonsäure 139
1-Naphthylamin-4-sulfonsäure 139
1-Naphthylamin-5-sulfonsäure 141
1-Naphthylamin-8-sulfonsäure 141
2-Naphthylamin-1-sulfonsäure 141
2-Naphthylamin-5-sulfonsäure 141
1-Naphthylamin-2.4.8-trisulfonsäure 141
1-Naphthylamin-3.6.8-trisulfonsäure 140
1-Naphthylamin-4.6.8-trisulfonsäure 141
1-Naphthylessigsäure 138, 142, 177, 178
2-(1-Naphthylmethyl)-Δ^2-imidazolin 178
Narzissenduftstoff 148
Natrium 61, 62, 72, 73, 100, *195*
Natriumacetat 82
Natriumchlorat 100
Natriumphenolat 77
Natriumxanthogenat 92
Natronlauge 71, 75, 77, 86
Nekale 138
Neoteben 157
Neotropin 155
Nerolin alt 140
Nerolin neu 140
Netzmittel 134, 178, 181
Neutralöl 62
Niacin 157
Niacinamid 157
Nibrenwachse 138, 142
Nicotinaldehyd 157
Nicotinaldehyd-thiosemicarbazon 157
Nicotinamid 157
Nicotinsäure 151, 153, 157, 158, 160, 161
Nicotinsäureamid 157
Nicotinsäureamidodiphenyläthan 157
Nicotinsäurebenzylester 157
Nicotinsäurediäthylamid 157
Niederdruckdampfgewinnung 46, 80, 81
Nikethamid 157
Nioform 159
Nirosan 180, 181
Nitrierung 134, 138, 140, 146, 149, 158, 174, 175, 176, 181
5-Nitroacenaphthen 176
Nitroanthracene 134
Nitroanthrachinon 134
Nitrobenzol 172
Nitrobenzol-Unlösliches 109
3-Nitrocarbazol 181
Nitrocellulose 164
Nitrocelluloselack-Kombinationen 167
5-Nitrochinolin 158
8-Nitrochinolin 158
4-Nitrofluoranthen 175
2-Nitrofluoren 174
1-Nitronaphthalin 138
2-Nitronaphthalin 138
1-Nitronaphthalin-4.8-disulfonsäure 140
2-Nitronaphthalin-4.8-disulfonsäure 140
1-Nitronaphthalin-5-sulfonsäure 140
1-Nitronaphthalin-8-sulfonsäure 140
4-Nitronaphthalsäure 176
o-Nitrophenol 146
p-Nitrophenol 146
3-Nitropyren 175
4-Nitropyridin-N-oxid 154
Nitroso-m-kresol 81
Nitrotoluole 172
NMR-Spektroskopie 186
Normalpech 7, 44, 48, 52, 53, 96, 123
Nylon 145, 147, 172

Oberflächenteerung 116, 117
Obstbaumcarbolineum 113
Ölausbeute 30, 32, 41
Öl-Cumaron-Inden-Harz-Kombinationslacke 167
Ölwäscher 32
Oktahydroanthracen 134, 174
Oktahydrophenanthren 174
Olefine 95
Orangenblütenöl 180
Organophosphorinsektizide 156, 157

Oxäthylierung 146
Oxalsäure 82, 87, 146
Oxanthron 134
Oxazinfarbstoffe 181
Oxin 158, 160, *215*
Oxydation 134, 138, 154, 155, 156, 157, 158, 161, 176, 178
Oxy-Tobias-Säure 140
Oxytoxine 181

Palatinol AH 139
Palatinol C 139
PAM 156
Papierbeschichtung 163, 169
Papierchromatographie 11
Paraffine 18
Paraffinkohlenwasserstoffe 92
Paraquat 152, 154
Parfümduftstoffe 141
Parfümfixateur 146, 149, 180, 181
Pastillenpech 48
Pech 5, 6, 9, 17, 18, 19, 20, 24, 26, 29, 30, 31, 32, 33, 35, 36, 37, 38, 39, 40, 41, 42, 43, 44, 45, 46, 47, 48, 96, 111, 118, 120, 123, 128, 165, 167, *186*, *187*, *188*, *205*, *206*
Pech-Anthracenöl-Verhältnis 126
Pechasphaltbeton 117, 126
Pechausbeute 30, 32, 41
Pechauskühlung 44, *188*
Pechdestillat 50, 52, 56, 60, *190*
Pechemulsion 54, 110, *192*, *209*
Pech-Epoxidharz-Lacke 133
Pechfaserrohre 54, 109, *209*
Pechfraktionen 97
Pechgehalt 19, 123
Pechkokerei 56
Pechkoks 26, 52, 53, 55, 97, 100, 101, 102, *192*, *193*, *194*, *208*
Pechkoksöl 55
Pechkolonne 29, 30, 31, 32, 33
Pech-Kunstharz-Kombinationslacke 131
Pech-Kunststoff-Kombinationen 108
Pech-Öl-Mischungen 57, 60, 116, *211*
Pechumwälzung 41
Pechverkokung 54, 101, *192*, *193*, *194*
Pechwärmeaustauscher 29, 32, 33, 39, 42
Pellagra 181
Pellagraschutzstoff 157
Pelleted Pitch 54, 108
Penetration 105, 106, 107, 109
Pentachlorphenol 147, 150
1-Pentanthrimid 135
Perabrodil 154
Perchlorsäure 8
Peressigsäure 153, 156
Perfluoranthracen 134
Perhydrophenanthren 174
Peribenzamin 155
Perisäure 141
Perlon 145, 147, 172
Perlpech 54, 108
Perylen 10, 12, 22, 134
Perylen-3.4.9.10-tetracarbonsäurediimid 176
Pestizide 178
Petrolkoks 97, 100, 102
Pflanzenschutzmittel 159, 160
Pflanzenwachstumsregulator 174, 178
Pflanzenwuchsstoff 138, 142, 147, 180, 181
Phenanthren 10, 11, 12, 15, 21, 22, 26, 56, 57, 58, 59, 172, 173, 174, *195*, *196*
Phenanthren-9-carbonsäure 174
9.10-Phenanthrenchinon 174
Phenanthren-4.5-dicarbonsäure 173
Phenanthrensulfonsäuren 174
Phenanthridin 23, 182
2-Phenanthryl-4.6-dichlor-1.3.5-triazin 174
Pheniramin 155
Phenol 5, 6, 8, 12, 16, 17, 18, 20, 21, 23, 26, 60, 62, 63, 64, 68, 74, 75, 77, 79, 80, 81, 82, 84, 87, 88, 93, 95, 113, 118, 120, 122, 124, 143, 144, 146, 150, 172, *185*, *200*, *201*, *202*, *214*
Phenolatlauge 8, 71, 74, 75, 76, 78, 79, *200*
Phenoldestillation 79, 80, 81
Phenolerzeugnisse 144, 145
Phenol-Formaldehyd-Harze 144, 146, 159, *214*
Phenolharz-Pressmassen 144, 146
Phenolharz-Schaumstoffe 145, 147
Phenolhomologe 81, 161
Phenolmodifizierte alkohollösliche Cumaron-Inden-Harze 166
Phenolpech 80, 113

Phenolphthalein 138, 147
Phenol-Terpen-Harze 165
Phenoplaste 144, 146, 148, 149, 150, 163
Phenoraffin-Verfahren 77, 78
Phenoxyäthanol 146
Phenoxyharze 145, 147
Phenoxypropenoxid 147
Phenylacetylen 73, *199*
3-Phenylazo-2.6-diaminopyridin 155
Phenyl-methyl-α-pyridyl-carbinol-β-dimethylaminoäthyläther 155
2-Phenylnaphthalin 10, 12, 21, 22, 23
Phenylnaphthalin 59
Phenyl-α-naphthylamin 139
1-Phenyl-1-(α-piperidyl)-essigsäuremethylester 155
1-Phenyl-1-(α-pyridyl)-3-dimethylaminopropan 155
Phenylquecksilberoxinat 159
Phosphor 99
Phosphoreszenzspektroskopie 14, 15, 17, *186*
Photoentwickler 146, 147
Photofilme 139, 157, 158
Phthalimid 138
Phthalocyanine 138, 142, *214*
Phthalodinitril 138
Phthalogenfarbstoffe 139
10.11-Phthaloylfluoranthen 175
11.12-Phthaloylfluoranthen 175
Phthalsäure 172, *214*
Phthalsäureanhydrid 134, 136, 137, 138, 142, 146, 147, 161, 162, 175, 177, 178, 181
Phthalsäurediamid 138
Phthalsäureester 142
Phytonadion 178
Picen 22, 97
α-Picolin 12, 23, 85, 86, 87, 151, 152, 156
β-Picolin 12, 23, 85, 87, 151, 153, 157, 162, *203*
γ-Picolin 12, 23, 85, 87, 151, 153, 157, *203*
Picolinaldehyd 156
Picoline 26, 86, *203*
α-Picolinfraktion 86
β/γ-Picolin/2.6-Lutidin-Fraktion 86
Picolinsäure 156
Picolylamine 154
Pikrinsäure 147
Pilled Pitch 48
Pinacyanol 158, 161, 162
Piperidin 152, 154
Piperidin-pentamethylen-dithiocarbamat 152, 154
Pipradrol 155
Pitch Fibre Pipes 54, 109
Plättchenpech 48
Plastifizierte Peche 53, 57, 104, 105, 106, 128, *190*, *208*
Plastizität 128
Plastizitätsspanne 53, 104
Polectron 181, 182
Polyacenaphthylenharze 173, 176
Polyäthylen 150, 163
Polyamidfasern 145, 172
Polycarbonate 147
Polycarbonatharz 145
Polyesterharze 139, 142, 159, 174, 176, 177, 179, 182
Polyimidharze 182
Polymerisation 8, 25, 84, 94
Polymerisationsinhibitor 147, 148, 174
Polymerisationskatalysator 93
Polymerisationsreaktor 94
Polymerisationsregulator 138, 142
Polymerisator 89, 90
Polymerisatpech 89, 90
Polymethinfarbstoffe 158, 161, 162
Polyphenylenoxid 151
Polypropylen 150
Polystyrol 53, 126, 172
Polyurethan 53, 108, 133
Polyurethan-Kombinationen 169
Polyvinylacetat 163
Polyvinylbutyral 163
Polyvinylcarbazol 181, 182
Polyvinylchlorid 53, 126, 142, 145, 150, 163, *191*
PPD 154
Prehnitol 11, 92, 182
Prehnitsäure 182
Preßgut, Naphthalin- 65, 66
Preßöl, Naphthalin- 65, 66
Preventol B 147
Preventol BP 147
Preventol CMK 149
Preventol CX 148
Privin 178
Probedestillation 7
Proketuss 155
Promintic 156

1-(2-Propyl-4-amino-5-pyrimidyl-methyl)-2-methylpyridinium-chlorid 156
Prothrombinfaktor 178
Pseudocumenol 151
Pseudocumol 11, 92, 182
Pseudoisocyanin 158, 161, 162
Psychostimulans 157
Psychotherapeutika 152, 155
Putzöl 84
PVC-Straßenteere 127
Pyranthron 175
Pyrazol-anthron 135
Pyren 10, 12, 22, 26, 56, 59, 60, 97, 173, 175, *196*, *216*
Pyrenchinone 175
Pyrenfraktion 59
Pyridin 6, 12, 23, 26, 58, 59, 85, 86, 87, 144, 151, 152, 154, *202*, *215*
Pyridinaldehyde 153
Pyridin-2-aldoxim-methyljodid 156
Pyridinbasen 5, 8, 20, 21, 26, 74, 76, 77, 84, 86, 87, 93, 151, 153, *203*, *215*
Pyridinbasen 140/160 86, 152
Pyridinbasen 150/170 152
Pyridinbasen 160/180 152
Pyridinbasen 160/200 86
Pyridinbasen-Gewinnung 83, 86, *202*
Pyridinbasen neuer Test (NT) 6, 86, 152
Pyridinbasen hochsiedend 152
Pyridinbasensulfate 84
Pyridin-4-carbonsäure-3-sulfon-säure 157
Pyridin-2.5-dicarbonsäure 161
Pyridinhomologe 156
Pyridinsulfat 77
Pyridin-2-sulfonsäure 154
Pyridin-4-sulfonsäure 154
Pyridin-Unlösliches 102
Pyridin-N-oxid 153, 154
Pyridium 155
4-Pyridon 154
Pyridone 154
4-Pyridylpyridiniumdichlorid 154
Pyromellithsäure 134, 174, 182
Pyromellithsäuredianhydrid 182

Quarternierung 154, 156, 158, 161
Quinambicide 159
Quinoxyl 159

Raschit 149
Reaktorgraphit 104
Reboiler 31, 79, 80, 86
Reglone 154
Reinbenzol 91, 92, 170
Reinnaphthalin 72, 73, 74, *198*, *199*
Reinpyridin 6, 85, 151
Reinstanilin 160
Reinstbenzol 92
Reintoluol 92, 170
Reinxylol 91, 170
Rektifizierkolonnen 28, 29
Retortendestillation 28, 30
R.G.-Säure 141
Rheumamittel 150, 157
Rhodamin 138
Riboflavin 160
Riechstoffe 146, 147, 148, 151
Rimifon 157
Ritalin 155
Rivanol 183
Rodinal 147
Röhrenofen 28, 29, 30, 31, 33, 34, 35, 36, 38, 39, 40, 41, 42, 50, 51, 91, *187*
Röntgenkontrastmittel 154
Röntgenstrahlenbeugung 16
Rohanthracen 6, 34, 57, 58, 118, 120, 136, *195*
Rohbenzol 3, 26, 41, 84, 88, 89, 90, 92, 113, *203*, *204*
Rohbenzol-Aufarbeitung 90, *203*
Rohcarbazol 58
Rohkresol 145
Rohphenanthren 58, 59
Rohphenol 10, 12, 20, 26, 75, 76, 78, 79, 80, 143, *201*
Rohphenolentwässerung 76
Rohphenolgewinnung 75, 78
Rohpyridin 6, 85, 86, *202*
Rohpyridinbasen 10, 12
Rohpyridinbasengemisch 151
Rohrleitungsschutz 104, 108, *191*
Rohrschutzmasse 105, 107
Rohteer 3, 9, 10, 17, 25, 27, 29, 30, 33, 34, 35, 36, 38, 39, 40, 41, 42
Rohteerdichte 19
Rometin 159
Rostschutz *213*
Rostschutzgrundierungen 165
Rostschutzlacke 167

R-Säure 141
Rubrocyanin 158, 162
Rücklaufverhältnis 32, 37, 40, 43, 74, 80
Rührkühler 57, 65, 67, 70
Rütenol 149, 150
Ruß 57, *209*
Rußanthracen 6, 57, 136
Rußausbeute 57
Rußöl 26, 57, 110, 111, *209*

Saatgutbeize 149, 159, 161
Saccharin 172
Säureharz 94
Säurezahl 166, 168
Sag Test 107
Salicylaldehyd 146
Salicylalkohol 147
Salicylamid 147, 150
Salicylanilid 147
Salicylsäure 146, 150
Salicylsäure-α-naphthylester 139
Salicylsäurealkylester 146
Salicylsäurephenylester 147
Saligenin 147
Salol 147
Santonox 150
Santophen I 147
Santophen 20 147
Santowhite 150
Satzfreiheit 57, 112, 114
Sauerstoff-Blaskonverter 127
Sauerstoff-Gehalt 20, 98
Scandicain 156
Schädlingsbekämpfungsmittel 172, 177, 180, 181
Schäffer-Säure 141
Schältest 106
Scheider 30, 32, 33, 35, 36, 38, 39, 41, 42, 65, 71, 75, 80, 86, 90
Schiffsbodenfarben 165, 167
Schizophrenie 155
Schlafkrankheit 142
Schleifscheiben 145
Schleimhautdesinfektionsmittel 152
Schmieröladditive 134, 149, 174
Schneckenpreß-Verfahren 66, 67
Schneckenpresse 65, 66
Schöllkopfsche Säure 141
Schuhsohlenabsätze 168
Schwefel 20, 74, 98, 100, 104, 112, 115, 165, 170, 177
Schwefeldichlorid 150
Schwefeldioxid 160
Schwefelfarbstoffe 147, 180, 181
Schwefelkohlenstoff 92, 152, 154
Schwefelsäure 61, 78, 93, 94
Schwefelsäureraffination 58, 59, 62, 72, 88
Schwefelung 134, 146, 174, 181
Schwefelwasserstoff 25, 32, 84
Schwelteer 1, 7, 9, 16, 18, *184*
Schwelung 1, 3, *184*
Schwerappretur 169
Schwerbenzol 26, 88, 89, 90, 91, 94, 95, 128, 171
Schweröl 7, 18, 19, 38, 60, 118, 120, 123
Sedativum 155
Seiherpresse 64
Seitenstummel-Söderberg-Anoden 103
Sekundärpech 55
Selektivlöseverfahren 58
Semikon 155
Sensibilisatoren 182
Sensibilisatorzusatz 156, 157
Sensibilisierung von Photofilmschichten 162
Sensibilisierungsfarbstoffe 158, 161, 162
Sensitolred 158, 162
Separatoren 27
Separierung 27, 52, 54, 56
N-Serve 152, 156
Sevin 139, 142
Sexualhormone 173
Siebschälzentrifuge 57, 63, 67, 68
Siedeanalyse 18, 20, 114, 118, 120, 122
Siedebereiche von Teerfraktionen 43
Siemens-Martin-Öfen 111, 127
Sodalösung 75, 76, 94
Söderberg-Anoden 97, *208*
Söderberg-Elektrodenmasse 100
Solvayöl 60, 113, 114
Sonderdachpappe 104, 108, 128, *213*
Sparbeize 158, 161, 162
Sparbeizenzusatz 154
Spasmolytika 157, 174, 175, 181
Spektroskopie 13, 14, 16, *185*, *186*
Spezialbindemittel 147
Spezialheizöl für Hüttenwerke 112

Spezialkaltteer 127
Spezial-Pyridinbasen 140/160 152
Spezial-Pyridinbasen 150/170 152
Spezial-Pyridinbasen 160/180 152, 153
Spezial-Solvayöl 113, 114
Spezifische Wärme 98
Spinnbadzusatz 154
Sprengstoff 147, 149, 172
Spritzmittel gegen Schädlinge 159
Spülgas-Schwelverfahren 1
Spülmittel 154
Stabilisator 138, 146, 147, 153, 156, 159
Stäbchenpech 45, 46
Stahlwerksteer 26, 57, 127, *212*
Standöl-Alkydharz-Kombinationslacke 167
Stearoylchlorid 152
Stearoylmethylamidomethylenpyridiniumchlorid 154
Steinkohlenbriketts 96
Steinkohlenkoks 3
Steinkohlenschwelung 1
Steinkohlenteer 4, 16, 18, 26
Steinkohlenteerskala 164
Stempelprüfung 107
Sterine 173
Stickstoff-Gehalt 20, 98
Stilbenfarbstoffe 146
Stimulans 155
Stockpunkt 116
Stockpunkterniedriger 134, 174
Strahlungszone 28, 29, 38, 39, 40, 41, 42
Strangpech 45, 46
Straßenmarkierungsfarben 167
Straßenteer 26, 57, 116, 119, 121, 123, 125, 126, 127, *211*
Straßenteer, Bitumenzusatz 119, 123, 126
Straßenteer-Emulsion 127
Straßenteerviskosimeter 118, 120, 122
Strukturanalyse 16
Styrol 11, 93
Sudangrün BB 135
Sudanviolett BR 135
Süßstoffe 172
Sulfadiazin 154
Sulfaguanidin 154
Sulfapyridin 155
Sulfapyridin-Analoga 152, 154
Sulfathiazol 154
Sulfidinverfahren 160
Sulfolan 92
Sulfonierung 58, 59, 61, 72, 81, 83, 88, 134, 138, 139, 140, 149, 158, 159, 174, 181
Sulfophthalsäure 138
Sumpfumwälzung 28, 36, 43
Superkraftstoffe 171
Supracenblau R 135
Supracenblau SES 135
Supracenrot BBT u. 3B 135
Supralichtgelb GGC 161
Supralichtgelb GGL 162
Supramin 141
Supranolbrillantblau G 135
Sympathomimetika 174
Synka-Vit 178
Synopen 155
Synoplast-Tauchmasse 107
Syntane 147
Synthesekautschuk 168
Synthesephenol 143
Szintillator-Substanz 58, 137

Tagathen 155
Tallöl 163
Target Pitch 110
Tarset 133
Tauchlack 130
Tauchmasse 107
Teer 1
Teerabscheidung 2
Teerausbeute 2, 19
Teerasphaltbeton 117, 126
Teerbeton 117, 126
Teer-Bitumen-Gemische 126
Teerdachpappe 128, *212*
Teerdestillation 29, 30, 31, 33, 34, 35, 36, 38, 39, 40, 41, 42, 43, *187*, *188*
Teer-Epoxidharz-Kombinationen 127
Teerfettöl 116
Teerinhaltstoffe 21, 22, 23
Teerisolierpappe 128
Teer-Kautschuk-Kombinationen 126
Teer-Kunstharz-Kombinationslacke 213
Teerlösungen 136
Teermakadam 117
Teerpechlacke 128, 129, 130, *213*

Teer-Polyurethan-Kombinationen 127
Teersplitt, verlackter 117
Teramin 153
Terephthalsäure 138, 172
Testbenzinlösliche Cumaron-Inden-Harze 166
3.5.8.10-Tetrabrompyren 175
Tetracen 14, 58
1.4.5.8-Tetrachloranthrachinon 135
3.5.8.10-Tetrachlorpyren 175
Tetradecylpyridiniumchlorid 154
1.2.3.4-Tetrahydrofluoranthen 175
β-Tetrahydrofluoranthenpropionsäure 175
Tetrahydronaphthalin 74
Tetrakresylsilikat 149
Tetralin 139, 142
Tetramethylbenzol 92
1.3.6.8-Tetranitrocarbazol 180, 181
Textilhilfsmittel 138, 142, 147, 148, 151, 154, 158, 160, 178, 181
Textilimprägnierung 152, 154, 167
Textiltränkmasse 108
Thenfadil 155
Thenylene 155
Thermische Kondensation von Pech 49, 50
4.4'-Thio-bis-(6-tert.-butyl-m-kresol) 149, 150
2.2'-Thio-bis-phenole 151
Thioindigofarbstoffe 183
Thiokol 163, 168
Thionaphthen 11, 21, 22, 23, 64, 72, 73, 74, 137, 183, *200*, *216*
Thionaphthensulfonsäure 72, 74
Thiooxin 158, 160
Thrombodyn 157
Thrombosemittel 157
Thymol 149, 150
Tieftemperaturteer 1, 16
TNT 172
Tobias-Säure 141
α-Tocopherol 182
m-Toluidin 12, 85, 87, 152, 160
o-Toluidin 12, 85, 87, 152, 160
p-Toluidin 12, 85, 87, 152, 160
Toluidine 63, 153, 160
Toluidinfraktion 87
Toluidinsynthese 160
Toluol 13, 23, 78, 89, 90, 91, 143, 172, *215*
Toluol-Unlösliches 9, 17, 18, 20, 98, 103, 109, 118, 120, 124
o-Toluolsulfochlorid 172
p-Toluolsulfochlorid 172
Toluolvorfraktion 90, 91
Tontauben-Pech 54, 110, *209*
Tränkmasse 128
Treibdampf 29, 30, 31, 39, 40, 41, 42
Treiböl 26, 57, 60, 115, *211*
Treibstoffadditive 149
Treibstoffbeständigkeit 127
1.4-Trianthrimid 135
1.5-Trianthrimid 135
2.4.6-Trichlorphenol 146
1.4.8-Trihydroxyanthrachinon 135
1.5.9-Tri-(2'-isochinolylium)-nonantrijodid 161
Trikresylphosphat 148, 149, 150
Trimellithsäure 179, 182
Trimellithsäureanhydrid 182
Trimesinsäure 182
Trimethylbenzole 92
Trimethylol-γ-picolin 87
2.3.5-Trimethylphenol 83, *202*
Trimethylphenole 12, 26, 79, 82, 83, 151
2.4.6-Trimethylpyridin 153
Trimethylpyridine 153
Trimeton 155
Trinitro-m-kresol 149
2.4.7-Trinitrofluorenon 13, 174
Trinitrotoluol 172
Triphenylen 15, 22
Triphenylmethanfarbstoffe 141, 146
Triphenylphosphit 146, 150
Trixylenylphosphat 148, 151
Trockenzeit 129, 130
Trockner 47
T. R. S. 122
Trypaflavin 183
Tryptophan 180, 181
Tuberkuloseheilmittel 153
Tuberkulostatikum 157
Tussukal 154

Udex-Verfahren 92
Uferbefestigung 127
Ultraviolett-Spektroskopie 13, 14
Umlauferhitzer 32
Ungesättigte Verbindungen im Leichtöl 20

Unkrautbekämpfungsmittel 145
Unkrautvernichtungsmittel 150, 179
Unterbodenschutz 165
Unterwassereinbau, Kaltteere für 127
Unterwasserfarben 169
Unterwasserschutz 130
Uroselectan B 154
Urteer 1

Vakuum 32, 79
Vakuum-Trommelfilter 77
Vakuumwäscher 31, 34
Vantoc B 154
Vergällen von Äthanol 152
Vergällungsmittel für Äthanol 156, 157
Vergußmasse 104, 108, *209*
Verharzung mit Formaldehyd 58, 72
Verkokung 9, 29, 52, 54, 101, *208*
Verkokungsrückstand 9, 18, 20, 49, 51, 52, 98, 100, 101, 102, 109, 112, 114, 127
Verkokungstemperatur 19
Verschnittbitumen 116
Verseifungszahl 166, 168
Vertikalretorten 3
Vertikalretortenteer 7, 9, 17, 18
Vertikalstummel-Söderberg-Anoden 103
Vestinol AH 139
Vestinol C 139
Veterinäranalgetikum 157
Viehfutterzusatz 157
Viktoriablau 139
N-Vinylcarbazol 180, 181
2-Vinylchinoline 161
2-Vinylfluoren 174
9-Vinylphenanthrene 174
2-Vinylpyridin 152, 153, 156
Vioform 159
Viskosität 49, 97, 105, 107, 112, 116, 118, 120, 122, 123, 124, 163, 164, 168, *206*, *208*, *211*
Viskositäts-Temperatur-Abhängigkeit 98
Vitamin B 2 160
Vitamin-B-Komplex 162
Vitamin-B-Präparate 153, 157
Vitamin E 182
Vitamin K 1 177, 178
Vitamin K 3 177, 178
Vitamin K 3 wasserlöslich 178
Vitamin K 4 177, 178
Vitamin K 4 wasserlöslich 177, 178
Vitamin-K-Präparate 177
Vitamin PP 157
Vitaminpräparate 160
Vitaminzusatz 157, 177, 178
VT-Teere 120, 126, *211*
Vulkanisation 165
Vulkanisationsbeschleuniger 152, 154, 160
Vulnalin 159

Wachse 174
Wachstumsregulator 177
Wärmeaustausch 34, 38, 40, 42, 46
Wärmeaustauscher 29, 34, 36, 39
Wärmebedarf 29, 31, 33, 34, 36, 37, 51, 55
Wärmebeständigkeit plastifizierter Peche 106
Wärmeleitfähigkeit von Brikettpech 99
Wärmeübertragungsmittel 177, 180, 181
Waldmeister-Riechstoff 147
Warmpreßgut, Naphthalin- 64, 198
Warmpreß-Verfahren 64
Waschmittel 145, 147, 172, 178
Waschöl 11, 26, 30, 31, 32, 33, 35, 36, 37, 39, 40, 41, 42, 43, 60, 74, 113, 114, *196*, *211*
Waschölkolonne 30, 31, 32, 33, 34, 35
Waschöl-Nebenkolonne 33, 34, 36
Wasser 18, 20, 25, 30, 33, 34, 35, 36, 38, 39, 40, 41, 42, 43
Wasserabscheidevermögen 116
Wasseraufnahme plastifizierter Peche 105, 106, 107
Wassergehalt 7, 46, 55, 98
Wasserstoff 18, 20, 55, 89, 90, 98
Wasserstoffperoxid 153, 156, 159, 177, 178
Wasserwäsche 27, 32, 34
Weichmacher 139, 142, 145, 146, 147, 148, 149, 167, 179, 182
Weichpech 26, 123
Wetterteere 126
Wirbelbettverkokung 56

WR-Harze 165, 168
WT-Teere 121, 126
Wuchshormone 149
Wurmmittel 156
Wurzelfestigkeit plastifizierter Peche 105

Xylamon 138
2.4/2.5-Xylenol *202*
p-Xylenolblau 151
Xylenole 6, 20, 26, 63, 74, 80, 81, 82, 83, 143, 144, 148, 150, 151, *202*
Xylenol-Formaldehyd-Harze 148
Xylenolfraktion 145
Xylenolkolonne 80
2.4-Xylenolsulfonsäure 83
2.3-Xylidin 12
2.4-Xylidin 12
2.5-Xylidin 12
Xylidine 63, 74, 153, 160
Xylidinfraktion 87
Xylocain 160
Xylol 59, 62, 89, 90, 91, 128, 172
m-Xylol 11, 23, 91, 153, 172, 183
o-Xylol 11, 91, 142, 172
p-Xylol 11, 91, 153, 172, 183
Xylol-Formaldehyd-Harze 172
Xylol-Isomerengemisch 91
Xylolmoschus 172
Xylol-Unlösliches 112, 122
Xylolvorfraktion 90, 91

Yatren 159
Yodoxin 159

Zelan 152, 154
Zink-Gehalt 20, 50, 104
Zinkstaubfarben 167
Zitrusfrüchtekonservierung 179
Zonenschmelzverfahren 69

Universitätsdruckerei H. Stürtz AG Würzburg

GPSR Compliance

The European Union's (EU) General Product Safety Regulation (GPSR) is a set of rules that requires consumer products to be safe and our obligations to ensure this.

If you have any concerns about our products, you can contact us on ProductSafety@springernature.com

In case Publisher is established outside the EU, the EU authorized representative is:

Springer Nature Customer Service Center GmbH
Europaplatz 3
69115 Heidelberg, Germany

Batch number: 10682323

Printed by Printforce, the Netherlands